清華大學 计算机系列教材

崔勇　张小平　编著

# 图论与代数结构

## （第2版）

清華大學出版社
北京

## 内 容 简 介

图论与代数结构是离散数学的主要组成部分，是计算机科学的数学基础。全书共 9 章，第 1~6 章为图论部分，包括图论基本概念、道路与回路、树、平面图与图的着色、匹配、网络流；第 7~8 章为代数结构，包括代数结构预备知识和群论基础；第 9 章为图论编程实验。

全书结构紧凑、内容精练、证明严谨。为了便于读者理解和掌握，书中提供了丰富的例题，给出了许多经典的算法，并附有许多不同难度的习题，供读者选择使用。

本书可作为计算机专业学生的教科书或参考书，也可供计算机工程技术人员作参考。



**图书在版编目（CIP）数据**

图论与代数结构/崔勇，张小平编著. —2 版. —北京：清华大学出版社，2022.6（2024.1重印）
清华大学计算机系列教材
ISBN 978-7-302-60837-0

Ⅰ. ①图… Ⅱ. ①崔… ②张… Ⅲ. ①图论－高等学校－教材 ②代数－结构(数学)－高等学校－教材 Ⅳ. ①O158

中国版本图书馆 CIP 数据核字(2022)第 080354 号

责任编辑：白立军
封面设计：常雪影
责任校对：李建庄
责任印制：宋　林

出版发行：清华大学出版社
网　　址：https://www.tup.com.cn，https://www.wqxuetang.com
地　　址：北京清华大学学研大厦 A 座　　邮　　编：100084
社 总 机：010-83470000　　邮　　购：010-62786544
投稿与读者服务：010-62776969，c-service@tup.tsinghua.edu.cn
质 量 反 馈：010-62772015，zhiliang@tup.tsinghua.edu.cn
印 装 者：三河市铭诚印务有限公司
经　　销：全国新华书店
开　　本：185mm×260mm　　印　张：13.75　　字　　数：330 千字
版　　次：1995 年 8 月第 1 版　　2022 年 8 月第 2 版　　印　　次：2024 年 1 月第 2 次印刷
定　　价：49.00 元

---

产品编号：096569-01

# 序言

FOREWORD

“离散数学”是计算机专业的主要数学基础课，《图论与代数结构》是清华大学计算机科学与技术系的离散数学教材之一。该书第一版于 1995 年出版，以其结构紧凑、内容简洁、证明严谨的风格在众多同类教材中独树一帜。第一版自发行以来，先后印刷了二十余次，得到广大师生和读者朋友的欢迎，除了作为清华大学计算机科学与技术系的离散数学教材以外，也成为部分兄弟院校的教材或参考书籍。教材第一版陪伴了众多的师生走过了二十余年的教学历程。

在清华大学这门课程的课堂上，有大约 30%的学生有信息学竞赛背景，对部分课程内容有非常深入的理解；但也有相当多的学生完全没有信息学竞赛基础，从未接触过这些内容。因此，不同学生上课需求差异度很大，而如何满足所有同学的需求就成为教师所面临的重要挑战。笔者基于十余年的授课经验，在本次修订中充分考虑了读者的差异化需求。为帮助读者更好地巩固和练习所学内容，每章增加了一定数量的习题。为方便不同基础的读者选用，还给习题标注了难度。由于图论部分涉及较多的算法，只有通过实际动手的上机编程才能更深刻地理解并使用这些算法，因此增加了精心设计的多组实验。既有挑战性较强的综合实验，又有针对图论主要章节核心算法的具体实验，而且针对部分重点内容还设置了不同难度的实验题目，可供不同基础的读者选取。

事实上，作者一直从事信息类相关专业本科生和研究生的高等教育工作，深切体会到教育的过程中应当突出“创新”，既要加强基础理论的学习，使得学生具备该领域的基础知识；又要加强创新能力的培养，使得学生能够具备发现问题、分析研究问题和解决问题的能力。为此，作者在本次修订过程中对教材内容进行了调整，增加了一些启发性的内容，在提升教材可读性和趣味性的同时，着力培养读者发现问题、解决问题的创新思维能力。此外，为了避免教材内容过多，本次修订还删除了部分难度过大或较为陈旧的内容。

在修订过程中，作者不仅参考了不少同行的教材，也得到了清华大学计算机科学与技术系图论课程助教许志勇、王子逸以及同学们的大力支持，特别是曾致远、单敬博等在全国青少年信息学竞赛 NOI 中获得金牌、银牌的同学们，他们基于比赛和训练经历，为课程学习和教材修订提了很多宝贵建议。在此向大家一并表示感谢。

本课程是计算机专业的重要基础课，我们衷心希望通过本次修订，能够给读者带来清新的感觉，提升这门课程的价值和启发性。

作　者

2022 年 1 月于清华园

PREFACE

# 前　言

“离散数学”是计算机专业的基础数学课程，它以离散量为研究对象，主要包括数理逻辑、集合论、图论和代数结构四部分内容。清华大学计算机科学与技术系把“离散数学”安排为“数理逻辑与集合论”和“图论与代数结构”两门课程，分两个学期讲授，各占 48 学时。

本书第 1~6 章是图论部分，第 1 章介绍了图的基本概念及其代数表示方法，第 2~6 章分别详细讨论了道路与回路、树、平面图与图的着色、匹配和网络流等图论的主要内容，并将它们与计算机应用紧密结合，分析介绍了经典的图论算法，给出其正确性证明与复杂性分析；第 7~8 章是代数结构部分，主要讨论了群论的基础内容，这是抽象代数的重要内容，也是计算机科学的重要数学基础；第 9 章为图论编程实验，设计了 10 组不同难度的图论编程实验供读者选用，包含 7 组针对前 6 章图论内容设计的专题实验和 3 组具有一定难度的综合性编程实验，这些实验能够使读者在图论算法的设计、分析、编程和应用等方面得到较好的训练与培养。书中给出了大量的例题，它们不但有助于读者对概念的理解，同时也帮助读者掌握不同的证明方法。各章后面附有较多的习题，并标注了习题的难度，供读者参考选用。

本书在戴一奇主持编著的《图论与代数结构》教材基础上修订完成。其中，崔勇修订了图论部分第 1~6 章，并新增了第 9 章图论编程实验；张小平修订了第 7~8 章代数结构内容，并由戴一奇审定了全书。

本书有配套教学 PPT、配套线上实验系统等辅助教学资源和读者服务社群，可通过如下二维码获取。

由于水平所限，本书难免出现错误，恳切希望得到广大读者，特别是讲授此课程教师们的批评与指正。

作　者

2022 年 1 月

# 目　录

CONTENTS

# 第1章 基本概念

## 1.1 图的概念

### 1.1.1 图的定义

世界上许多事物以及它们之间的联系都可以用图直观地表示。人们往往用顶点表示事物，用边表示它们之间的联系。这种由顶点和边构成的图形就是图论所研究的对象。

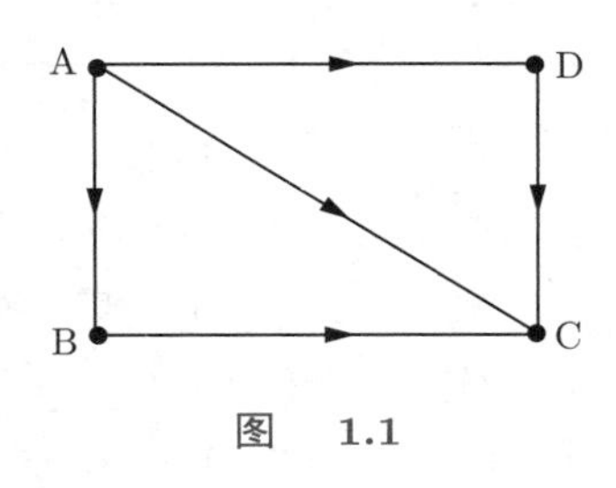

图 1.1

**例 1.1.1** A、B、C、D 4 个队进行循环赛。为了解当前各队的胜负情况，可以用顶点表示队，用有向边 $(u, v)$ 表示 $u$ 队胜 $v$ 队。例如，图 1.1 表示 A 队胜 B 队、C 队、D 队；B 队胜 C 队；D 队胜 C 队；而 B 队和 D 队之间还没有比赛。

**例 1.1.2** 两个直流电路如图 1.2(a) 和图 1.2(b) 所示。基尔霍夫定律指出：电路特性只与电路网络的拓扑性质有关，而与支路元件的特性无关。因此，两个电路图都可以转化为图 1.2(c) 进行研究。

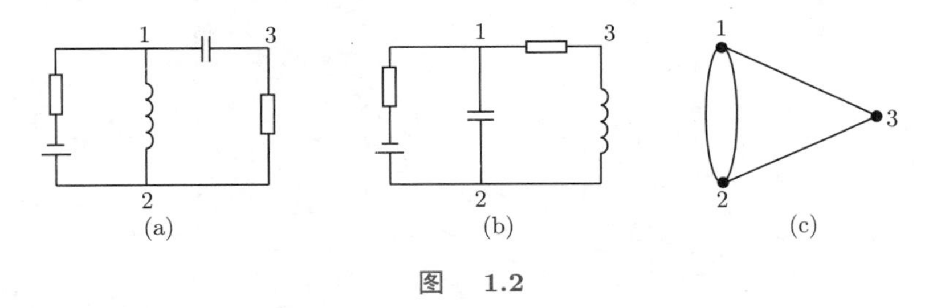

图 1.2

**例 1.1.3** 人们常用框图的形式来帮助编写或描述程序。当需要对程序进行分析时，也往往用顶点表示程序框，用有向边表示它们之间的顺序关系，如图 1.3所示。

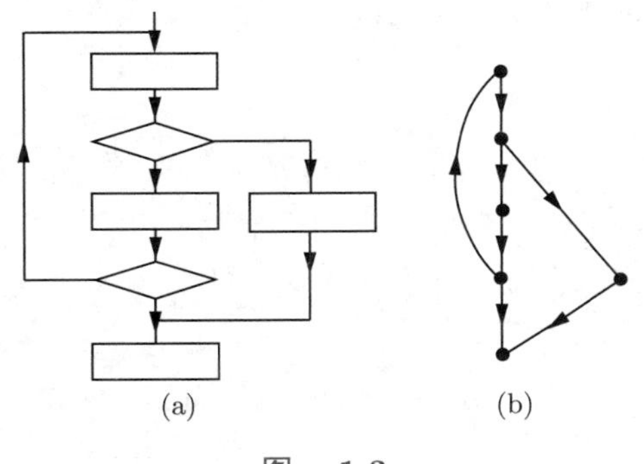

图 1.3

**定义 1.1.1** 二元组 $(V(G), E(G))$ 称为图，其中 $V(G)$ 是非空集合，称为顶点集，$E(G)$ 是 $V(G)$ 诸顶点之间边的集合。常用 $G=(V, E)$ 表示图。

图可以分为有限图与无限图两类。本书只讨论有限图，即 $V$ 和 $E$ 都是有限集。给定某个图 $G = (V, E)$，如果不加特殊说明，就认为 $V = \{v_1, v_2, \cdots, v_n\}$，$E = \{e_1, e_2, \cdots, e_m\}$，即顶点数 $|V| = n$ 称为图的阶，边数 $|E| = m$。

> ☞提示
>
> 图中对顶点的位置、边的曲折程度和长短不做区分，重点在于哪些顶点之间是相连的，有几条边相连。

图 $G$ 的边可以是有方向的，也可以是无方向的。它们分别称为有向边（或弧）和无向边，用 $e_k = (v_i, v_j)$ 表示，这时我们说 $v_i$ 与 $v_j$ 是相邻顶点；$e_k$ 分别与 $v_i$、$v_j$ 相关联。我们称有一个共同顶点的两条不同边为邻接边。如果 $e_k$ 是有向边，称 $v_i$ 是 $e_k$ 的始点，$v_j$ 是 $e_k$ 的终点；并称 $v_i$ 是 $v_j$ 的直接前趋，$v_j$ 是 $v_i$ 的直接后继。如果 $e_k$ 是无向边，则称 $v_i$、$v_j$ 是 $e_k$ 的两个端点。全部由有向边构成的图叫有向图；只由无向边构成的图叫无向图；既由有向边又由无向边构成的图称为混合图。例如图 1.4(a) 是有向图，图 1.4(b) 是无向图，图 1.4(c) 是混合图。在图 $G$ 中，只与一个顶点相关联的边称为自环，在同一对顶点之间可以存在多条边，称之为重边。含有重边的图叫多重图。例如图 1.4(a) 和图 1.4(b) 中 $a_4$、$e_4$ 分别是自环，$a_1$、$a_2$ 和 $e_1$、$e_2$、$e_3$ 分别是重边。如果顶点没有与任何边有关联，则称该顶点为孤立点。

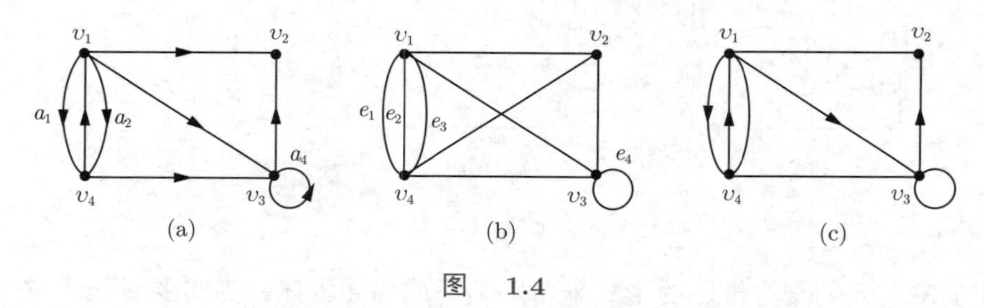


图 1.4

任意两顶点间最多只有一条边，且不存在自环的无向图称为简单图。

以下所说的图在不加说明的情况下指的是无向图。

### 1.1.2 顶点的度

**定义 1.1.2** 在图 $G = (V, E)$ 中，与某个顶点 $v$ 关联的边的数目，称为顶点 $v$ 的度(degree)，记作 $d(v)$。如果 $v$ 带有自环，则自环对 $d(v)$ 的贡献为 2。对于有向图来说，顶点的出边条数称为该顶点的出度，顶点的入边条数称为该顶点的入度 。度为奇数的顶点称为奇点，度为偶数的顶点称为偶点。

例如，图 1.4(a) 中，$d(v_1) = 5$，$d(v_2) = 2$，$d(v_3) = 5$，$d(v_4) = 4$。图 1.4(b) 中，$d(v_1) = 5$，$d(v_2) = 3$，$d(v_3) = 5$，$d(v_4) = 5$。有向图中由于各边都是有向边，因此每个

顶点 $v$ 还有其出度 $(d^+(v))$ 和入度 $(d^-(v))$。$d^+(v)$ 的值是以 $v$ 为始点的边的数目，$d^-(v)$ 是以 $v$ 为终点的边的数目。显然有 $d^+(v)+d^-(v)=d(v)$。

图 $G$ 具有以下基本性质。

**性质 1.1.1** 设 $G=(V,E)$ 有 $n$ 个顶点，$m$ 条边，则

$$\sum_{v\in V(G)} d(v)=2m$$

**证明：** 由于每条边 $e=(u,v)$ 对顶点 $u$ 和 $v$ 度的贡献各为 1，因此 $m$ 条边对全部顶点度的总贡献就是 $2m$。

> ☞ 提示
>
> 性质 1.1.1 又形象地称为握手定理，$n$ 个人进行 $m$ 次握手，每发生一次握手都记作握手双方分别握手一次，握手总次数为 $2m$。

**例 1.1.4** 已知图 $G$ 中有 10 条边，4 个度数为 3 的顶点，其余顶点度数均小于或等于 2，问 $G$ 中至少有多少个顶点？

图 $G$ 的边数为 10，由性质 1.1.1（握手定理）可知，$G$ 中各顶点度数之和为 20，4 个度数为 3 的顶点占去 12 度，剩余 8 度，若其余全是 2 度顶点，还可分配给 4 个顶点，故 $G$ 中至少有 8 个顶点。

**性质 1.1.2** $G$ 中度为奇数的顶点必为偶数个。

**证明：** $G$ 中任一顶点的度或为偶数或为奇数，设 $V_\mathrm{e}$ 是度为偶数的顶点集，$V_\mathrm{o}$ 是度为奇数的顶点集。于是有

$$\sum_{v\in V_\mathrm{e}} d(v)+\sum_{v\in V_\mathrm{o}} d(v)=2m$$

因此 $\sum\limits_{v\in V_\mathrm{o}} d(v)$ 为偶数，即 $V_\mathrm{o}$ 中含有偶数个顶点。

**例 1.1.5** 在 9 个工厂之间，证明不可能每个工厂都只与其他 3 个工厂有业务联系，不可能只有 4 个工厂与偶数个工厂有业务联系。

**证明：** 用顶点表示工厂，用边表示工厂之间的业务联系。若每个工厂都只与其他 3 个工厂有业务联系，即每个顶点的度为 3，共有 9 个顶点，与性质 1.1.2 矛盾；同理，若只有 4 个工厂与偶数个工厂有业务联系，则有 5 个顶点的度为奇数，也得出矛盾。

**性质 1.1.3** 有向图 $G$ 中出度之和等于入度之和。

这是因为每条边对顶点的出、入度贡献各为 1。

**性质 1.1.4** $K_n$ 的边数是 $\dfrac{1}{2}n(n-1)$。

**证明：** $K_n$ 中各顶点的度都是 $n-1$，由性质 1.1.1 即得。

**性质 1.1.5** 非空简单图 $G$ 中一定存在度相同的顶点。

**证明：** 设 $G$ 中不存在孤立顶点，则对 $n$ 个顶点的简单图，每个顶点度 $d(v)$ 的取值范围是 $1\sim(n-1)$，由抽屉原理，一定存在两个度相同的顶点。若存在一个孤立顶点，亦类似可证。

### 1.1.3 特殊的图

**定义 1.1.3** 在图 $G$ 中，任何两顶点间都有边的简单图称为**完全图**，用 $K_n$ 表示。$K_n$ 中每个顶点的度数都是 $n-1$。图 $G$ 的顶点集 $V(G)$ 能够分为两个不相交的非空子集 $V_1$ 和 $V_2$，使得 $G$ 的每条边的两个端点分别在 $V_1$ 和 $V_2$ 中，则称 $G$ 为**二分图**，又称**二部图**或**偶图**。记作 $G=<V_1, V_2>$。二分图 $G$ 的二划分子集 $V_1$、$V_2$ 可能不唯一。若二分图 $G=<V_1, V_2>$ 中的 $V_1$ 的每个顶点与 $V_2$ 的每个顶点都邻接，则称 $G$ 为**完全二分图**，记作 $K_{m,n}$，其中 $|V_1|=m$，$|V_2|=n$。

图 1.5(a) 为完全图，图 1.5(b) 为二分图，图 1.5(c) 为完全二分图。

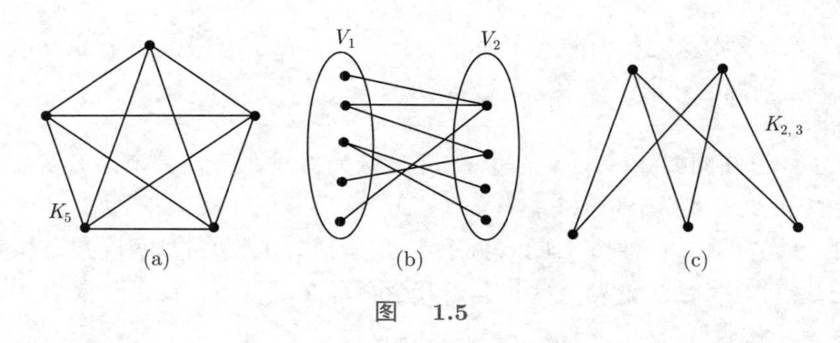


图 1.5

**例 1.1.6** 如图 1.6(a) 为一个二分图，经过简单的变换得到图 1.6(b)，图 1.6(b) 为二分图两部分示意。

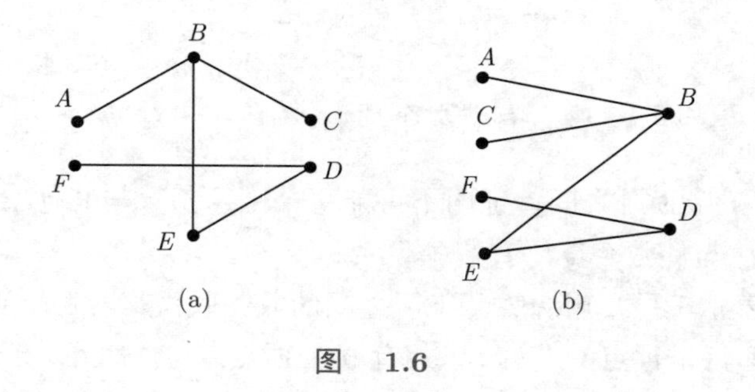


图 1.6

**定义 1.1.4** 只有一个顶点的图，即阶 $n=1$ 的图称为**平凡图**。相反，阶 $n>1$ 的图称为**非平凡图**。没有任何边的简单图叫**空图**（也称零图），用 $N_n$ 表示。所有顶点的度数均相等的无向图称为**正则图**，所有顶点的度数均为 $k$ 的正则图称为**$k$ 度正则图**，也记作 $k$-正则图。阶为 $k$ 的 $(k-1)$-正则图称为**$k$-完全图**。如果图 $G=(V, E)$ 的每条边 $e_k=(v_i, v_j)$ 都赋以一个实数 $w_k$ 作为该边的权，则称 $G$ 是**赋权图**。特别地，如果这些权都是正实数，就称 $G$ 是**正权图**。

**例 1.1.7** 图 1.7为一个六阶 3-正则图，图 1.8为一个正权图，边的权可以表示该边的长度、时间、费用或容量等。

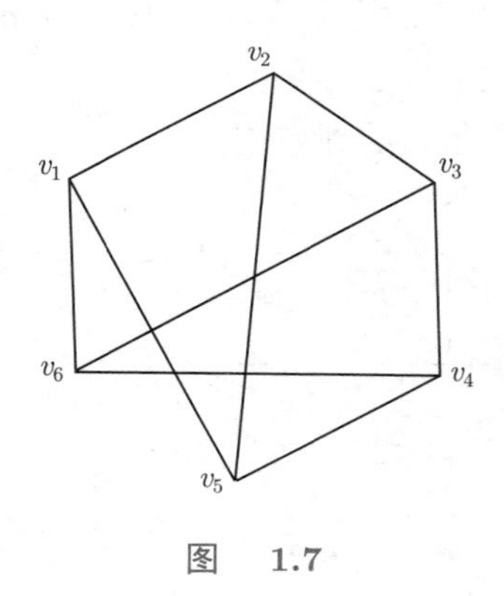


图 1.7

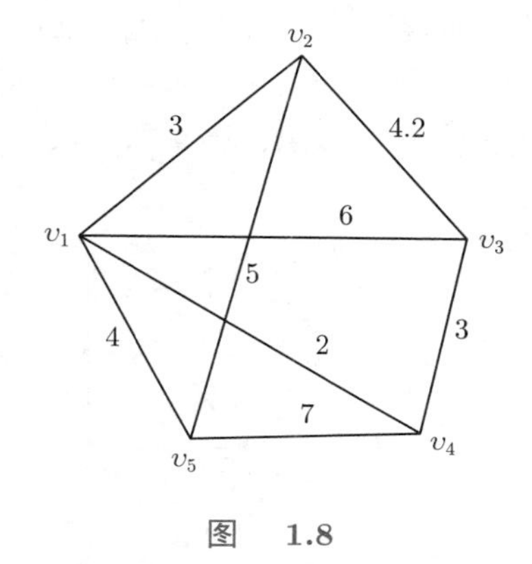


图 1.8

### 1.1.4 图的运算

**定义 1.1.5** 给定 $G=(V, E)$，如果存在另一个图 $G'=(V', E')$，满足 $V'\subseteq V$，$E'\subseteq E$，则称 $G'$ 是 $G$ 的一个子图。特别地，如果 $V'=V$，就称 $G'$ 是 $G$ 的支撑子图或生成子图；如果 $V'\subseteq V$，且 $E'$ 包含了 $G$ 在顶点子集 $V'$ 之间的所有边，则称 $G'$ 是 $G$ 的导出子图。

例如，图 1.9中的 $G_1$ 和 $G_2$ 分别是 $G$ 的支撑子图和导出子图，$G_3$ 是 $G$ 的子图。按照子图的定义，显然 $G$ 也是它自身的子图，而且既是支撑子图，又是导出子图；空图也是 $G$ 的子图，而且是支撑子图。它们都称为平凡子图。

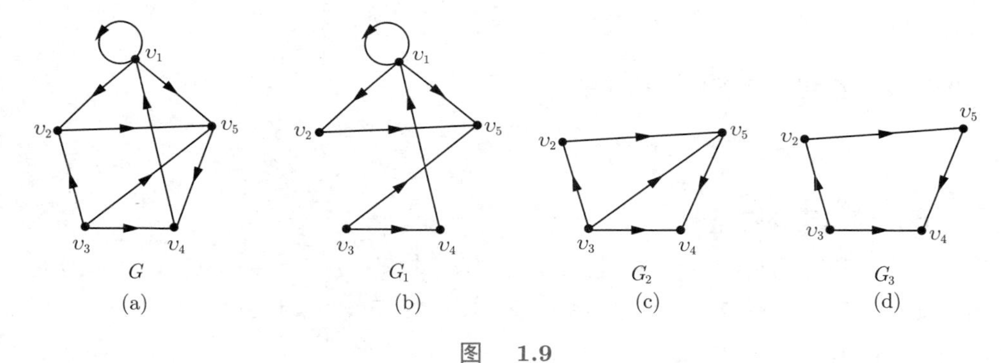


图 1.9

**定义 1.1.6** 给定两个图 $G_1=(V_1, E_1)$，$G_2=(V_2, E_2)$。令 $G_1\cup G_2=(V, E)$，其中 $V=V_1\cup V_2$，$E=E_1\cup E_2$，$G_1\cap G_2=(V, E)$，其中 $V=V_1\cap V_2$，$E=E_1\cap E_2$，$G_1\oplus G_2=(V, E)$，其中 $V=V_1\cup V_2$，$E=E_1\oplus E_2$，分别称为$G_1$ 和 $G_2$ 的并、交和对称差。

例如，图 1.10 中 $G_1$ 和 $G_2$ 的并、交、对称差分别是图 1.10(c)、图 1.10(d) 和图 1.10(e)。

在 $G$ 中删去一个子图 $H$，指删掉 $H$ 中的各条边，记作 $G-H$。特别地，对于简单图 $G$，称 $K_n-G$ 为 $G$ 的补图，记作 $\overline{G}$。例如，图 1.10 中 $G_1$ 的补图是图 1.10(f)。从 $G$ 中删去某个顶点 $v$ 及其关联的边所得到的图记作 $G-v$。从 $G$ 中删去某条特定的边 $e=(u, v)$，记作 $G-e$。例如，图 1.9 中 $G-v_1=G_2$，$G_2-(v_3, v_5)=G_3$。显见 $G-v$ 是 $G$ 的导

出子图，而 $G-e$ 是 $G$ 的支撑子图。如果在 $G$ 中增加某条边 $e_{ij}$，可记作 $G+e_{ij}$，例如 $G_3+(v_3,\ v_5)=G_2$。

如果 $G$ 是无向图，则 $\Gamma(v)=\{u\mid(v,\ u)\in E\}$ 称为 $v$ 的邻点集。

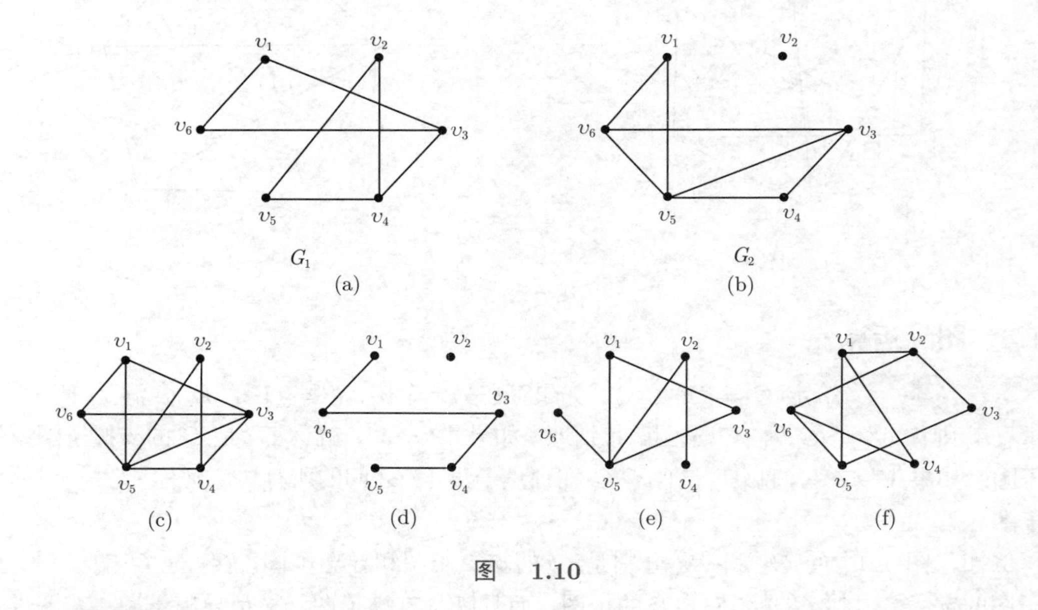


(a) (b) (c) (d) (e) (f)

图　1.10

**定义 1.1.7**　设 $v$ 是有向图 $G$ 的一个顶点，则

$$\Gamma^+(v)=\{u\mid(v,\ u)\in E\}$$

称为 $v$ 的直接后继集或外邻集；相应地

$$\Gamma^-(v)=\{u\mid(u,\ v)\in E\}$$

称为 $v$ 的直接前趋集或内邻集。

例如，图 1.9(a) 的 $\Gamma^+(v_1)=\{v_1,\ v_2,\ v_5\}$，$\Gamma^+(v_2)=\{v_5\}$；$\Gamma^-(v_1)=\{v_1,\ v_4\}$，$\Gamma^-(v_2)=\{v_1,\ v_3\}$。图 1.8 中，$\Gamma(v_1)=\{v_2,\ v_3,\ v_4,\ v_5\}$，$\Gamma(v_2)=\{v_1,\ v_3,\ v_5\}$。

### 1.1.5　图的同构

给定了顶点数目及它们之间的相邻关系，便很容易画出图 $G$，不过它的形状不是唯一的。这种形状不同但结构相同的图叫作同构。

**定义 1.1.8**　两个图 $G_1=(V_1,\ E_1)$，$G_2=(V_2,\ E_2)$，如果 $V_1$ 和 $V_2$ 之间存在双射 $f$，而且 $(u,\ v)\in E_1$，当且仅当 $(f(u),\ f(v))\in E_2$ 时，称 $G_1$ 和 $G_2$ 同构，记作 $G_1\cong G_2$。

**例 1.1.8**　图 1.11的 $G_1$ 和 $G_2$ 是同构的。因为设 $f(v_1)=a$，$f(v_2)=x$，$f(v_3)=b$，$f(v_4)=y$，$f(v_5)=c$，$f(v_6)=z$ 时，对任意 $e=(u,\ v)\in E_1$，都有 $e'=(f(u),\ f(v))\in E_2$，反之亦然，即

$$(v_1,\ v_2)\in E_1\leftrightarrow(f(v_1),\ f(v_2))=(a,\ x)\in E_2$$

$$(v_1, v_4) \in E_1 \leftrightarrow (f(v_1), f(v_4)) = (a, y) \in E_2$$
$$(v_1, v_6) \in E_1 \leftrightarrow (f(v_1), f(v_6)) = (a, z) \in E_2$$
$$(v_2, v_3) \in E_1 \leftrightarrow (f(v_2), f(v_3)) = (x, b) \in E_2$$
$$(v_2, v_5) \in E_1 \leftrightarrow (f(v_2), f(v_5)) = (x, c) \in E_2$$
$$(v_3, v_4) \in E_1 \leftrightarrow (f(v_3), f(v_4)) = (b, y) \in E_2$$
$$(v_3, v_6) \in E_1 \leftrightarrow (f(v_3), f(v_6)) = (b, z) \in E_2$$
$$(v_4, v_5) \in E_1 \leftrightarrow (f(v_4), f(v_5)) = (y, c) \in E_2$$
$$(v_5, v_6) \in E_1 \leftrightarrow (f(v_5), f(v_6)) = (c, z) \in E_2$$

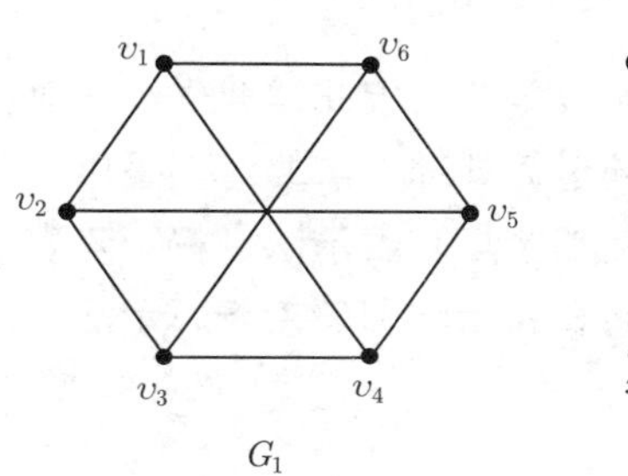

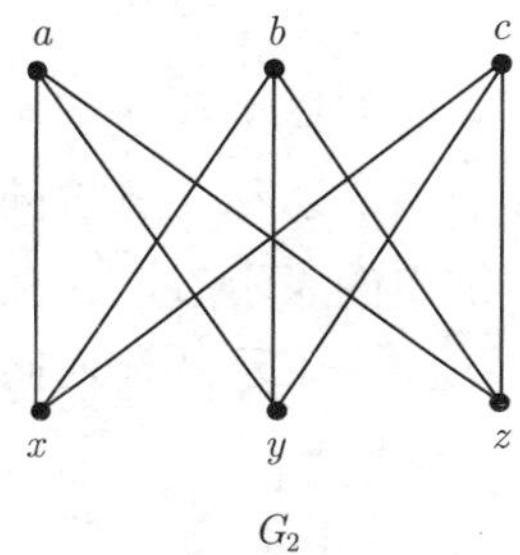


图　1.11

从定义可知，若 $G_1 \cong G_2$，应该满足：

(1) $|V(G_1)| = |V(G_2)|$，$|E(G_1)| = |E(G_2)|$。

(2) $G_1$ 和 $G_2$ 顶点度的非增序列相同。

(3) 存在同构的导出子图。

例如，图 1.12中 $G_2$ 的顶点集 $\{a, b, c, d, e, f\}$ 所成的导出子图中有 2 个相邻的度为 3 的顶点，其余顶点的度均为 2。而 $G_1$ 中却没有与之同构的导出子图，因此 $G_1$ 与 $G_2$ 不同构。

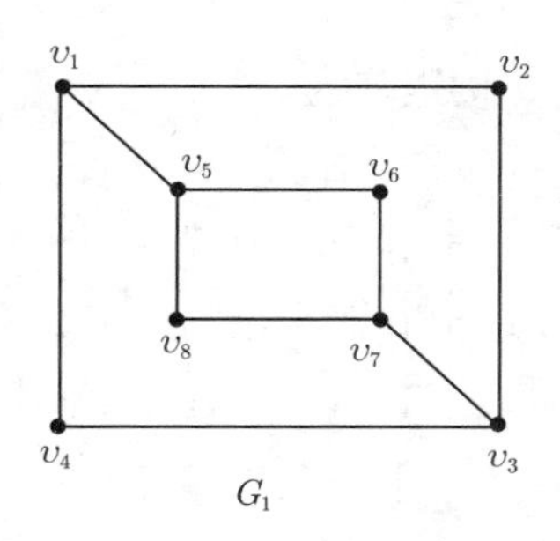

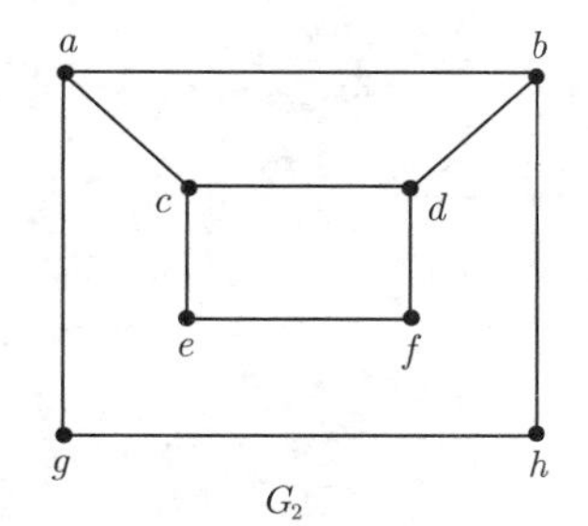


图　1.12

同构也可以理解为两图之间调换顶点命名和拖动顶点位置的过程，这一过程无须改变图的连接方式。如在图 1.13中的 $G_1$ 与 $G_2$ 为同构，可通过用 $A$ 和 $W$、$B$ 和 $X$、$C$ 和 $Y$、$D$ 和 $Z$ 之间的对应关系建立双射以证明。

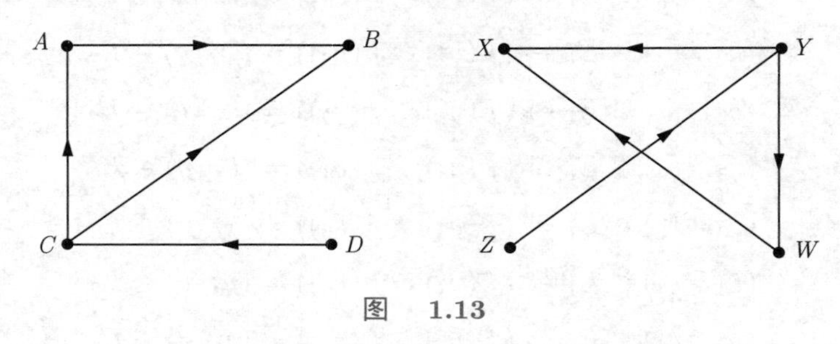


图 1.13

## 1.2 图的代数表示

实际问题中所建立的图模型往往都比较复杂，因此需要借助计算机并通过图论算法来解决。为了对图进行准确描述和计算机的运算处理，需要对图采用代数方法，把点和边的关系准确表示出来。常用的表示方法包括邻接矩阵表示法、权矩阵表示法、关联矩阵表示法、边列表表示法、正向表表示法、逆向表表示法和邻接表表示法等，下面分别对这些方法进行介绍。

### 1.2.1 邻接矩阵

☞启发与思考

把图 $G$ 中顶点之间的邻接关系通过矩阵表示出来，顶点到顶点之间直接可达则用 1 表示，不可达用 0 表示，就形成了邻接矩阵。

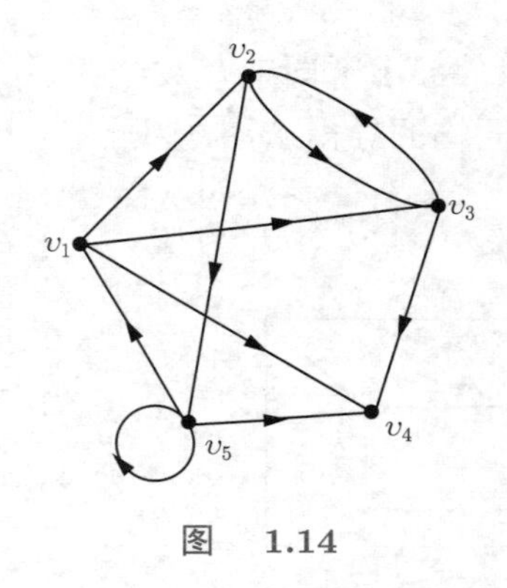


图 1.14

邻接矩阵表示顶点之间的邻接关系。

有向图的邻接矩阵 $\boldsymbol{A}$ 是一个 $n$ 阶方阵，其元素为

$$a_{ij}=\begin{cases}1, & (v_i,\ v_j)\in E\\ 0, & \text{其他}\end{cases}$$

例如，图 1.14 的邻接矩阵为

$$\boldsymbol{A}=\begin{bmatrix}0&1&1&1&0\\0&0&1&0&1\\0&1&0&1&0\\0&0&0&0&0\\1&0&0&1&1\end{bmatrix}$$

邻接矩阵 $\boldsymbol{A}$ 第 $i$ 行非零元的数目恰是 $v_i$ 的出度，第 $j$ 列非零元的数目是 $v_j$ 的入度。邻接矩阵可以表示自环，但无法表示重边。

无向图的邻接矩阵是一个对称矩阵，例如图 1.15 的邻接矩阵为

$$
\boldsymbol{A}=\begin{bmatrix}0&1&1&1&1\\1&0&1&0&1\\1&1&0&1&0\\1&0&1&0&1\\1&1&0&1&1\end{bmatrix}
$$

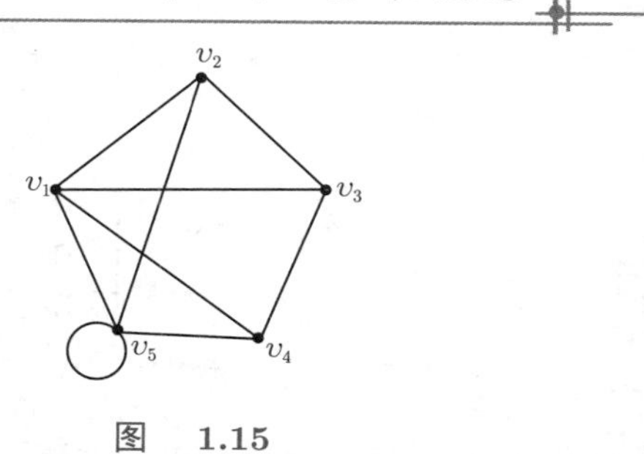


图 1.15

### 1.2.2 权矩阵

> ☞启发与思考
> 在邻接矩阵的基础上加入边的权值信息，就形成了权矩阵。

赋权图常用权矩阵 $\boldsymbol{A}$ 表示。其元素为

$$
a_{ij}=\begin{cases}w_{ij}, & (v_i,\ v_j)\in E\\ 0, & \text{其他}\end{cases}
$$

例如图 1.8 的权矩阵是

$$
\boldsymbol{A}=\begin{bmatrix}0&3&6&2&4\\3&0&4.2&0&5\\6&4.2&0&3&0\\2&0&3&0&7\\4&5&0&7&0\end{bmatrix}
$$

### 1.2.3 关联矩阵

> ☞启发与思考
> 每条边都与两个顶点关联，通过表示顶点与边之间的关系，就形成了关联矩阵。

关联矩阵表示顶点与边之间的关联关系。

有向图 $G$ 的关联矩阵 $\boldsymbol{B}$ 是 $n\times m$ 的矩阵，当给定顶点和边的编号之后，其元素为

$$
b_{ij}=\begin{cases}1, & e_j=(v_i,\ v_k)\in E\\ -1, & e_j=(v_k,\ v_i)\in E\\ 0, & \text{其他}\end{cases}
$$

例如，图 1.16 的关联矩阵是

$$
\boldsymbol{B}=\begin{bmatrix}
1 & -1 & 1 & 0 & 0 & 0 & 0 & 0 & 0\\
-1 & 0 & 0 & 1 & 1 & 1 & -1 & 0 & 0\\
0 & 1 & 0 & 0 & -1 & -1 & 1 & -1 & 0\\
0 & 0 & 0 & 0 & 0 & 0 & 0 & 1 & -1\\
0 & 0 & -1 & -1 & 0 & 0 & 0 & 0 & 1
\end{bmatrix}
$$
$$e_1 \quad e_2 \quad e_3 \quad e_4 \quad e_5 \quad e_6 \quad e_7 \quad e_8 \quad e_9$$

关联矩阵具有以下性质。

(1) 每列只有两个非零元：1 和 $-1$。

(2) 第 $i$ 行非零元的数目恰是顶点 $v_i$ 的度，其中 1 元的数目是 $d^+(v_i)$，$-1$ 元的数目是 $d^-(v_i)$。

(3) 能够表示重边，但不能表示自环。

类似地，无向图也有其关联矩阵 $\boldsymbol{B}$，但其中不含 $-1$ 元素。例如图 1.17 的关联矩阵是

$$
\boldsymbol{B}=\begin{bmatrix}
1 & 1 & 1 & 1 & 0 & 0 & 0 & 0 & 0\\
1 & 0 & 0 & 0 & 1 & 1 & 1 & 0 & 0\\
0 & 1 & 0 & 0 & 0 & 1 & 1 & 1 & 0\\
0 & 0 & 1 & 0 & 0 & 0 & 0 & 1 & 1\\
0 & 0 & 0 & 1 & 1 & 0 & 0 & 0 & 1
\end{bmatrix}
$$
$$e_1 \quad e_2 \quad e_3 \quad e_4 \quad e_5 \quad e_6 \quad e_7 \quad e_8 \quad e_9$$

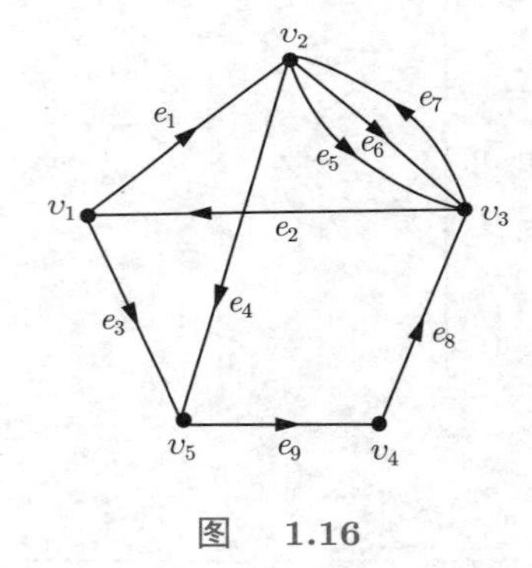

图 1.16

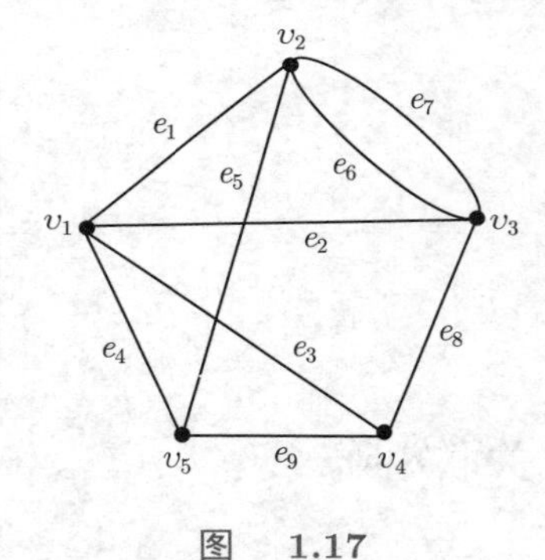

图 1.17

当邻接矩阵和关联矩阵能够表示某个图 $G$ 时，这种表示是唯一的，而且十分直观。但由于它们不能表示重边或自环，因此这种表示有其局限性。特别是在使用计算机对某个图 $G$ 进行运算时，采用邻接矩阵或关联矩阵作为输入形式将占据较大的存储空间，并可能增加计算复杂度。因此，为克服这些缺陷，再介绍图的另外几种常用表示方法。

### 1.2.4 边列表

☞启发与思考

每条边最多只与两个顶点有关，关联矩阵列方向存在大量的 0 值，为了对矩阵的列中的 0 值进行压缩，提出了边列表表示法。

边列表是对关联矩阵的列进行压缩的结果。它由两个 $m$ 维向量 $\boldsymbol{A}$ 和 $\boldsymbol{B}$ 组成，当对 $G$ 的顶点和边分别编号之后，若 $e_k=(v_i,\ v_j)$，则 $\boldsymbol{A}(k)=i$，$\boldsymbol{B}(k)=j$，即 $\boldsymbol{A}(k)$ 存放第 $k$ 条边始点编号，$\boldsymbol{B}(k)$ 存放其终点编号。如果 $G$ 是赋权图，则再增加一个 $m$ 维向量 $\boldsymbol{Z}$，若 $e_k$ 的权是 $w_k$，则令 $\boldsymbol{Z}(k)=w_k$。例如图 1.18 的边列表形式是

$$\boldsymbol{A}:(4\ \ 4\ \ 1\ \ 2\ \ 2\ \ 2\ \ 4)$$

$$\boldsymbol{B}:(1\ \ 1\ \ 2\ \ 2\ \ 4\ \ 3\ \ 3)$$

$$\boldsymbol{Z}:(5\ \ 3\ \ 4\ \ 6\ \ 7\ \ 2\ \ 4)$$

类似地，可以得到无向图的边列表，例如图 1.19 的边列表是

$$\boldsymbol{A}:(1\ \ 1\ \ 1\ \ 2\ \ 2\ \ 3)$$

$$\boldsymbol{B}:(4\ \ 4\ \ 2\ \ 4\ \ 3\ \ 4)$$

$$\boldsymbol{Z}:(5\ \ 3\ \ 4\ \ 7\ \ 2\ \ 4)$$

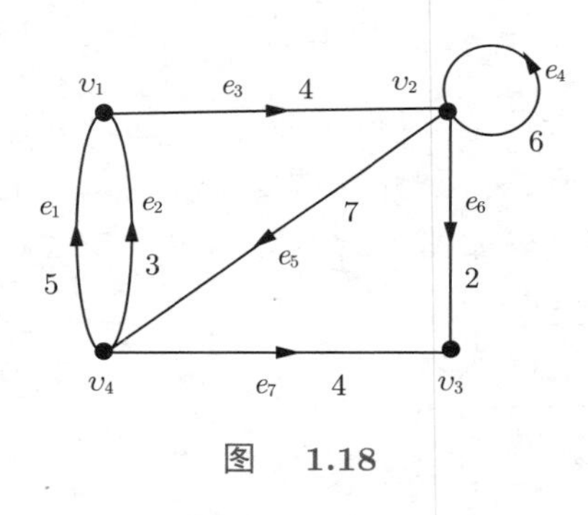


图　1.18

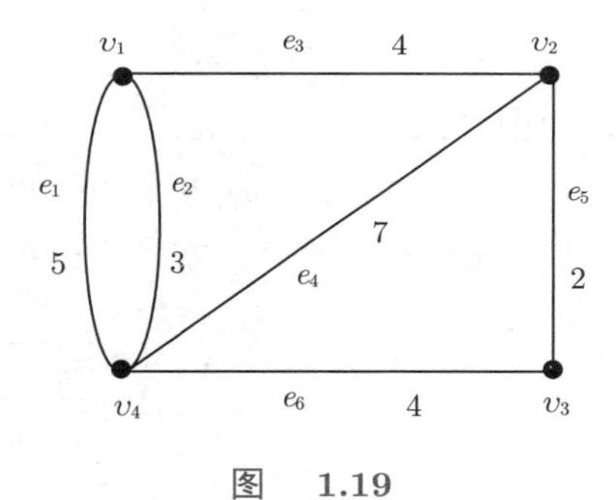


图　1.19

### 1.2.5　正向表

正向表是对邻接矩阵的行进行压缩的结果。它的特点是将每个顶点的直接后继集中在一起存放。有向图的正向表由一个 $(n+1)$ 维向量 $\boldsymbol{A}$、一个 $m$ 维向量 $\boldsymbol{B}$ 组成。当对 $G$ 的顶点编号之后，$\boldsymbol{A}(i)$ 表示顶点 $v_i$ 的第一个直接后继在 $\boldsymbol{B}$ 中的地址，$\boldsymbol{B}$ 中存放这些后继结点的编号，$\boldsymbol{A}(n+1)=m+1$ 。如果 $G$ 是赋权图，则再设置一个 $m$ 维向量 $\boldsymbol{Z}$，用以存放相应的权值。例如图 1.18 的正向表如图 1.20 所示。

在正向表中存在下述关系。

(1) $d^+(v_i)=\boldsymbol{A}(i+1)-\boldsymbol{A}(i)$。

(2) $\boldsymbol{A}(i)=\sum\limits_{j=1}^{i-1}d^+(v_j)+1$。

(3) 从 $\boldsymbol{B}(\boldsymbol{A}(i))$ 到 $\boldsymbol{B}(\boldsymbol{A}(i+1)-1)$ 的任一个值，都是 $v_i$ 的直接后继。

由于无向图的边没有方向性，所以 $\boldsymbol{B}$ 中存放的是相应邻接点的编号，因而 $\boldsymbol{B}$ 和 $\boldsymbol{Z}$ 都要扩充为 $2m$ 维的向量。例如图 1.19 的正向表如图 1.21 所示。

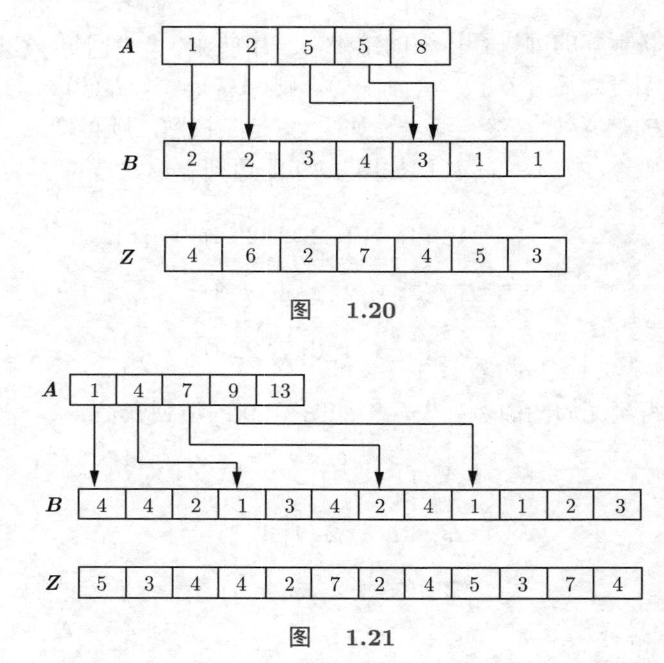


图　1.20

图　1.21

### 1.2.6　逆向表

与正向表相反，逆向表是对有向图邻接矩阵的列进行压缩的结果。它的特点是将每个顶点的直接前趋集中在一起存放。例如图 1.18 的逆向表如图 1.22 所示。

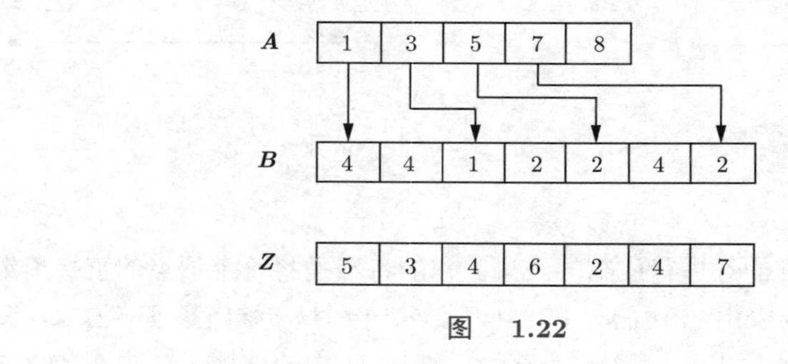


图　1.22

### 1.2.7　邻接表

这是采用单链表结构表示一个图。对每个顶点 $v_i$ 用一个表顶点表示。在这里表结点的结构如图 1.23 所示。

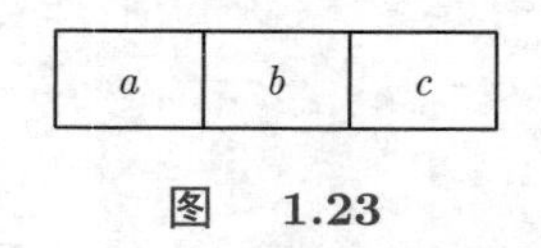


图　1.23

它共分为三个域，邻接点域 $a$ 中存放该顶点的编号，数据域 $b$ 中存放相应边的数值，链域 $c$ 中存放下一个表顶点的地址指针。以图 1.18 为例，它的邻接表形式如图 1.24 所示。

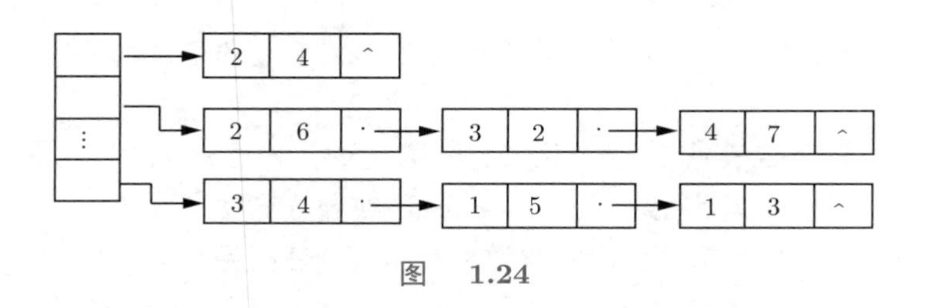


图 1.24

其中，$Q(i)$ 存放顶点 $v_i$ 的第一个直接后继表顶点的地址指针。邻接表的特点是使用灵活，例如要从图 $G$ 中删去某条边时，只要摘除对应的表顶点就可以实现；若要增加某条边，也只需增加一个表顶点，而不需要进行大的变动。

边列表、正向表和邻接表等都能表示重边，也能表示自环。也就是说，它们都能唯一表示任意一个图，而且也都只占据较小的存储空间。邻接矩阵、关联矩阵、边列表、正向表、逆向表之间都可以互相转换。为了直观起见，本书主要采用邻接矩阵和关联矩阵表示图 $G$，在描述某些算法时，有时也采用正向表等形式的数据结构。

## 习 题 1

1.【★☆☆☆】[①] 求有 $n$ 个顶点、$m$ 条边的简单图个数。

2.【★☆☆☆】证明：在 9 座工厂之间，不可能每座工厂都只与其他 3 座工厂有业务联系，也不可能只有 4 座工厂与偶数个工厂有业务联系。

3.【★☆☆☆】设 $G$ 是至少含有 2 个顶点的简单图，证明 $G$ 中至少有 2 个顶点度数相同。

4.【★★☆☆】简单图 $G$（有 $n$ 个顶点、$m$ 条边）中，如果 $m > \frac{1}{2}(n-1)(n-2)$，证明 $G$ 不存在孤立顶点。

5.【★★☆☆】对于不同时为奇数的正整数 $n$、$k$，给出 $n$ 个顶点的 $k$-正则图的构造。

6.【★☆☆☆】记 $d = \{d_1, d_2, \cdots, d_n\}$（$d_1, d_2, \cdots, d_n$ 为非负整数）。证明存在一个图（可含自环、重边），使得其顶点度的非增序列为 $d$ 的充要条件是 $\sum_{i=1}^{n} d_i$ 为偶数。

7.【★★☆☆】完全图的每边任给一个方向，称为有向完全图。证明在有向完全图中

$$\sum_{v_i \in V} \left(d^+(v_i)\right)^2 = \sum_{v_i \in V} \left(d^-(v_i)\right)^2$$

成立。

8.【★★☆☆】3 个量杯的容量分别是 8 升、5 升和 3 升，现 8 升的量杯装满了水，问怎样才能把水分成 2 个 4 升，画出相应的图。

9.【★★☆☆】6 个人围成圆形就座，每个人恰好只与相邻者不认识，是否可以重新入座，使每个人都与邻座认识？

① 习题中用实心五星代表习题难度，供读者参考，星数越多，难度越高，最高为四星。

10.【★★☆☆】证明：9 个人中若非至少有 4 个人互相认识，则至少有 3 个人互相不认识。

11.【★☆☆☆】设 $G$ 是含有 $n$ 个顶点、$m$ 条边的无向图，$v$ 是 $G$ 中一个度数为 $k$ 的顶点，$e$ 是 $G$ 中一条边。写出 $G-e$、$G-v$ 的顶点数与边数。

12.【★☆☆☆】举例说明顶点度的非增序列相同的两个图可能不同构。

13.【★★☆☆】求有 4 个顶点的简单图个数，其中相互同构的图算作同一个。

14.【★★☆☆】判断带有下列邻接矩阵的简单图是否同构。

$$\begin{bmatrix}0&1&0&1\\1&0&0&1\\0&0&0&1\\1&1&1&0\end{bmatrix},\quad\begin{bmatrix}0&1&1&1\\1&0&0&1\\1&0&0&1\\1&1&1&0\end{bmatrix}$$

$$\begin{bmatrix}0&1&1&0\\1&0&0&1\\1&0&0&1\\0&1&1&0\end{bmatrix},\quad\begin{bmatrix}0&1&0&1\\1&0&0&0\\0&0&0&1\\1&0&1&0\end{bmatrix}$$

15.【★★☆☆】证明：若图 $G_1$ 与 $G_2$ 同构，则其邻接矩阵 $\boldsymbol{M}(G_1)$ 与 $\boldsymbol{M}(G_2)$ 的秩相等。

16.【★☆☆☆】写出图 1.25(a) 的邻接矩阵、关联矩阵、边列表及正向表。

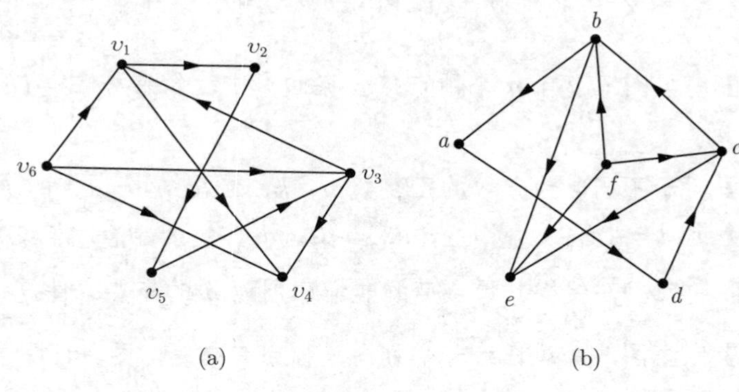


图 1.25

17.【★☆☆☆】判断图 1.25 是否同构。

18.【★☆☆☆】有向图 $D$ 和它的逆图 $D'$ 的邻接矩阵有什么关系？

19.【★★☆☆】记矩阵 $\boldsymbol{A}$ 为图 $G$ 的邻接矩阵。尝试说明 $\boldsymbol{A}^k$ 的 $i$ 行 $j$ 列元素 $a_{ij}$ 表示什么。

20.【★★☆☆】无向图的关联矩阵与其转置之积可以表示什么？

21.【★☆☆☆】表示一个有 $n$ 个顶点、$m$ 条边的非赋权图需要多少存储空间？其中分别利用：

(1) 邻接矩阵；

(2) 关联矩阵；

(3) 边列表；

(4) 正向表。

22.【★★★☆】试编写有向图 $G$ 的邻接矩阵与关联矩阵、邻接矩阵与正向表、关联矩阵与边列表之间互相转换的程序。

☞图论知识

## 图论的起源与发展

图论是一门比较古老的数学分支，普遍认为其源于十分有名的哥尼斯堡 (Konigsberg) 七桥问题，哥尼斯堡位于如今的俄罗斯飞地加里宁格勒州，历史上它曾经属于普鲁士公国，闻名于世的七桥问题也诞生在这个时期。问题的背景相当简单，是一个经典的“一笔画”问题，当时有许多人对这个问题感到好奇并尝试将其解决，但始终无果，这个问题最终被当时访问哥尼斯堡的大数学家欧拉 (Euler，见图 1.26) 解决。1736 年，欧拉向圣彼得堡科学院提交了论文《哥尼斯堡七桥》，在彻底解决了这个问题的同时开创了一个对后世产生了深远影响的数学学科——图论 (Graph Theory)，这一学科对后来的数学研究乃至计算机科学的发展产生了巨大的作用。

图　1.26

随后的两百年间，图论都处在较为缓慢的萌芽阶段，研究基本停留在解决一些游戏问题。这其中最著名的是 Francis Guthrie 于 1852 年提出的四色猜想（Four Color Theorem），这一问题在之后的一百余年中一直没有得到证明。这一阶段，图论较为重要的应用成果包括：1845 年，物理学家 Gustav Robert Kirchhoff 利用图论中的树结构提出了 Kirchhoff 电路定律，用以计算电路中的电压和电流；1875 年，Arthur Cayley 在化学领域利用树状图解决了饱和氢化物同分异构体数目的计算问题等。

1936 年，匈牙利数学家 Dénes König 总结了 200 年来图论的发展历程和主要成果，出版了图论的第一部专著——《有限图和无限图的理论》，标志着图论成为一门独立、系统的数学学科。随后的半个世纪以来，随着计算机科学的进步，图论更是以惊人的速度向前发展，产生了许多新的分支，如拓扑图论、代数图论、算法图论、应用图论、网络图论、超图理论、随机图论等。它们已广泛应用到物理学、化学、通信、计算机科学、运筹学、生物遗传学、心理学、社会学、经济学、人类学和语言学等领域，成为学习研究计算机科学、通信信息科学、电子电路等学科的必不可少的重要数学工具。

# 第 2 章 道路与回路

## 2.1 图的连通性

### 2.1.1 道路与回路

道路与回路并非一个陌生的概念，在日常生活中多有接触。在图论中，我们分别在有向图和无向图中进行讨论。

**定义 2.1.1** 有向图 $G=(V，E)$ 中，若边序列 $P=(e_{i_1}，e_{i_2}，\cdots，e_{i_q})$，其中 $e_{i_k}=(v_l，v_j)$ 满足 $v_l$ 是 $e_{i_{k-1}}$ 的终点，$v_j$ 是 $e_{i_{k+1}}$ 的始点，则称 $P$ 是 $G$ 的一条**有向道路**。如果 $e_{i_q}$ 的终点也是 $e_{i_1}$ 的始点，则称 $P$ 是 $G$ 的一条**有向回路**。

如果 $P$ 中的边没有重复出现，则分别称为**简单有向道路**和**简单有向回路**。进而，如果在 $P$ 中顶点也不重复出现，又分别称它们是**初级有向道路**和**初级有向回路**，简称为路和回路。显然，初级有向道路 (回路) 一定是简单有向道路 (回路)。

**例 2.1.1** 图 2.1(a) 中，边序列 $(e_5，e_4，e_5，e_7)$ 是有向道路，$(e_5，e_4，e_5，e_7，e_3)$ 是有向回路。$(e_5，e_4，e_1，e_2)$ 是简单有向道路，$(e_5，e_4，e_1，e_2，e_3)$ 是简单有向回路。$(e_1，e_2)$ 是初级有向道路，$(e_1，e_2，e_3)$ 是初级有向回路。

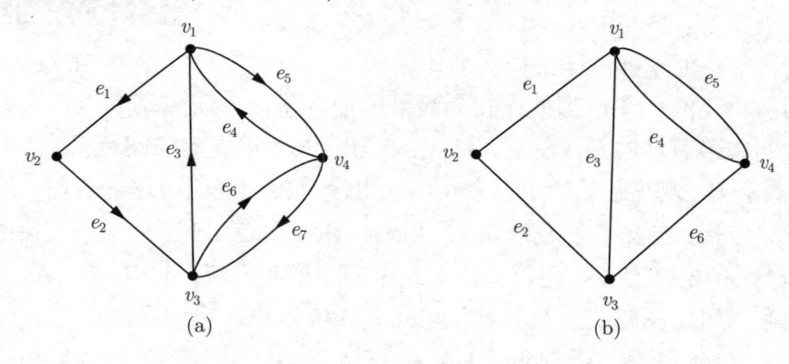


图 2.1

**定义 2.1.2** 无向图 $G=(V，E)$ 中，若点边交替序列 $P=(v_{i_1}，e_{i_1}，v_{i_2}，e_{i_2}，\cdots，e_{i_{q-1}}，v_{i_q})$ 满足 $v_{i_k}$、$v_{i_{k+1}}$ 是 $e_{i_k}$ 的两个端点，则称 $P$ 是 $G$ 中的一条**道路或链**。如果 $v_{i_q}=v_{i_1}$，则称 $P$ 是 $G$ 中的一条**回路或圈**。

如果 $P$ 中没有重复出现的边，称为**简单道路或简单回路**；若其中顶点也不重复，又称为**初级道路或初级回路**。

**例 2.1.2** 图 2.1(b) 中边序列 $(e_4，e_5，e_4，e_6)$ 是道路，$(e_4，e_5，e_4，e_6，e_3)$ 是回路；$(e_4，e_5，e_1，e_2)$ 是简单道路，$(e_4，e_5，e_1，e_2，e_3)$ 是简单回路；$(e_1，e_2)$ 是初级道路，$(e_1，e_2，e_3)$ 是初级回路。

**例 2.1.3**　设 $C$ 是简单图 $G$ 中含顶点数大于 3 的一个初级回路，如果顶点 $v_i$ 和 $v_j$ 在 $C$ 中不相邻，而边 $(v_i,\ v_j)\in E(G)$，则称 $(v_i,\ v_j)$ 是 $C$ 的一条弦。若对每一个 $v_k\in V(G)$，都有 $d(v_k)\geqslant 3$，则 $G$ 中必含带弦的回路。

> ☞启发与思考
>
> 处理图论问题时，常用的方法有构造法、反证法和数学归纳法等。使用构造法时，一般会根据所给命题的题设条件或结论的结构特征，经过观察、分析、联想与综合，有目的地构造特定的数学模型，将问题转化为一个方便处理的等价问题。在解决存在性问题时，构造法可起到事半功倍的作用。本题将采用构造法进行证明。

**证明**：如图 2.2 所示，在 $G$ 中构造一条极长的初级道路 $P=(e_{i_1},\ e_{i_2},\ \cdots,\ e_{i_l})$，不妨设 $e_{i_1}=(v_0,\ v_1)$，$e_{i_l}=(v_{l-1},\ v_l)$。由于 $P$ 是极长的初级道路，所以 $v_0$ 和 $v_l$ 的邻接点都在该道路 $P$ 上。由已知条件，$d(v_0)\geqslant 3$，不妨设 $\Gamma(v_0)=\left\{v_1,\ v_{i_j},\ v_{i_k},\ \cdots\right\}$。其中 $1<j<k$，这时 $(v_0,\ v_1,\ \cdots,\ v_{i_k},\ v_0)$ 是一条初级回路，而 $\left(v_0,\ v_{i_j}\right)$ 就是该回路中的一条弦。

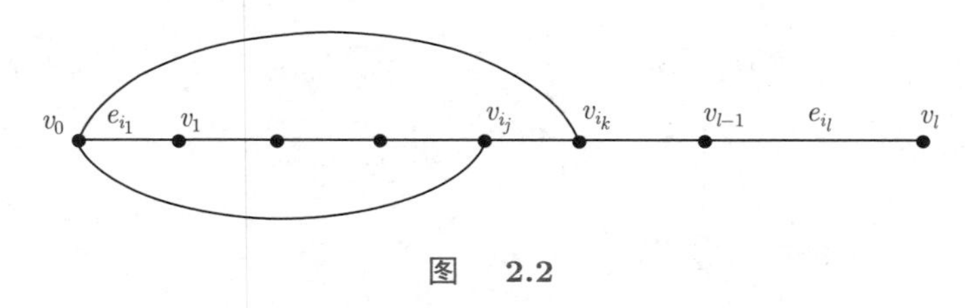


图　2.2

**例 2.1.4**　设 $G=(V,\ E)$ 是无向图，如果 $V(G)$ 可以划分为子集 $X$ 和 $Y$，使得对所有的 $e=(u,\ v)\in E(G)$，$u$ 和 $v$ 都分属于 $X$ 或 $Y$，则 $G$ 是二分图。证明：如果二分图 $G$ 中存在回路，则它们都是由偶数条边组成的。

**证明**：设 $C$ 是二分图 $G$ 的任一回路，不妨设 $v_0\in X$ 是 $C$ 的始点，由于 $G$ 是二分图，所以沿回路 $C$ 必须经过偶数条边才能达到某顶点 $v_i\in X$，因而只有经过偶数条边才能回到 $v_0$。

**定义 2.1.3**　设 $G$ 是无向图，若 $G$ 的任意两顶点之间都存在道路，就称 $G$ 是**连通图**，否则称为**非连通图**。

如果 $G$ 是有向图，不考虑其边的方向，即视之为无向图，若它是连通的，则称 $G$ 是连通图。

若连通子图 $H$ 不是 $G$ 的任何连通子图的真子图，则称 $H$ 是 $G$ 的**极大连通子图**，或称 **连通支**。显然 $G$ 的每个连通支都是它的导出子图。

**例 2.1.5**　图 2.1 和图 2.2 都是连通图，图 2.3是非连通图。其中图 2.3(a) 有两个连通支，它们的顶点集分别是 $\{v_1,\ v_2,\ v_3\}$ 和 $\{v_4,\ v_5\}$；图 2.3(b) 有 3 个连通支，其顶点集是 $\{v_1,\ v_2,\ v_3\}$、$\{v_4,\ v_5\}$ 和 $\{v_6\}$。

**例 2.1.6**　图 2.4 是连通图，它不含回路，而且在任意两顶点之间都只有唯一的一条初级道路。这种图称为树，它是含边数最少的连通图。

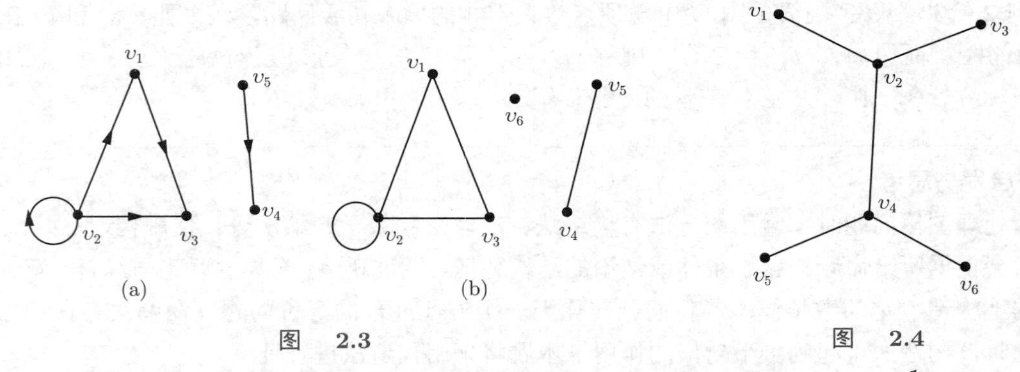


图 2.3

图 2.4

**例 2.1.7** 设 $G$ 是简单图，$m$ 表示顶点数，$n$ 表示边数，证明当 $m > \frac{1}{2}(n-1)(n-2)$ 时，$G$ 是连通图。

**证明：**假定 $G$ 是非连通图，则至少含有 2 个连通支。设分别为 $G_1=(V_1，E_1)$，$G_2=(V_2，E_2)$。其中 $|V_1(G_1)|=n_1$，$|V_2(G_2)|=n_2$。$n_1+n_2=n$。由于 $G$ 是简单图，因此

$$|E_1(G_1)| \leqslant \frac{1}{2}n_1(n_1-1)$$

$$|E_2(G_2)| \leqslant \frac{1}{2}n_2(n_2-1)$$

$$m \leqslant \frac{1}{2}n_1(n_1-1)+\frac{1}{2}n_2(n_2-1)$$

由于 $n_1 \leqslant n-1$，$n_2 \leqslant n-1$，所以

$$m \leqslant \frac{1}{2}(n-1)(n_1-1+n_2-1)$$

$$= \frac{1}{2}(n-1)(n-2)$$

与已知条件矛盾，故 $G$ 是连通图。

### 2.1.2 割点、割边和块

我们已经知道，有些连通图移去了一条边或一个顶点就变得不连通了。移去任何一条边或任意一个顶点就会不连通，具有这样性质的边和顶点就是割边和割点。

**定义 2.1.4** 设 $v$ 是 $G$ 中的一个顶点，如果 $G-v$ 的连通支数比 $G$ 多，就称 $v$ 是 $G$ 的一个割点。

**定义 2.1.5** 设 $e$ 是 $G$ 的一条边，若 $G'=G-e$ 比 $G$ 的连通支数多，则称 $e$ 是 $G$ 的一条割边。

根据定义，如果 $v$ 是连通图 $G$ 的一个割点，那么 $G-v$ 就是非连通图。

**定义 2.1.6** 图 $G$ 中极大的没有割点的连通子图称为块。

**例 2.1.8** 图 2.5(a) 中 $v$ 是割点，它有 3 个块，如图 2.5(b) 所示。注意 $u$ 不是割点。

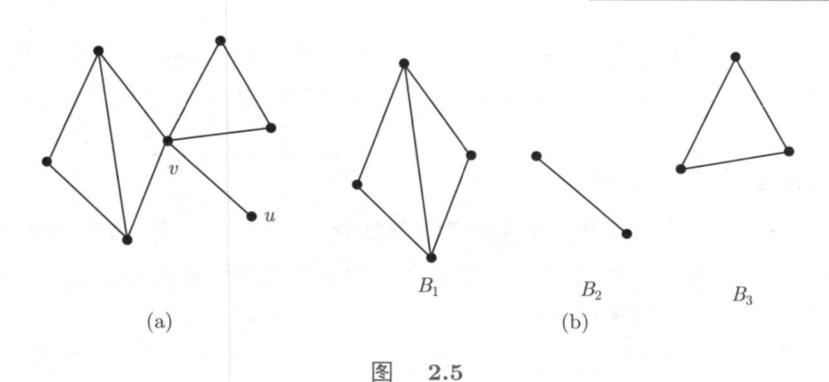


图　2.5

以下分别讨论它们的性质。

**定理 2.1.1**　设 $v$ 是连通图 $G$ 的一个顶点，则下述性质等价。

(1) $v$ 是 $G$ 的一个割点。

(2) 存在与 $v$ 不同的两个顶点 $u$ 和 $w$，使任一条 $u$ 到 $w$ 的道路 $P_{uw}$ 都经过 $v$。

(3) $V-v$ 可以划分为两个顶点集 $U$ 和 $W$，使对任意顶点 $u \in U$ 和 $w \in W$，顶点 $v$ 都在每一条道路 $P_{uw}$ 上。

**证明:**

(1) => (3)　因为 $v$ 是 $G$ 的一个割点，$G-v$ 至少有两个连通支，设 $U$ 是其中一个连通支的顶点集，$W$ 是其余顶点集，因此 $U$ 和 $W$ 构成了 $V-v$ 的划分。由于任何两点 $u \in U$ 和 $w \in W$ 分别在 $V-v$ 的不同连通支中，所以 $G$ 中每一条道路 $P_{uw}$ 必过顶点 $v$。

(3) => (2)　(2) 是 (3) 的一个特例，显然成立。

(2) => (1)　因为任一条道路 $P_{uw}$ 都经过 $v$，所以 $V-v$ 中 $u$ 和 $w$ 之间将不存在道路，即 $G$ 的连通支数增加，由定义 2.1.4，$v$ 是 $G$ 的割点。

**定理 2.1.2**　令 $e$ 是连通图 $G$ 的一条边，下述性质是等价的。

(1) $e$ 是 $G$ 的一条割边。

(2) $e$ 不属于 $G$ 的任何回路。

(3) 存在 $G$ 的顶点 $u$ 和 $w$，使 $e$ 属于 $u$ 和 $w$ 的任何一条道路 $P_{uw}$。

(4) $G-e$ 可以划分为两个顶点集 $U$ 和 $W$，使得对任何顶点 $u \in U$ 和 $w \in W$，在 $G$ 中道路 $P_{uw}$ 都经过 $e$。

**证明:**

(1) => (4)　因为 $e$ 是割边，由定义 2.1.5，$G-e$ 划分成两个连通支，其顶点集就是 $U$ 和 $W$。所以连通图 $G$ 的任意两点 $u \in U$ 和 $w \in W$，其道路 $P_{uw}$ 都经过 $e$。

(4) => (3)　在 $G-e$ 中，$U$ 和 $W$ 都不是空集。结论得证。

(3) => (2)　由于 $u$ 和 $w$ 之间不存在不经过 $e$ 的任何道路，因此 $P_{uw}+e$ 不可能构成回路。

(2) => (1)　如果 $e=(u,\ w)$ 不是割边，则 $G-e$ 中 $u$ 和 $w$ 之间仍存在一条道路 $P_{uw}$，$P_{uw}+e$ 便构成了一个包含 $e$ 的回路。

其实，若将边 $e=(u, v)$ 视为 $(u, w)$ 和 $(w, v)$ 两条边（即在 $u$ 和 $v$ 中插入点 $w$），则 $e$ 是割边当且仅当 $w$ 是割点，于是可以自然得到定理 2.1.2 中的 (1)、(2)、(4) 的等价性。

**☞启发与思考**

实际上，这是边和点可以互相转化的一个例子，这种方法是处理一些图论问题的一个小技巧。有时也可以通过拆点的方法将点的问题变成边的问题。这启发我们图中的点和边有时是可以相互转化的。

**定理 2.1.3** 设 $G$ 是至少有 3 个顶点的连通图，则下述性质等价。

(1) $G$ 是一个块。

(2) $G$ 的任何两个顶点同属某一初级回路。

(3) $G$ 的任何一个顶点和任何一条边同属于某个初级回路。

(4) $G$ 的任何两条边同属某一初级回路。

(5) 给定两个顶点 $u$、$v$ 和一条边 $e$，存在一条包含 $e$ 的初级道路 $P_{uv}$。

(6) 对 $G$ 的任意 3 个不同的顶点，存在一条包含它们的初级道路。

(7) 对 $G$ 的任意 3 个不同的顶点，存在一条只含其中两点而不含第三点的道路。

证明思路如下：

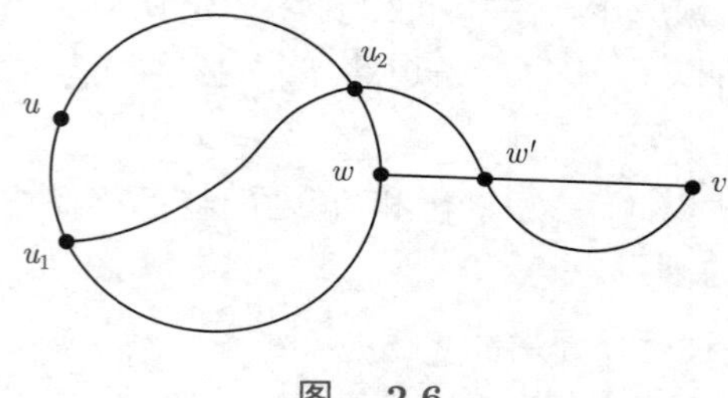


图 2.6

(1) => (2) 令 $u$、$v$ 是 $G$ 中不同的顶点，$U$ 是 $G$ 中能与 $u$ 同属某一初级回路的顶点集合，若 $U=V$ 即得证。假定 $v \notin U$，设 $C$ 是在全部含 $u$ 的初级回路 $C'$ 里，使 $P_{wv}\,(w \in C')$ 为最短的一个回路，如图 2.6所示。因为 $G$ 是块，故 $w$ 不是割点，$u$ 与 $v$ 之间存在另一条道路 $P'=P_{uu_1}+P_{u_1, u_2}+P_{u_2w'}+P_{w'v}$。如果 $P'$ 不与 $P_{wv}$ 相交，易知 $u$ 与 $v$ 同在某个初级回路上。若存在这样的交点 $w'$，又易见 $w'$ 与 $u$ 同在某个初级回路上，但此时 $P_{w'v}$ 比 $P_{wv}$ 更短。与 $w$ 的选择矛盾。

(2) => (3) 设 $u$ 和 $(v, w)$ 是 $G$ 中任一顶点和边，$u$ 和 $v$ 在 $G$ 的某一初级回路 $C$ 上，若 $(v, w) \in C$，命题成立。否则，因为 $u$ 和 $w$ 也在某一初级回路 $C'$ 上，$u$ 是 $C$ 和 $C'$ 的公共点，$(v, w)$ 是两端点分别在 $C$ 和 $C'$ 上的一条边，各自选择 $C$ 和 $C'$ 上的一条道路 $P_{uv}$ 和 $P_{uw}$，加上边 $(v, w)$ 便可构成一个初级回路。

(3) => (4) 与上述证明类似。

(4) => (5) 由 (4)，显见任何两个顶点同属某一回路，即得 (2)，由 (2) => (3)，设 $u$、$v$ 和 $e=(x, y)$ 是任给的顶点和边，则 $u$、$e$ 和 $v$、$e$ 分别在同一初级回路 $C_1$ 和 $C_2$ 上。$e \in C_1 \cap C_2$。不管 $u$、$v$ 如何相处，此时一定存在经过 $e$ 的初级道路 $P_{uv}$。

(5) => (6) 令 $u$、$v$、$w$ 是 $G$ 中 3 个不同的顶点，$e$ 是与 $w$ 关联的一条边，则 $G$ 中存在包含 $e$ 的初级道路 $P_{uv}$，即 $w$ 在 $P_{uv}$ 之中。

(6) => (7)　由 (6)，$G$ 中存在包含 $v$ 的初级道路 $P_{uw}$，显然其中的初级道路 $P_{uv}$ 不包含 $w$。

(7) => (1)　因此，舍弃 $G$ 中任何一个顶点 $w$，任意两个顶点之间在 $G-w$ 中仍存在道路，所以 $G$ 中没有割点，亦即它是一个块。

### 2.1.3　顶点与边的连通度

图的连通度推广了割点、割边的概念。一个连通图 $G$ 可能没有割点和割边，但当移去若干个顶点或若干条边之后，它就不连通了。这些顶点和边的集合就叫点断集和边断集。

**定义 2.1.7**　连通图 $G$ 在移去若干顶点之后至少分为两个连通子图或剩下一个孤立点，则这些顶点的集合称为 $G$ 的一个**点断集或断集**，记为 $A$。
并称

$$\kappa(G)=\min_{A\in\phi}\{|A|\}$$

为断量。其中，$\phi$ 是断集集合。

**定义 2.1.8**　如果连通图 $G$ 移去若干条边之后变为非连通的，则这些边的集合称为 $G$ 的一个**边断集**，记为 $B$。并称

$$\lambda(G)=\min_{B\in\psi}\{|B|\}$$

为**边断量**，其中 $\psi$ 是边断集集合。

显然，若 $\kappa(G)=1$，$G$ 中有割点；$\lambda(G)=1$，$G$ 中有割边。对于完全图 $K_n$ 来说，$\kappa(K_n)=\lambda(K_n)=n-1$。

**定理 2.1.4**　连通图 $G$ 中，有

$$\kappa(G)\leqslant\lambda(G)\leqslant\delta(G)$$

其中，$\delta(G)$ 是顶点的最小度。

**证明**：设 $v$ 是 $G$ 中具有最小度的顶点，显然删去与 $v$ 关联的这 $\delta(G)$ 条边之后，$G$ 将成为非连通图。因此，$\lambda(G)\leqslant\delta(G)$。以下再证 $\kappa(G)\leqslant\lambda(G)$。设 $B=\{e_1，e_2，\cdots，e_\lambda\}$ 是 $G$ 的一最小边断集，$G-B$ 至少有两个不连通的顶点集 $V_1$、$V_2$。这时在 $G$ 的顶点子集 $V_1$ 中删去与 $e_1，e_2，\cdots，e_{\lambda-1}$ 相关联的最多 $\lambda-1$ 个顶点，并在 $V_2$ 中删去与 $e_\lambda$ 相关联的一个顶点之后，$G$ 将不连通，亦即这些顶点的集合 $A$ 便构成了 $G$ 的一个断集。因此，$\kappa(G)\leqslant\lambda(G)$。

**定义 2.1.9**　$G$ 是连通图，任给 $k\geqslant1$，当 $\kappa(G)\geqslant k$ 时，称 $G$ 是 **$k$-连通图**。当 $\lambda(G)\geqslant k$ 时，称为 **$k$-边连通图**。

例如树 $T$ 是 1-连通图，也是 1-边连通的。初级回路 $C$ 是 1-连通的，也是 2-连通图。至少有 3 个顶点的块既是 2-连通图，又是 2-边连通图。

**定理 2.1.5**　简单连通图 $G$ 中有

$$\kappa(G)\leqslant\left\lceil\frac{2m}{n}\right\rceil$$

**证明**：因为 $\sum d(v_i)=2m$

所以 $n\delta(G)\leqslant 2m$

$$\delta(G)\leqslant\left\lceil\frac{2m}{n}\right\rceil$$

再由定理 2.1.4 即得证。

该定理说明，对一个简单 $k$ 连通图，如果令 $f(k,\ n)$ 表示其边的数目，不等式 $f(k,\ n)\geqslant\left\lceil\frac{kn}{2}\right\rceil$ 成立。

**例 2.1.9** 8 个输油站之间要修建 16 条输油管道，这时图 2.7(a) 和图 2.7(b) 两个方案中显然图 2.7(b) 的连通性能强。因为图 2.7 (a) 中存在割点，且是 3-边连通的，而图 2.7(b) 的点、边连通度都是 4。

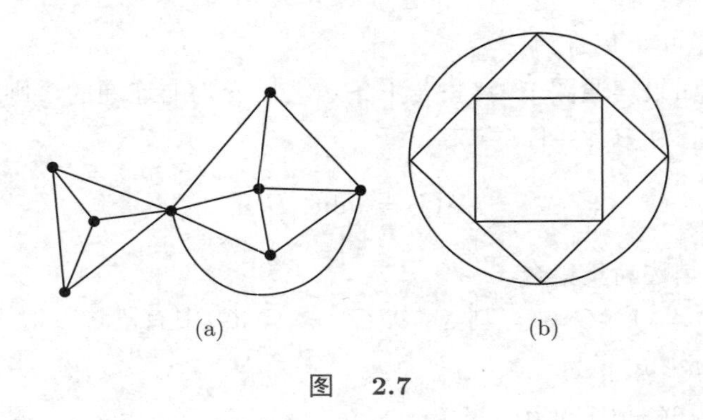


图 2.7

## 2.2 道路与回路的判定

两顶点之间的道路与回路判定，通常关注两个问题：其一，判断两顶点间是否存在道路，即两顶点是否连通；其二，若两顶点连通，则要找到连接两顶点的道路的具体路径。这两个问题可以利用邻接矩阵判定法或搜索法完成。首先介绍邻接矩阵的判定方法。

设 $\boldsymbol{A}=(a_{ij})_{n\times n}$ 是 $G$ 的邻接矩阵。由 $\boldsymbol{A}$ 的定义，$a_{ij}=1$ 表示 $(v_i,\ v_j)\in E(G)$，即 $v_i$ 可以通过某条边 $e$ 到达 $v_j$。根据矩阵乘法，设 $\boldsymbol{A}^2=(a_{ij}^{(2)})$，有

$$a_{ij}^{(2)}=\sum_{k=1}^{n}a_{ik}\cdot a_{kj}$$

$a_{ij}^{(2)}\neq 0$，当且仅当存在 $k$，使 $a_{ik}=a_{kj}=1$。也就是说，如果 $G$ 中存在顶点 $v_k$，满足 $(v_i,\ v_k)$，$(v_k,\ v_j)\in E(G)$，即经过 2 条边 $(v_i,\ v_k)$ 和 $(v_k,\ v_j)$，$v_i$ 可以到达 $v_j$ 时，$a_{ij}^{(2)}\neq 0$。同理，$A^l(l\leqslant n)$ 中的元素 $a_{ij}^{(l)}\neq 0$ 表示了 $v_i$ 可以经过 $l$ 条边到达 $v_j$ 。因此令

$$\boldsymbol{P}=\boldsymbol{A}+\boldsymbol{A}^2+\cdots+\boldsymbol{A}^n$$

如果 $p_{ij} = t$，说明 $v_i$ 有 $t$ 条道路可以到达 $v_j$ 。若 $p_{ij} = 0$，即 $n$ 步之内 $v_i$ 不能到达 $v_j$，则在 $G$ 中不存在 $v_i$ 到 $v_j$ 的路。否则，若 $v_i$ 经过 $l(l > n)$ 步可达 $v_j$，由抽屉原理，该道路上一定存在重复出现的顶点 $v_k$，而 $v_k$ 之间的这段路 $C$ 是一个回路。删去这段回路 $v_i$ 仍然可达 $v_j$ 。由于 $G$ 中只存在 $n$ 个不同的顶点，所以只要 $v_i$ 有道路到 $v_j$，一定有 $p_{ij} \neq 0$。这种方法同时判断了道路的存在性和道路的数量。

在许多实际问题中，往往只要求了解 $v_i$ 与 $v_j$ 之间是否存在道路。对此可以采用逻辑运算的方法，即

$$a_{ij}^{(l)} = \bigvee_{k=1}^{n} \left(a_{ik}^{(l-1)} \wedge a_{kj}\right), \quad l = 2, 3, \cdots, n$$

相应地

$$\boldsymbol{P} = \boldsymbol{A} \vee \boldsymbol{A}^2 \vee \cdots \vee \boldsymbol{A}^n$$

就是图 $G$ 的道路矩阵。

用上述方法求 $G$ 的道路矩阵，计算复杂性为 $O(n^4)$。以下介绍的 Warshall 算法是一个更好的方法，其计算复杂性是 $O(n^3)$。

Warshall 算法：

```
begin
1.  P ← A,
2.  for i = 1 to n do
3.     for j = 1 to n do
4.           for k = 1 to n do
                   pjk ← pjk ∨ (pji ∧ pik)
end
```

**例 2.2.1**　采用 Warshall 算法计算图 2.8 道路矩阵的过程如下。

$$\boldsymbol{P} \leftarrow \begin{bmatrix} 0 & 1 & 1 & 0 & 0 \\ 0 & 0 & 1 & 1 & 0 \\ 0 & 0 & 0 & 0 & 1 \\ 0 & 0 & 0 & 0 & 0 \\ 1 & 0 & 0 & 1 & 0 \end{bmatrix}$$

$$\boldsymbol{P}(i=1) = \begin{bmatrix} 0 & 1 & 1 & 0 & 0 \\ 0 & 0 & 1 & 1 & 0 \\ 0 & 0 & 0 & 0 & 1 \\ 0 & 0 & 0 & 0 & 0 \\ 1 & \mathbf{1} & \mathbf{1} & 1 & 0 \end{bmatrix} \qquad \boldsymbol{P}(i=2) = \begin{bmatrix} 0 & 1 & 1 & \mathbf{1} & 0 \\ 0 & 0 & 1 & 1 & 0 \\ 0 & 0 & 0 & 0 & 1 \\ 0 & 0 & 0 & 0 & 0 \\ 1 & 1 & 1 & 1 & 0 \end{bmatrix}$$

$$\boldsymbol{P}(i=3)=\begin{bmatrix}0&1&1&1&\mathbf{1}\\0&0&1&1&\mathbf{1}\\0&0&0&0&1\\0&0&0&0&0\\1&1&1&1&\mathbf{1}\end{bmatrix}\quad \boldsymbol{P}(i=4)=\boldsymbol{P}(i=3)$$

$$\boldsymbol{P}(i=5)=\begin{bmatrix}\mathbf{1}&1&1&1&1\\\mathbf{1}&\mathbf{1}&1&1&1\\\mathbf{1}&\mathbf{1}&\mathbf{1}&\mathbf{1}&1\\0&0&0&0&0\\1&1&1&1&1\end{bmatrix}$$

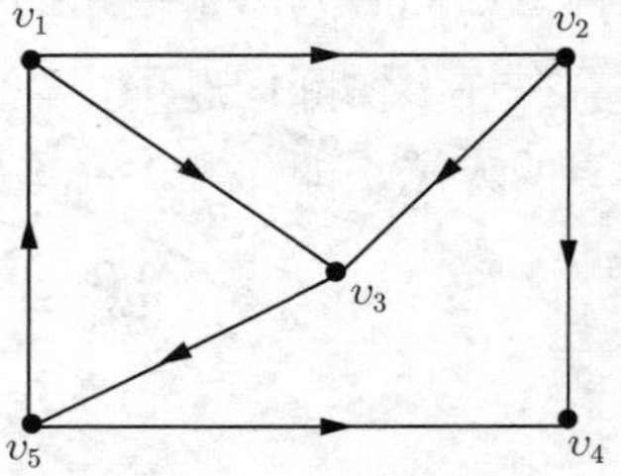

图 2.8

矩阵 $\boldsymbol{P}$ 中的粗体字表示该元素的值在本次循环中发生改变。

**定理 2.2.1** Warshall 算法的结果是图 $G$ 的道路矩阵。

☞启发与思考

这一问题涉及算法中的循环，即自然数的连续变化。要证明命题在连续变化的自然数范围内始终成立，通常可以考虑采用数学归纳法。

证明：该定理的严格证明需要对三层循环分别使用归纳法。现只证其最外层循环。

（1）当 $i=1$ 时，

$p_{jk}^{(1)}=p_{jk}\vee(p_{j1}\wedge p_{1k})$，$k=1,2,\cdots,n$；$j=1,2,\cdots,n$。

$p_{jk}^{(1)}=1$，当且仅当 $p_{jk}=1$ 或 $p_{j1}=p_{1k}=1$（其中 $p_{jk}=1$ 表明 $v_j$ 直接可达 $v_k$，$p_{j1}=p_{1k}=1$ 表明 $v_j$ 可以经过 $v_1$ 到达 $v_k$。）

因此，$p_{jk}^{(1)}=1$ 当且仅当顶点集 $\{v_j,v_1,v_k\}$ 之间有 $v_j$ 到 $v_k$ 的道路。

（2）当 $i=2$ 时，

$p_{jk}^{(2)}=p_{jk}^{(1)}\vee\left(p_{j2}^{(1)}\wedge p_{2k}^{(1)}\right)$，$k=1,2,\cdots,n$；$j=1,2,\cdots,n$。

$p_{jk}^{(2)}=1$ 当且仅当 $p_{jk}^{(1)}=1$ 或 $p_{j2}^{(1)}=p_{2k}^{(1)}=1$（其中，$p_{jk}^{(1)}=1$ 表明顶点集 $\{v_j,v_1,v_k\}$ 之间有 $v_j$ 到 $v_k$ 的道路；$p_{j2}^{(1)}$ 和 $p_{2k}^{(1)}$ 为 1 表明 $\{v_j,v_1,v_2,v_k\}$ 之间 $v_j$ 有必通过 $v_2$ 到达 $v_k$ 的道路。）

因此，$p_{jk}^{(2)}=1$ 当且仅当顶点集 $\{v_j,v_1,v_2,v_k\}$ 中有 $v_j$ 到 $v_k$ 的道路。

（3）设当 $i=n-1$ 时，

$p_{jk}^{(n-1)}=1$ 当且仅当顶点集 $\{v_j,v_1,v_2,\cdots,v_{n-1},v_k\}$ 之间有 $v_j$ 到 $v_k$ 的道路。

则当 $i=n$ 时，

$p_{jk}^{(n)}=p_{jk}^{(n-1)}\vee\left(p_{jn}^{(n-1)}\wedge p_{nk}^{(n-1)}\right)$，$k=1,2,\cdots,n$，$j=1,2,\cdots,n$。

由归纳假设，$p_{jk}^{(n-1)}$ 表明顶点集 $\{v_j,v_1,\cdots,v_{n-1},v_k\}$ 中有 $v_j$ 到 $v_k$ 的道路，$p_{jn}^{(n-1)}=p_{nk}^{(n-1)}=1$，表明顶点集 $\{v_j,v_1,\cdots,v_{n-1},v_n,v_k\}$ 中 $v_j$ 有通过 $v_n$ 到达 $v_k$ 的道路。

因此，$p_{jk}^{(n)}=1$ 即是顶点集 $\{v_j, v_1, \cdots, v_n, v_k\}$ 之中有 $v_j$ 到 $v_k$ 的道路。

采用搜索的方法判断 $G$ 中某一顶点 $v_0$ 到另一顶点 $v_j$ 是否存在道路会更加方便。常用的搜索法有广探法（Breadth First Search，BFS）和深探法（Depth First Search，DFS）。搜索法的优势在于，不仅可以判断道路存在与否，而且可以给出具体的道路的路径信息。

广探法（BFS）是从 $G$ 的任一顶点 $v_0$ 开始，找它的直接后继集 $\Gamma^+(v_0)$，记为 $A_1$，然后对 $A_1$ 中的每一顶点分别找它们的直接后继集，这些直接后继集的并记为 $A_2$。以此类推，直至达到目的。为了避免顶点的重复搜索，可以首先对全部顶点都给一个标记 0，当 $v_i$ 被搜索到时，如果其标记为 0，则 $v_i$ 进入直接后继集，同时标记改为 1，否则由于 $v_i$ 已被搜索而不再进入直接后继集。

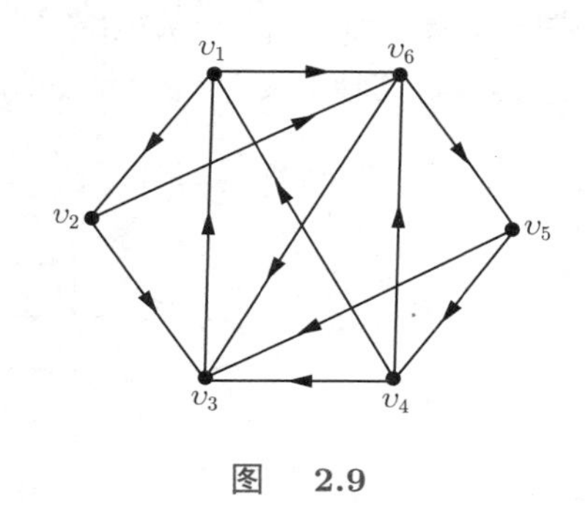


图　2.9

**例 2.2.2**　用 BFS 方法找图 2.9 中 $v_1$ 到 $v_4$ 的一条道路。

**解**：如果采用正向表的输入结构，则有图 2.10。

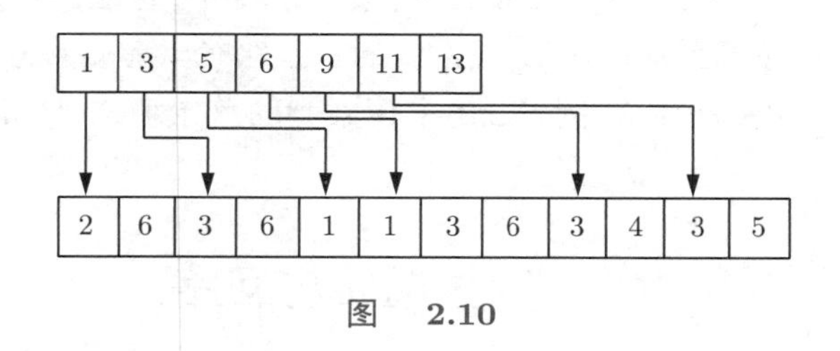


图　2.10

$$\text{因为}\quad \Gamma^+(v_1)=\{v_2, v_6\},\qquad \text{所以}\quad A_1=\{v_2, v_6\}$$

$$\text{因为}\quad \Gamma^+(v_2)=\{v_3, v_6\},$$
$$\Gamma^+(v_6)=\{v_3, v_5\},$$
$$\text{所以}\quad A_2=\{v_3, v_5\}$$

$$\text{因为}\quad \Gamma^+(v_3)=\{v_1\},$$
$$\Gamma^+(v_5)=\{v_3, v_4\},$$
$$\text{所以}\quad A_3=\{v_4\}$$

因此，$G$ 中存在 $v_1$ 到 $v_4$ 的道路，为 $P=(v_1, v_6, v_5, v_4)$。

从例 2.2.2 中可知，用 BFS 方法求两点间道路的计算复杂性是 $O(m)$ 。

深探法 (DFS) 的特点与 BFS 截然不同。它从某一顶点 $v_0$ 开始，只查找 $v_0$ 的某个直接后继 $v_1$，记下 $v_1$ 的父亲 $v_0$，然后再找 $v_1$ 的某个未搜索过的直接后继 $v_2$，以此类推。当从某个顶点 $v_j$ 无法再向下搜索时，退回到它的父亲 $v_{j-1}$，然后再找 $v_{j-1}$ 的另一个未查过的直接后继。形象地说，DFS 的特点是尽量向下搜索，只有碰壁才回头。

采用栈结构以及前述的标记顶点的方法可以完成 DFS 的搜索过程。

**例 2.2.3**　用 DFS 方法找图 2.9 中 $v_1$ 到 $v_4$ 的一条道路。

解：数据输入依然采用正向表。$v_1$ 的第一个直接后继是 $v_2$，$v_1$ 进栈；$v_2$ 的第一个后继是 $v_3$，$v_2$ 进栈。$v_3$ 的后继是 $v_1$，但已标记，故退栈。$v_2$ 的另一个后继是 $v_6$，$v_2$ 进栈；$v_6$ 的第 1 个后继是已标记顶点 $v_3$，第 2 个后继是 $v_5$，$v_6$ 进栈。$v_5$ 的后继是 $v_4$。至此，已搜索到 $v_1$ 到 $v_4$ 的一条道路 $P' = (v_1, v_2, v_6, v_5, v_4)$。整个搜索过程可用图 2.11 形象地表示。其计算复杂性也是 $O(m)$ 。

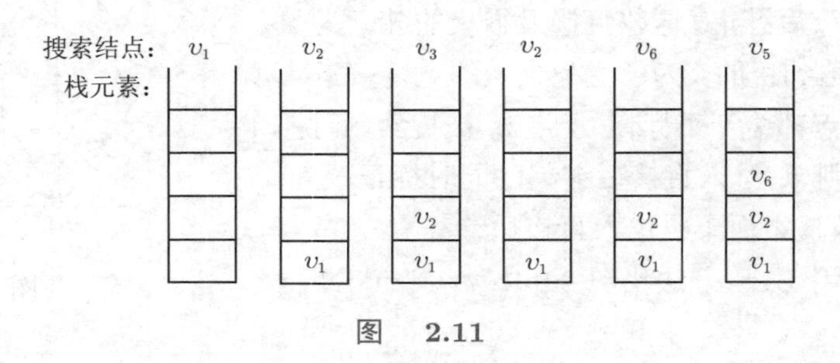


图　2.11

通过比较例 2.2.2 和例 2.2.3 容易发现，BFS 算法和 DFS 算法的计算复杂性都是 $O(m)$。但二者搜索到的路径有显著区别：BFS 搜索到的首条路径一定是最短路径，但 DFS 搜索到的首条道路未必是最短路径，如例 2.2.2 中搜索到的首条道路 $P$ 是最短路径，例 2.2.3 中搜索到的首条道路 $P'$ 不是最短路径。

## 2.3　欧拉道路与回路

1736 年，瑞士著名数学家欧拉发表了图论的第一篇论文《哥尼斯堡七桥问题》。这个问题是这样的：哥尼斯堡城被 Pregel 河分成了 4 部分，它们之间有 7 座桥，如图 2.12 所示。当时人们提出了一个问题，能否从城市的某处出发，过每座桥一次且仅一次最后回到原处。欧拉的文章漂亮地解决了这个问题。他把 4 块陆地设想为 4 个结点，分别用 $A$、$B$、$C$、$D$ 表示，而将桥画成相应的边，如图 2.13 所示。于是问题转化为在该图中是否存在经过每条边一次且仅一次的回路。欧拉的论文给出了解决这类问题的准则，并对七桥问题给出了否定的结论。

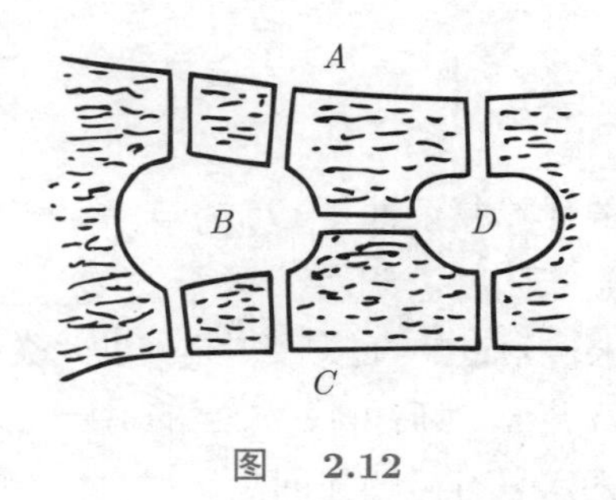


图　2.12

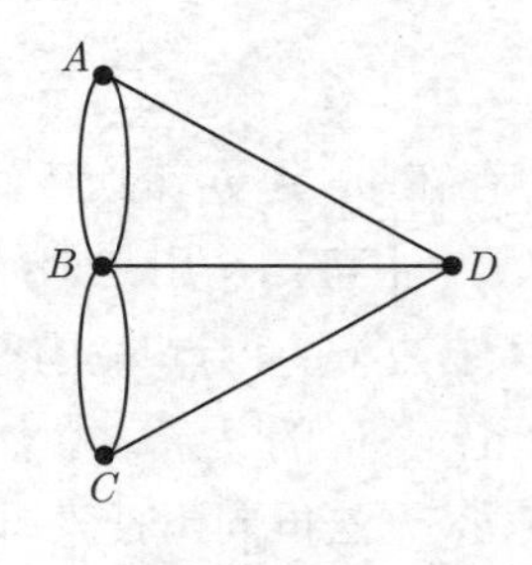


图　2.13

**定义 2.3.1**　无向连通图 $G=(V, E)$ 中的一条经过所有边的简单回路 (道路) 称为 $G$ 的欧拉回路 (道路)。

**定义 2.3.2**　若连通图 $G$ 中存在（有向）欧拉回路，则称其为欧拉图；若其中存在（有向）欧拉道路而不存在（有向）欧拉回路，则称其为半欧拉图。

☞启发与思考

图论中研究问题的一般思路是：从实际问题出发，给出具体定义，之后推导其性质。存在性是最基本的性质之一。根据这种思路，我们可以自然而然地想到，接下来可以探索欧拉图和半欧拉图的存在性定理。

**定理 2.3.1**　无向连通图 $G$ 存在欧拉回路的充要条件是 $G$ 中各顶点的度都是偶数。

证明：必要性。若 $G$ 中有欧拉回路 $C$，则 $C$ 过每一条边一次且仅一次。对任一顶点 $v$ 来说，如果 $C$ 经由 $e_i$ 进入 $v$，则一定通过另一条边 $e_j$ 从 $v$ 离开。因此，顶点 $v$ 的度是偶数。

充分性。由于 $G$ 是有穷图，因此可以断定，从 $G$ 的任一顶点 $v_0$ 出发一定存在 $G$ 的一条简单回路 $C$ 。这是因为各顶点的度都是偶数，所以这条简单道路不可能停留在 $v_0$ 以外的某个顶点，而不能再向前伸延以致构成回路 $C$。

如果 $E(G)=C$，则 $C$ 就是欧拉回路，充分性得证。否则在 $G$ 中删去 $C$ 的各边，得到 $G_1=G-C$。$G_1$ 可能是非连通图，但每个顶点的度保持为偶数。这时，$G_1$ 中一定存在某个度非零的顶点 $v_i$，同时 $v_i$ 也是 $C$ 中的顶点。否则 $C$ 的顶点与 $G_1$ 的顶点之间无边相连，与 $G$ 是连通图矛盾。同样理由，从 $v_i$ 出发，$G_1$ 中 $v_i$ 所在的连通支内存在一条简单回路 $C_1$ 。显然 $C\cup C_1$ 仍然是 $G$ 的一条简单回路，但它包括的边数比 $C$ 多。继续以上构造方法，最终有简单回路 $C'=C\cup C_1\cup\cdots\cup C_k$，它包含了 $G$ 的全部边，即 $C'$ 是 $G$ 的一条欧拉回路。

以上采用了构造性证明的方法，即证明过程本身就给出了问题求解的步骤。

**例 2.3.1**　试找出图 2.14 的一条欧拉回路。

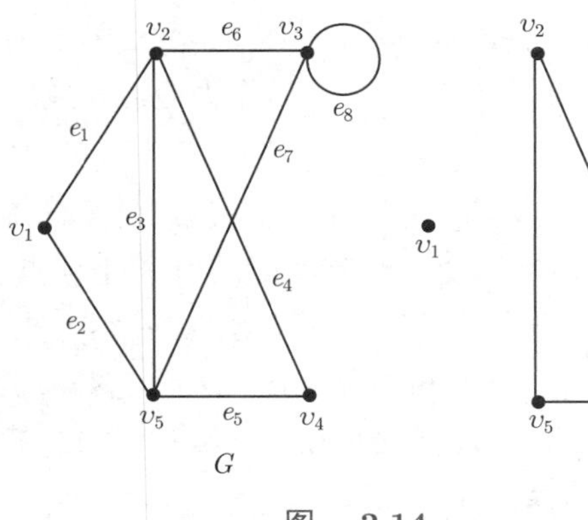


图　2.14

**解**：从任一点，例如 $v_1$ 开始，可构造简单回路 $C=(e_1, e_6, e_8, e_7, e_2)$。$G_1=G-C$ 中的 $v_2$、$v_5$ 的度非零且它们是 $C$ 中的顶点，从 $v_2$ 开始 $G_1$ 中有简单回路 $C_1=(e_3, e_5, e_4)$ 。因此 $C\cup C_1=(e_1, e_3, e_5, e_4, e_6, e_8, e_7, e_2)$ 包含了 $G$ 的所有边，即是 $G$ 的一条欧拉回路。

**推论 2.3.1** 若无向连通图 $G$ 中只有 2 个度为奇数的顶点，则 $G$ 存在欧拉道路。

**证明**：设 $v_i$ 和 $v_j$ 是两个度为奇数的顶点。作 $G'=G+(v_i, v_j)$，则 $G'$ 中各点的度都是偶数。由定理 2.3.1，$G'$ 有欧拉回路，它包含边 $(v_i, v_j)$，删去该边，得到一条从 $v_i$ 到 $v_j$ 的简单道路，它恰好经过了 $G$ 的所有边，亦即是一条欧拉道路。

**推论 2.3.2** 若有向连通图 $G$ 中各顶点的出、入度相等，则 $G$ 存在有向欧拉回路。

其证明与定理 2.3.1 的证明相仿。

**例 2.3.2** 哥尼斯堡七桥问题中既不存在欧拉回路也不存在欧拉道路。

**例 2.3.3** 设连通图 $G=(V, E)$ 有 $k$ 个度为奇数的顶点，证明 $E(G)$ 可以划分成 $k/2$ 条简单道路。

**证明**：由性质 1.1.2，$k$ 是偶数。在这 $k$ 个顶点间增添 $k/2$ 条边，使每个顶点都与其中 1 条边关联，得到 $G'$，$G'$ 中各顶点的度都为偶数。由定理 2.3.1，$G'$ 中有欧拉回路 $C$，这 $k/2$ 条边都在 $C$ 上且不相邻接。删去这些边，得到 $k/2$ 条简单道路，它们包含了 $G$ 的所有边。亦即 $E(G)$ 划分成了 $k/2$ 条简单道路。

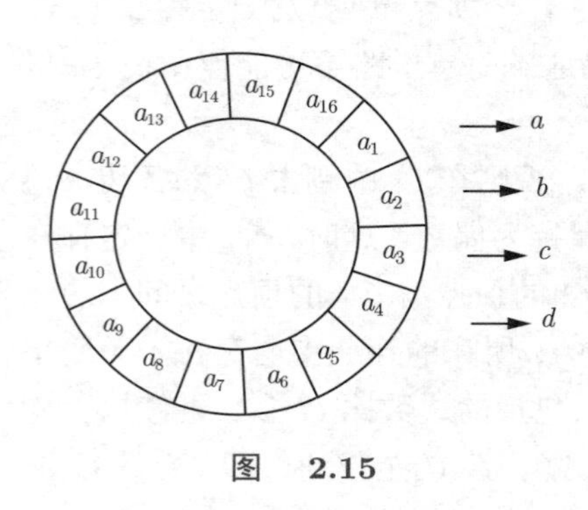


图 2.15

**例 2.3.4** 一个编码盘分成 16 个相等的扇面，每个扇面分别由绝缘体和导体组成，可表示 0 和 1 两种状态，其中 $a$、$b$、$c$、$d$ 4 个位置的扇面组成一组二进制输出，如图 2.15 所示。试问这 16 个二进制数的序列应如何排列，才恰好能组成 0000 到 1111 的 16 组 4 位二进制输出，同时旋转一周后又返回到 0000 状态?

> **启发与思考**
>
> 初学者在面对这类问题时，往往很难直接将问题与图论建模思想联系起来。实际上，可以应用状态建模的方法，将不同的中间状态（两次输出中没有改变的 3 位数字）作为顶点，将变化过程（每次输出的 4 位数字）作为边，完成模型构建。

**解**：我们发现如果从状态 $a_1a_2a_3a_4\,(a_i=0$ 或 $1)$ 逆时针方向旋转一个扇面，那么新的输出是 $a_2a_3a_4a_5$，其中有 3 位数字不变。因此，可以用 8 个顶点表示从 000 到 111 这 8 个二进制数。这样从顶点 $(a_{i-1}a_ia_{i+1})$ 可以到达顶点 $(a_ia_{i+1}0)$ 或 $(a_ia_{i+1}1)$，其输出分别为 $(a_{i-1}a_ia_{i+1}0)$ 和 $(a_{i-1}a_ia_{i+1}1)$，这样可以得到图 2.16。它是有向连通图，共有 16 条边，且每顶点的出、入度相等。由推论 2.3.2，它存在有向欧拉回路。其中任一条都是原问题的解，例如 (0000101001101111) 就是一种方案。

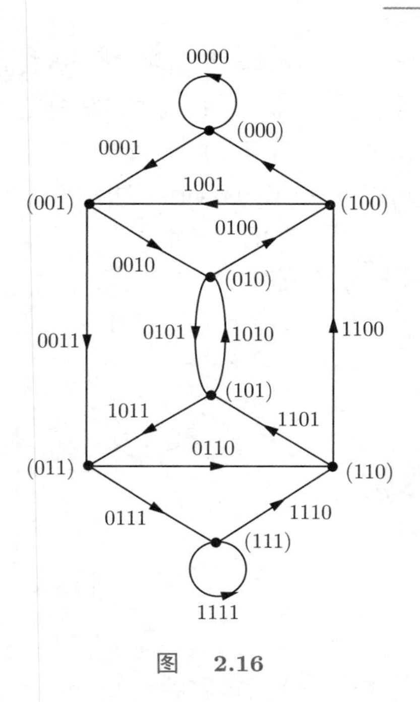


图　2.16

## 2.4　哈密顿道路与回路

**☞启发与思考**

2.3 节介绍了经过各边一次且仅一次的道路（欧拉回路），显然，欧拉道路经过所有顶点。自然地，我们考虑其他相似情形。

（1）是否能够定义经过所有边一次且仅一次，但不经过所有顶点的道路？

（2）是否能够定义经过所有顶点一次且仅一次，但不经过所有边的道路？

（3）是否能够定义经过所有顶点一次且仅一次，同时经过所有边的道路？

容易看出，（1）的答案是否定的。（2）和（3）所涉及的道路，则是本节要讨论的主题。

19 世纪英国数学家哈密顿 (William Hamilton) 给出了关于一个凸 12 面体的数学游戏，他把 12 面体的 20 个顶点比作世界上的 20 个城市，30 条棱表示这些城市之间的交通线路，如图 2.17 所示。哈密顿提出能否周游世界，即从某个城市出发，经过每个城市一次且只一次最后返回出发地。答案是显然的，例如图中的粗线边就表示了其中一种方案。

对于任何连通图都可以提出类似问题。

**定义 2.4.1**　无向图的一条过全部顶点的初级回路 (道路) 称为 $G$ 的**哈密顿回路** (道路)，简记为 $H$ 回路 (道路)。

哈密顿回路是初级回路，是特殊的简单回路，因此它与欧拉回路的概念不同。当然在特殊情况下，$G$ 的一条哈密顿回路恰好也是其欧拉回路。鉴于 $H$ 回路是初级回路，所以如

果 $G$ 中含有重边或自环，删去它们之后得到简单图 $G'$，那么 $G$ 和 $G'$ 关于 $H$ 回路 (道路) 的存在性是等价的。因此，判定 $H$ 回路存在性问题一般都是针对简单图。

**定义 2.4.2** 有向连通图 $G=(V,E)$ 的一条经过全部顶点的初级有向回路（道路）称为 $G$ 的**有向哈密顿回路**（**道路**），简记为有向 $H$ 回路（道路）。含有 $H$ 回路的无向连通图 $G$ 为**哈密顿图**；含有 $H$ 道路而不含 $H$ 回路的无向连通图 $G$ 则为**半哈密顿图**。

**例 2.4.1** 完全图 $K_n(n \geqslant 3)$ 中存在 $H$ 回路。

**例 2.4.2** 图 2.18 不存在 $H$ 回路，但存在 $H$ 道路，为半哈密顿图。

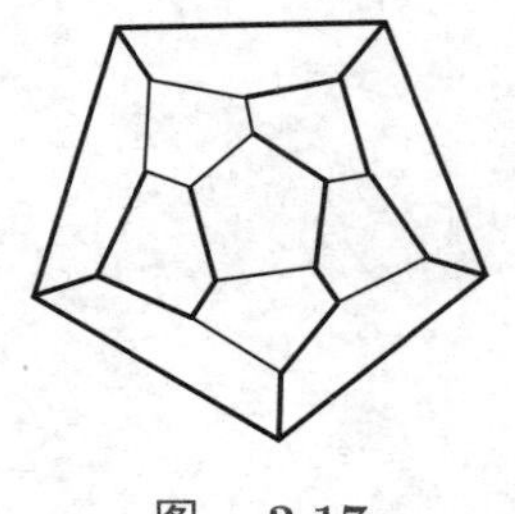

图 2.17

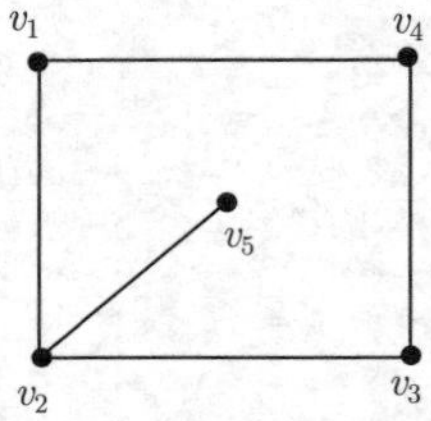

图 2.18

有若干存在哈密顿回路 (道路) 的充分性定理。

**定理 2.4.1** 如果简单图 $G$ 的任意两顶点 $v_i$、$v_j$ 之间恒有 $d(v_i)+d(v_j) \geqslant n-1$，则 $G$ 中存在哈密顿道路。

**证明：** 先证 $G$ 是连通图。若 $G$ 非连通，则至少分为 2 个连通支 $H_1$、$H_2$，其顶点数分别为 $n_1$、$n_2$。从中各任取一个顶点 $v_i$、$v_j$，则 $d(v_i) \leqslant n_1-1$，$d(v_j) \leqslant n_2-1$。故 $d(v_i)+d(v_j)<n-1$。矛盾。

以下证 $G$ 存在 $H$ 道路。设 $P=(v_{i_1}, v_{i_2}, \cdots, v_{i_l})$ 是 $G$ 中一条极长的初级道路，即 $v_{i_1}$ 和 $v_{i_l}$ 的邻点都在 $P$ 上，如图 2.19 所示。此时若 $l=n$，$P$ 即为一条 $H$ 道路。若 $l<n$，则可以证明 $G$ 中一定存在经过顶点 $v_{i_1}, v_{i_2}, \cdots, v_{i_l}$ 的初级回路。否则，若边 $(v_{i_1}, v_{i_p}) \in E(G)$，就不能有 $(v_{i_l}, v_{i_{p-1}}) \in E(G)$，不然删掉 $(v_{i_p}, v_{i_{p-1}})$，就形成了一条过这 $l$ 个顶点的初级回路。于是，设 $d(v_{i_l})=k$，则 $d(v_{i_l}) \leqslant l-k-1$，其中减去 1 表示不能与自身相邻。因此，$d(v_{i_1})+d(v_{i_l})<n-1$。与已知矛盾。所以存在经过 $v_{i_1}, v_{i_2}, \cdots, v_{i_l}$ 的初级回路 $C$。

由于 $G$ 连通，所以存在 $C$ 之外的顶点 $v_t$ 与 $C$ 中的某点 $(v_{iq})$ 相邻。删去 $(v_{i_{q-1}}, v_{i_q})$，则 $P'=(v_i, v_{i_q}, \cdots, v_{i_{p-1}}, v_{i_l}, \cdots, v_{i_{q-1}})$ 是 $G$ 中一条比 $P$ 更长的初级道路，如图 2.20 所示。以 $P'$ 的两个端点 $v_t$ 和 $v_{i_{q-1}}$ 继续扩充，可得到一条新的、极长的初级道路。重复上述过程，因为 $G$ 是有穷图，所以最终得到的初级道路一定包含了 $G$ 的全部顶点，即是 $H$ 道路。

**推论 2.4.1** 若简单图 $G$ 的任意两顶点 $v_i$ 和 $v_j$ 之间恒有 $d(v_i)+d(v_j) \geqslant n$，则 $G$ 中存在哈密顿回路。

**证明：** 由定理 2.4.1，$G$ 有 $H$ 道路。设其两端点是 $v_1$ 和 $v_n$，若 $G$ 不存在 $H$ 回路，一定有 $d(v_1)+d(v_n) \leqslant n-1<n$，产生矛盾。

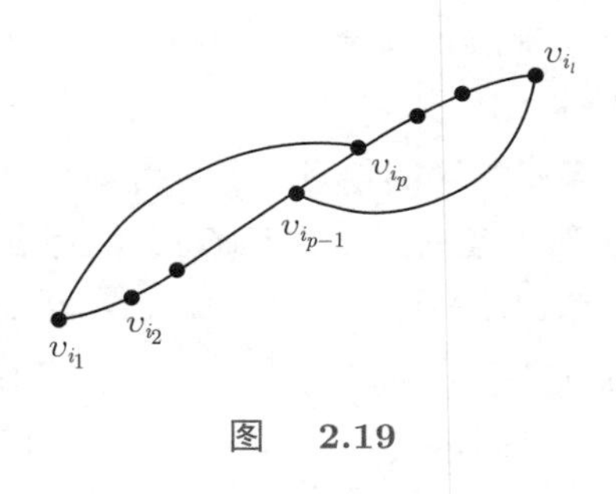


图　2.19

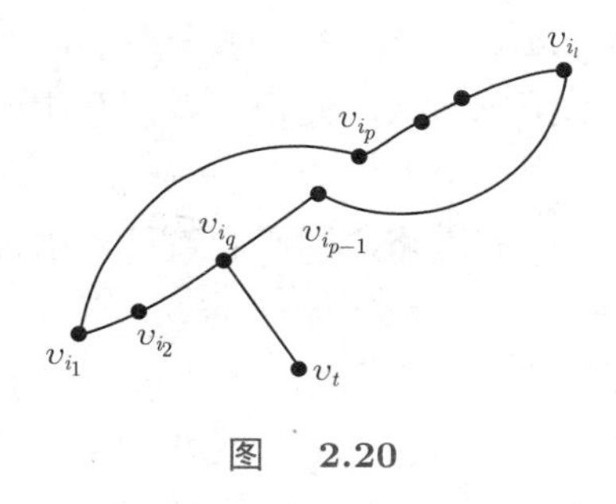


图　2.20

**推论 2.4.2**　若简单图 $G$ 每个顶点的度都大于或等于 $\dfrac{n}{2}$，则 $G$ 有 $H$ 回路。

利用推论 2.4.1 即可得出结论。

以下介绍一个更强的 $H$ 回路的存在性定理。

**引理 2.4.1**　设 $G$ 是简单图，$v_i$、$v_j$ 是不相邻顶点，且满足 $d(v_i)+d(v_j) \geqslant n$，则 $G$ 存在 $H$ 回路的充要条件是 $G+(v_i，v_j)$ 有 $H$ 回路。

**证明：** 必要性是显然的。现证明充分性。假定 $G$ 不存在 $H$ 回路，则 $G+(v_i，v_j)$ 的 $H$ 回路一定经过边 $(v_i，v_j)$，删去 $(v_i，v_j)$，即 $G$ 中存在一条以 $v_i$、$v_j$ 为端点的 $H$ 道路，这时又有 $d(v_i)+d(v_j)<n$。与已知矛盾。

**定义 2.4.3**　若 $v_i$ 和 $v_j$ 是简单图 $G$ 的不相邻顶点，且满足 $d(v_i)+d(v_j) \geqslant n$，则令 $G' = G+(v_i，v_j)$，对 $G'$ 重复上述过程，直至不再有这样的顶点对为止。最终得到的图称为 $G$ 的闭合图，记作 $C(G)$ 。

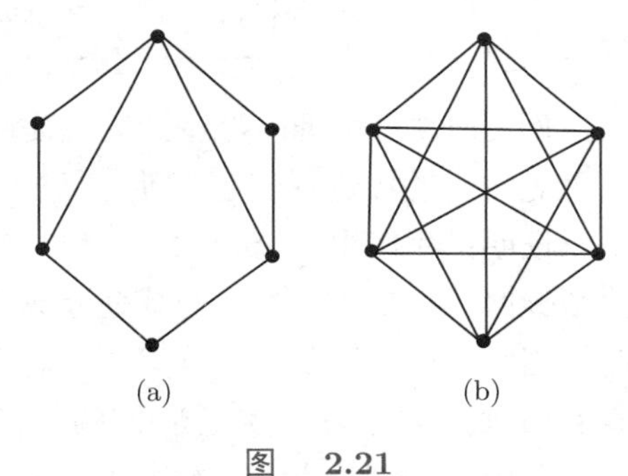


图　2.21

**例 2.4.3**　图 2.21(a) 的闭合图是图 2.21(b)。

**引理 2.4.2**　简单图 $G$ 的闭合图 $C(G)$ 是唯一的。

**证明：** 设 $C_1(G)$ 和 $C_2(G)$ 是 $G$ 的两个闭合图，$L_1=\{e_1，e_2，\cdots，e_r\}$ 和 $L_2=\{a_1，a_2，\cdots，a_s\}$ 分别是 $C_1(G)$ 和 $C_2(G)$ 中新加入边的集合，可以证明 $L_1=L_2$，即 $C_1(G)=C_2(G)$ 。如若不然，不失一般性，设 $e_{i+1}=(u，v)\in L_1$ 是构造 $C_1(G)$ 时第一条不属于 $L_2$ 的边，亦即 $e_{i+1}\notin C_2(G)$ 。令 $H=G\cup\{e_1，e_2，\cdots，e_i\}$，这时 $H$ 既是 $C_1(G)$ 又是 $C_2(G)$ 的子图。由于构造 $C_1(G)$ 时要加入 $e_{i+1}$，显然 $H$ 中满足 $d(u)+d(v)\geqslant n$，但 $(u，v)\notin C_2(G)$，与 $C_2(G)$ 是 $G$ 的闭合图矛盾。

**定理 2.4.2**　简单图 $G$ 存在哈密顿回路的充要条件是其闭合图存在哈密顿回路。

**证明：** 设 $C(G)=G\cup L_1$，$L_1=\{e_1，e_2，\cdots，e_t\}$，由引理 2.4.1 和引理 2.4.2，$G$ 有 $H$ 回路 $\Leftrightarrow G+e_1$ 有 $H$ 回路 $\Leftrightarrow\cdots\Leftrightarrow G\cup L_1$ 有 $H$ 回路。由于 $C(G)$ 唯一，故定理得证。

推论 2.4.1 和推论 2.4.2 都是定理 2.4.2 的自然结果。

**推论 2.4.3**　设 $G(n\geqslant 3)$ 是简单图，若 $C(G)$ 是完全图，则 $G$ 有 $H$ 回路。

**例 2.4.4**　图 2.21(a) 有 $H$ 回路。

**例 2.4.5** 设 $n(\geqslant 3)$ 个人中，任两个人合在一起都认识其余 $n-2$ 个人。证明这 $n$ 个人可以排成一队，使相邻者都互相认识。

证明中每个人用一个顶点表示，相互认识则用边连接相应的顶点，于是得到简单图 $G$。若 $G$ 中有 $H$ 道路，则问题得证。由已知条件，对任意两点 $v_i$，$v_j \in V(G)$，都有 $d(v_i)+d(v_j) \geqslant n-2$。此时若 $v_i$ 与 $v_j$ 相识，即 $(v_i, v_j) \in E(G)$，则 $d(v_i)+d(v_j) \geqslant n$；若不相识，必存在 $v_k \in V(G)$，满足 $(v_i, v_k)$，$(v_j, v_k) \in E(G)$。否则，设 $(v_i, v_k) \notin E(G)$，就出现 $v_k$ 和 $v_j$ 合在一起不认识 $v_i$，与原设矛盾。因此，也有 $d(v_i)+d(v_j) \geqslant n-1$。综上由定理 2.4.1，$G$ 中存在 $H$ 道路。

**例 2.4.6** 证明图 2.22 中没有 $H$ 回路。

**证明**：$H$ 回路是经过每个顶点一次的初级回路。经观察，如果给某个顶点标以 $A$，它的邻接点标以 $B$，$B$ 的邻接点再标以 $A$，则可顺利标完 $G$ 的全部顶点。若 $G$ 中有 $H$ 回路，该回路一定是沿 $ABAB\cdots AB$ 走完全部顶点，即标 $A$ 与标 $B$ 的顶点数相同，由于 $|V(G)|$ 是奇数，因此 $G$ 中没有 $H$ 回路。

☞**启发与思考**

此类题目注意等价转换。建模过程中有可能造成信息丢失，需要分情况讨论。

**例 2.4.7** 地图不存在相交的边界。如果一个地图中有 $H$ 回路，则可以用 4 种不同颜色对它们的域进行着色，使相邻的域染不同的颜色。

**证明**：我们用一个示意图加以直观地说明 (见图 2.23)。设 $H$ (粗线边) 是 $G$ 中的一个哈密顿回路，则 $H$ 将 $G$ 的域划分成回路内外两部分。每一部分的域用 2 种颜色可以染色，满足相邻域染不同颜色。不然，一定存在 3 个以上的域互相邻接的情形。此时必出现 $v'$ 这样的顶点。这与 $H$ 是哈密顿回路相悖。因此结论正确。

一般情况下，给定一个图 $G$，判定它是否存在 $H$ 回路，需要使用搜索法。首先去掉重边和自环，然后采用 DFS 等算法是可以实现的。但是在最坏情况下其计算复杂度与 $n!$ 成正比，它是属于 NP(Nondeterministic Polynomial) 完全问题。

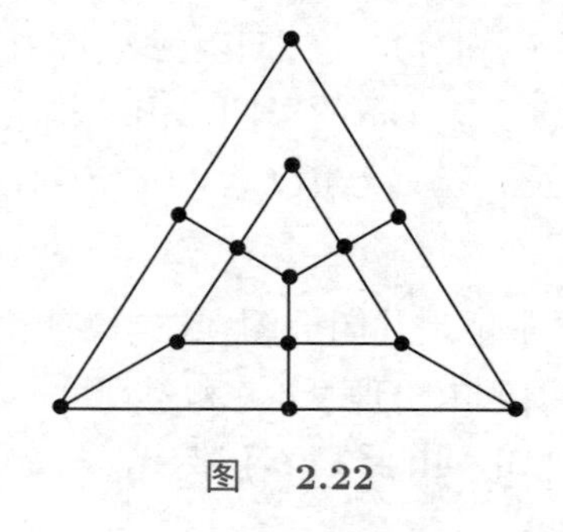

图 2.22

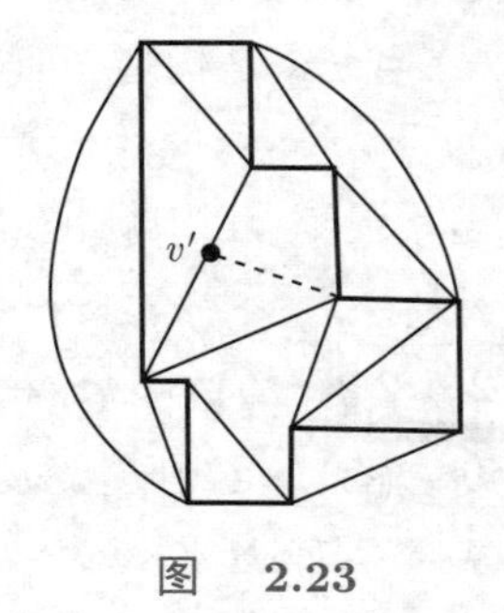


图 2.23

从以上两节可以看出，欧拉回路判定存在充分必要条件；哈密顿回路判定是复杂的问题，只有一个充分条件和必要条件，因此后者判断更加困难。

对于哈密顿图的存在性判定总结如下。

若简单图 $G$ 中任两点 $u$ 和 $v$，恒有 $d(u)+d(v)\geqslant n-1$，则 $G$ 中存在哈密顿道路。

若简单图 $G$ 中任两点 $u$ 和 $v$，恒有 $d(u)+d(v)\geqslant n$，则 $G$ 中存在哈密顿回路。

若简单图 $G$ 中任意一点 $v$，有 $d(v)\geqslant n/2$，则 $G$ 中存在哈密顿回路。

若简单图 $G(n>2)$ 的闭合图是完全图，则 $G$ 中存在哈密顿回路。

## 2.5　旅行商问题

**☞问题由来**

旅行商问题（Traveling Salesman Problem）是由哈密顿爵士和英国数学家克克曼 (T. P. Kirkman) 于 19 世纪初提出的。在现实生活中有很多的应用领域，如规划合理高效的道路交通，以减少拥堵；更好地规划物流，以减少运营成本；在互联网环境中更好地设置结点，以利于信息流动等。但是旅行商问题也是一个著名的难题（NP 问题），至今尚没有有效的解决方法。因此，为之设计高效的近似算法始终是最优化领域和算法领域的研究热点。

2.4 节讨论的哈密顿回路不涉及边的长度。但是在许多实际问题中，每条边都可以有它的权。边权可以是该路的长度、旅行的费用或所需的时间。这样需要在可能众多的 $H$ 回路中挑选总长最短 (或总花费最省，旅途时间最少) 的一条。显然这种问题的求解难度也非常大。

给定一个正权完全图，求其总长最短的哈密顿回路，这就是著名的旅行商问题。容易知道，对 $n$ 个顶点的完全图，存在 $\dfrac{1}{2}(n-1)!$ 个不同的 $H$ 回路。旅行商问题也属于 NP 完全问题。如果采用枚举法，将需要对 $\dfrac{1}{2}(n-1)!$ 个不同的 $H$ 回路进行比较，在 $n$ 较大时，这在计算上是不可行的。对于这类问题，一种好的精确求解法是分支定界法。以下举例说明它的基本思路。

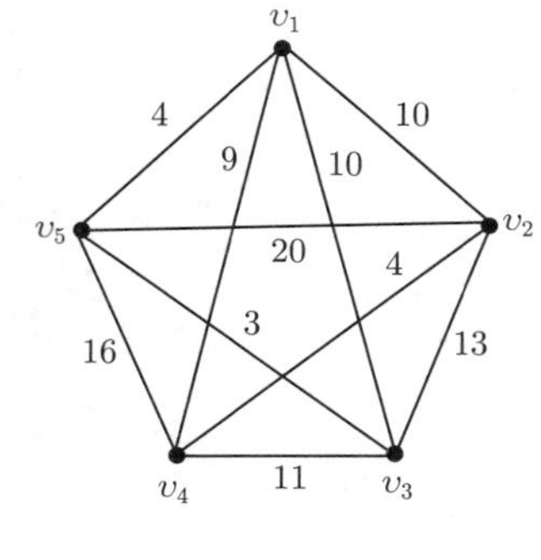


图　2.24

**例 2.5.1**　图 2.24 表示 5 个城市间的铁路线，各边的值表示该线路的旅途费用。求从 $v_1$ 出发，经各城市一次且仅一次最后返回 $v_1$ 总费用最省的一条路径。

**解：** 该问题就是求 $G$ 的一条最短的 $H$ 回路。采用分支定界法的基本思路如下。

(1) 首先将边权由小至大排序，初始界 $d_0\leftarrow\infty$。该例中

| $a_{ij}:$ | $a_{53}$ | $a_{42}$ | $a_{15}$ | $a_{14}$ | $a_{12}$ | $a_{13}$ | $a_{34}$ | $a_{23}$ | $a_{45}$ | $a_{25}$ |
|---|---|---|---|---|---|---|---|---|---|---|
| $l_{ij}:$ | 3 | 4 | 4 | 9 | 10 | 10 | 11 | 13 | 16 | 20 |

为了尽快找到最优解，采用 DFS 方法和以下的分支判断步骤。

(2) 在边权序列中依次选边进行深探，直至选取 $n$ 条边，判断是否构成 $H$ 回路 (每个顶点标号只出现 2 次，且这些边只构成一个回路)，若是，$d_0 \leftarrow d(s_1)$，结束。

该例中

$$d(s_1) = d(1) = d(a_{53}, a_{42}, a_{15}, a_{14}, a_{12}) = 30$$

由于 $v_1$ 出现了 3 次，故非所求。

(3) (继续深探）依次删除当前 $s_i$ 中的最长边，加入后面第一条待选边，进行深探，如果它是 $H$ 回路且 $d(s_i) < d_0$，则 $d_0 \leftarrow d(s_i)$ 作为界。

(4) (退栈过程）不能再深探时需要退栈。如果栈空，结束，其最佳值为 $d_0$。否则如果新分支的 $d(s_i) \geqslant d_0$，继续退栈；若 $d(s_i) < d_0$，转 (3)。

整个求解过程如图 2.25 所示，其中 $\bar{a}_{ij}$ 表示删除 $a_{ij}$，$a_{ij}$ 表示保留该边。由于 $d(6) = 32$，是合理解，同时其余分支的值都大于它，因此它是最短的 $H$ 回路。

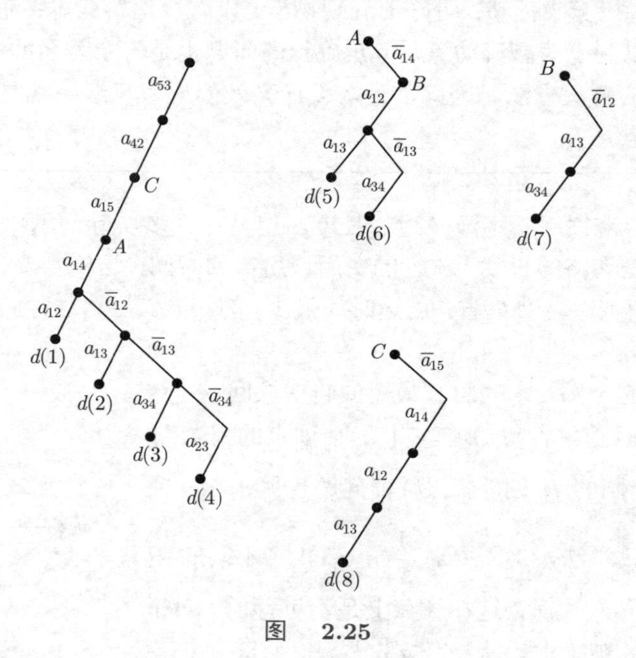


图　2.25

图 2.25 中，

$$d(1) = d(a_{53}, a_{42}, a_{15}, a_{14}, a_{12}) = 30$$
$$d(2) = d(a_{53}, a_{42}, a_{15}, a_{14}, a_{13}) = 30$$
$$d(3) = d(a_{53}, a_{42}, a_{15}, a_{14}, a_{34}) = 31$$
$$d(4) = d(a_{53}, a_{42}, a_{15}, a_{14}, a_{23}) = 33^*$$
$$d(5) = d(a_{53}, a_{42}, a_{15}, a_{12}, a_{13}) = 31$$
$$d(6) = d(a_{53}, a_{42}, a_{15}, a_{12}, a_{34}) = 32^*$$

$$d(7)=d\left(a_{53},\ a_{42},\ a_{15},\ a_{13},\ a_{34}\right)=32$$

$$d(8)=d\left(a_{53},\ a_{42},\ a_{14},\ a_{12},\ a_{13}\right)=36$$

所以最优解为 $d(6)=32$。

由于对边权进行了排序，因此每删去一条短边，增一条长边，其总和是非减的，即该顶点以下分支的各种状态的值都不会小于该点的值。同时由于一切合理的与不合理的解都大于或等于 $d_0$，因此 $d_0$ 必为最优解。

从以上分析看，这种搜索过程是在不断地构造分支与确定界值。一旦确定了界值，则对大于或等于界值的分支不再搜索，而且最后得到的界值就是问题的最佳解。因此，这种方法称为分支定界法。从该例看，分支定界法比枚举法优越得多，但是在最坏情况下，其计算复杂度仍为 $O(n!)$。因此在实际问题中，人们经常采用近似算法求得问题的近似最优解，从而避免庞大的计算量。

在设计近似算法时，往往需要对原问题增加一些限制，以便能够提高计算速度和近似效果。而这些限制又常常都是比较符合实际的。例如旅行商问题里的限制是：①$G$ 是无向正权图；② 符合三角不等式，即任意顶点 $v_i$、$v_j$ 和 $v_k$ 之间，两边长度之和大于第三边长度。在这些条件下，旅行商问题有多种近似算法。这里我们介绍“便宜”算法。

算法描述如下：

a. 置 $\bar{S}=\{2,\ 3,\ \cdots,\ n\}$，$w(1,\ 1)\leftarrow 0$，$k\leftarrow 1$，序列 $T=(1,\ 1)$，

$w(i,\ k)=w(i,\ 1)$，$i\in\bar{S}$。

b. 在 $\bar{S}$ 中，令

$w(j,\ t)=\min\limits_{\substack{i\in\bar{S}\\ k\in T}} w(i,\ k)$，

对回路 $T$ 中的边 $(t,\ t_1)$，$(t,\ t_2)$，

若 $w(j,\ t_1)-w(t,\ t_1)\leqslant w(j,\ t_2)-w(t,\ t_2)$，

则 $j$ 插到 $T$ 的 $t$ 与 $t_1$ 之间，否则 $j$ 插到 $T$ 的 $t$ 与 $t_2$ 之间，

$\bar{S}\leftarrow\bar{S}-j$，

若 $\bar{S}=\varnothing$，结束；否则转 c。

c. 对全部 $i\in\bar{S}$，置

$w(i,\ k)\leftarrow\min(w(i,\ k),\ w(i,\ j))$，

转 b。

算法中，$T$ 是一个不断扩充的初级回路，最初是一个自环。在步骤 b 中，首先选取 $\bar{S}$ 中与 $T$ 距离最近的一个顶点 $j$。设 $(j,\ t)$ 是相应的边。这时顶点 $j$ 或插到回路 $T$ 中 $t$ 的前面，或插到其后。这根据 $j$ 插入后回路 $T$ 长度增量的大小而定，即如果 $w(j,\ t)+w(j,\ t_1)-w(t,\ t_1)\leqslant w(j,\ t)+w(j,\ t_2)-w(t,\ t_2)$，则插到 $t$ 与 $t_1$ 之间；否则插到 $t$ 与 $t_2$ 之间。这就是“便宜”的含义。

**例 2.5.2** 已知图 $G$ 的权矩阵如下，其旅行商问题采用便宜算法近似求解的过程如图 2.26 所示。

$$\begin{bmatrix} 0 & 18 & 35 & 25 & 27 \\ 18 & 0 & 23 & 21 & 19 \\ 35 & 23 & 0 & 17 & 28 \\ 25 & 21 & 17 & 0 & 24 \\ 27 & 19 & 28 & 24 & 0 \end{bmatrix}$$

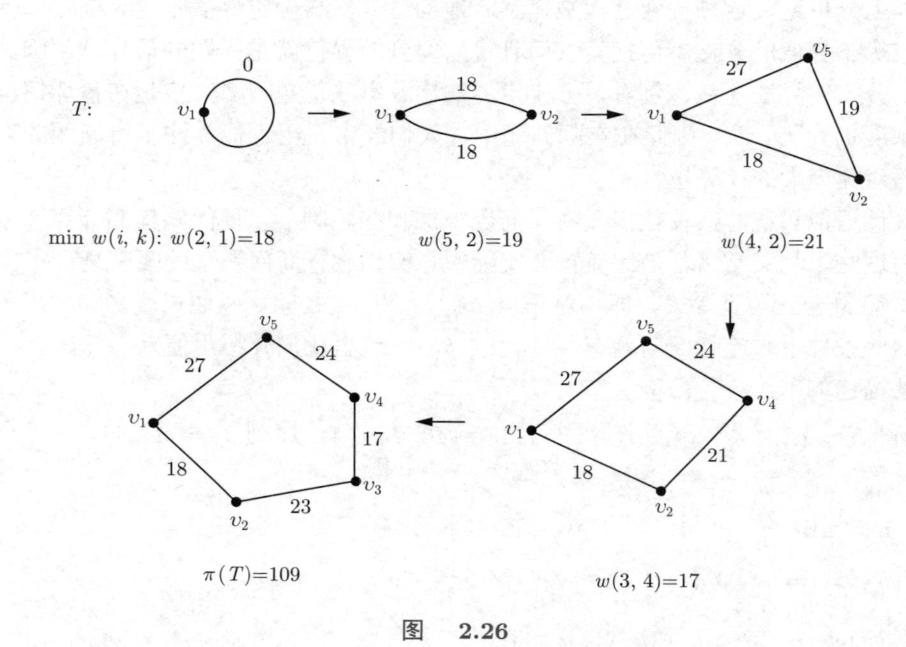


图 2.26

**定理 2.5.1** 设正权完全图的边权满足三角不等式，其旅行商问题的最佳解是 $O_n$，便宜算法的解是 $T_n$，则 $\dfrac{T_n}{O_n} < 2$。

**证明：**往初级回路 $T$ 中每加入一个顶点 $j$ 后，该回路的增量是 $\delta_j$，$\delta_j = w_{jt} + w_{jt'} - w_{tt'}$。我们将证明 $\delta_j$ 与最佳解中除最长边之外的某条边 (设长度为 $lu$) 形成对应，并且 $\delta_j \leqslant 2lu$。

初始 $T_0 = 0$，当加入一个顶点 $j$ 后，由于 $w(j,\ 1) = \min\limits_{i \in \bar{S}} w(i,\ 1)$，当然 $w(j,\ 1)$ 不会大于 $O_n$ 中顶点 1 所关联的两条边中任意一个边权。取其中小的边权为 $lu$，自然有 $\delta_j \leqslant 2lu$。在 $G$ 中删去权为 $lu$ 的边，即构成对应。

设 $T_{n-1}$ 时满足条件，则构造 $T_n$ 时，$O_n$ 中肯定有一些尚未删除的边与 $T_{n-1}$ 中的顶点关联，否则与 $O_n$ 是 $H$ 回路矛盾。设其中最短边是 $(p,\ q)$，如图 2.27 所示。假定此时由算法加入 $T_n$ 的边不是 $(p,\ q)$，而是 $(j,\ t)$。显然

$$w(j,\ t) \leqslant w(p,\ q) \tag{2-1}$$

由不等式

$$w(j, t_i) \leqslant w(j, t) + w(t, t_i), \ i = 1, 2$$

所以

$$w(j, t_i) \leqslant w(p, q) + w(t, t_i) \tag{2-2}$$

由式 (2-1) 和式 (2-2) 得

$$\delta_j \leqslant 2w(p, q)$$

此时 $\delta_j$ 与 $O_n$ 中的边 $(p, q)$ 对应，删除 $(p, q)$。因此 $T_n$ 时也满足条件。定理得证。

便宜算法的计算复杂性是 $O(n^2)$。其效率比枚举法或分支定界法要高得多。虽然从理论上讲它的近似程度并非理想，但是在实际上它与最优解常常十分接近。例如例 2.5.2 的最优解是 107，而便宜算法的解是 109。

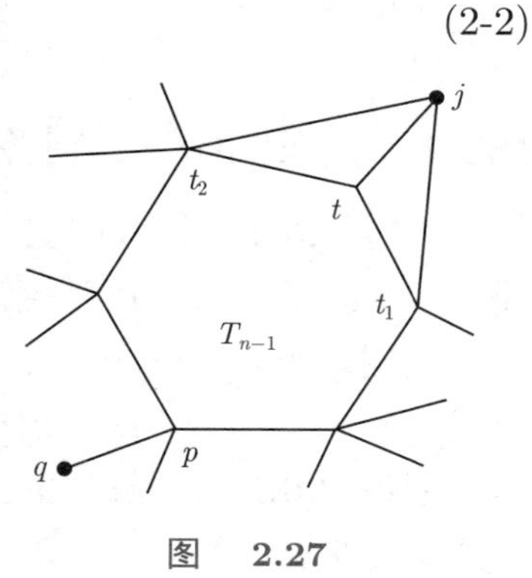


图　2.27

## 2.6 最短路径

以下 3 节讨论赋权图的最优化道路。它们都具有明显的实际背景，有相当重要的应用价值。

按照实际问题的模型，最短路径问题可以包括 3 类。

模型 1：某两顶点之间的最短路径。

模型 2：某顶点到其他各顶点的最短路径。

模型 3：任意两顶点之间的最短路径。

相应地，图 $G$ 各边的权 $w(e)$ 还可以有如下特点：① 均大于 0；② 均等于 1；③ 是任意实数。容易看出，任一模型得到解决，其他两个模型也就迎刃而解。因此，我们将只按边权的 3 种情形讨论模型 2 的最短路径，并且局限于求 $v_1$ 到其他各点的最短路径。

$v_1$ 到 $v_i$ 的一条路径 $P(i)$ 的长度记为 $\pi(i)$。

$$\pi(i) = \sum_{e \in P(i)} w(e)$$

$w(e)$ 表示边 $e = (v_j, v_k)$ 的权，也记为 $w_{jk}$。顶点 $v_1$ 到 $v_i$ 的最短路径就是满足上式的极小的 $\pi(i)$。

**☞启发与思考**

最短路径问题是图论研究的热点问题。例如在实际生活中的路径规划、地图导航等领域有重要的应用。关于求解图的最短路径的方法也层出不穷。图的最短路径求解问题就是：当从有向图中某一顶点 (称为源点) 到达另一顶点 (称为终点) 的路径可能不止一条，找到一条路径使得沿此路径上各边上的权值总和达到最小。

如果一条长度为 $\pi(i)$ 的道路 $P(i)$ 中包含有回路 $C$，令 $P'(i)$ 是其中不含 $C$ 的初级道路，显然 $\pi(i)=\pi'(i)+\pi(C)$。其中 $\pi(C)$ 表示回路 $C$ 的长度。若 $\pi(C)<0$，即 $C$ 是负长回路，则 $v_1$ 到 $v_i$ 不可能有最短路径；若 $\pi(C)\geqslant 0$，则 $\pi'(i)\leqslant\pi(i)$，即 $v_1$ 到 $v_i$ 的最短路径一定是初级道路。本节讨论的都是无负长回路的图。

### 2.6.1 正权图中 $v_1$ 到各点的最短路径

**引理 2.6.1** 正权图 $G$ 中，如果 $P(i)$ 是 $v_1$ 到 $v_i$ 的最短路径，且 $v_j\in P(i)$，则 $P(j)$ 是 $v_1$ 到 $v_j$ 的一条最短路径。

**证明：** 如果 $P(j)$ 不是最短路径，则存在一条最短路径 $P'(j)$，使 $\pi'(j)<\pi(j)$，这样 $\pi'(i)=\pi'(j)+\pi(j，i)<\pi(i)=\pi(j)+\pi(j，i)$，与 $P(i)$ 是最短路径矛盾。

**引理 2.6.2** 正权图中任意一条最短路径的长度大于其局部路径长度。

结论是显然的。

假定已经知道从 $v_1$ 到其余各点的最短路径 $P\left(i_k\right)(k=1，2，\cdots，n)$，并且满足

$$\pi(1)=\pi\left(i_1\right)\leqslant\pi\left(i_2\right)\leqslant\cdots\leqslant\pi\left(i_n\right)$$

由引理 2.6.2 知，若 $k>l(l\geqslant 1)$，则 $P\left(i_k\right)$ 不可能是 $P\left(i_l\right)$ 的一部分。再由引理 2.6.1 可得

$$\pi\left(i_l\right)=\min_{1\leqslant j<l}\pi\left(i_j\right)+w_{i_j\cdot i_l}$$

这就是最短路径的 Dijkstra 算法的基础。

Dijkstra 算法描述如下：

a. 置 $\bar{S}=\{2，3，\cdots，n\}$，$\pi(1)=0$，$\pi(i)=\begin{cases}w_{1i}， & i\in\Gamma_1^+\\ \infty， & \text{其他}\end{cases}$

b. 在 $\bar{S}$ 中，令

$$\pi(j)=\min_{i\in\bar{S}}\pi(i)$$

置 $\bar{S}\leftarrow\bar{S}-\{j\}$，

若 $\bar{S}=\varPhi$，结束；否则转 c。

c. 对全部 $i\in\bar{S}\cap\Gamma_j^+$，置

$$\pi(i)\leftarrow\min\left(\pi(i)，\pi(j)+w_{ji}\right)$$

转 b。

其中执行步骤 c 时，$j$ 已属于 $S(V(G)-\bar{S})$，因此，$\bar{S}$ 中可能使 $\pi(i)$ 发生变化的只能是 $j$ 的直接后继。

**例 2.6.1** 用 Dijkstra 算法求图 2.28 中 $v_1$ 到其余各点的最短路径过程如下。

(1) $\pi(3)=\min\pi(i)=1$，

$\pi(2)=7$，$\pi(4)=\infty$，

$\pi(5)=3$，$\pi(6)=8$，

(2) $\pi(5)=\min\pi(i)=3$，

$\pi(2)=6$，$\pi(4)=8$，$\pi(6)=8$，

(3) $\pi(2)=\min\pi(i)=6$，

$\pi(4)=8$，$\pi(6)=8$，

(4) $\pi(6)=\min\pi(i)=8$，

$\pi(4)=8$，

(5) $\pi(4)=\min\pi(i)=8$。

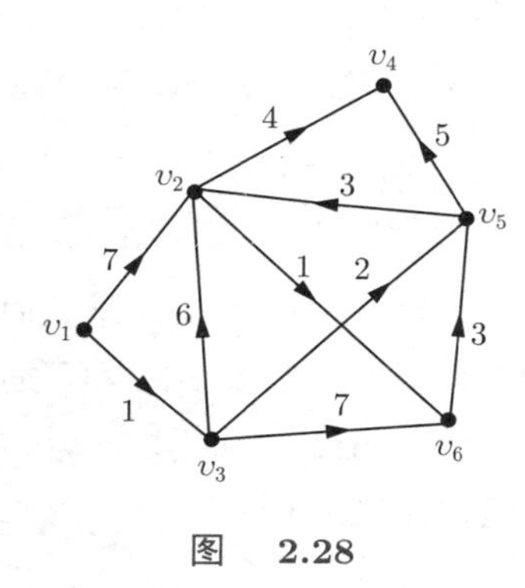

图 2.28

为了得到具体的路径走向，可以增设一个 $n$ 维向量 $\boldsymbol{Q}$，初值均为 1；然后将步骤 c 改为

c. 对全部 $i\in\bar{S}\cap\Gamma_j^+$

若 $\pi(i)>\pi(j)+w_{ji}$，

则 $\pi(i)\leftarrow\pi(j)+w_{ji}$，$Q(i)\leftarrow j$，

转 b。

这样，$Q(i)$ 中存放的是最短路径 $P(i)$ 中 $v_i$ 的直接前驱的顶点号。例如上例运算结束时 $\boldsymbol{Q}$ 中的值是

| 1 | 5 | 1 | 5 | 3 | 2 |
|---|---|---|---|---|---|

从中可查，$Q(6)=v_2$，$Q(2)=v_5$，$Q(5)=v_3$，$Q(3)=v_1$，因此最后可以得到 $v_1$ 到 $v_6$ 的最短道路是 ($v_1$，$v_3$，$v_5$，$v_2$，$v_6$)。

Dijkstra 算法的正确性前面已经论述，以下讨论其计算复杂性。

算法的基本步骤是 b 和 c。b 所需要的比较次数取决于所采用的数据结构。如果 $\bar{S}$ 使用特征向量 $\boldsymbol{\Phi}$ 存储，使

$$\boldsymbol{\Phi}(i)=\begin{cases}1, & i\in\bar{S}\\0, & \text{其他}\end{cases}$$

那么在 b 的迭代需要 $|\bar{S}|$ 次比较，总比较次数是 $\dfrac{1}{2}n(n-1)$。

如果采用邻接表的形式表示图 $G$，由于每个顶点的直接后继顺序可查，那么步骤 c 最多需要 $m\left(=\sum\limits_j d_j^+\right)$ 次加法和比较。这样，Dijkstra 算法的计算复杂性是 $O(m)+O\left(n^2\right)$。

### 2.6.2 边权为 1 时 $v_1$ 到各点的最短路径

在有些情况下，图 $G$ 所有的边权都相同。这时可以对 Dijkstra 算法进行改进，从而计算 $v_1$ 到其余各点的最短路径。

算法描述如下：

a. 置 $\pi(1)=0$，$\pi(i)=\infty$，$i\geqslant 2$，

$k=0$，$S=\{1\}$，$S_0=\{1\}$。

b. 第 $k$ 步

置 $S_{k+1}=\Gamma^+_{S_k}\cap\bar{S}$，

$\pi(i)=k+1$，$i\in S_{k+1}$，

$S=S\cup S_{k+1}$。

c. 若 $|S|=|V(G)|$，结束；否则 $k\leftarrow k+1$，转 b。

当算法进行第 $k$ 次迭代时，已经有 $S_k=\{i\mid\pi(i)=k\}$ 以及 $S=\{i\mid\pi(i)\leqslant k\}$。此外，$\Gamma^+_{S_k}$ 表示顶点集 $S_k$ 中所有顶点的直接后继集合。

**例 2.6.2** 使用本算法求图 2.29 中 $v_1$ 到其余各点的最短路径过程如下：

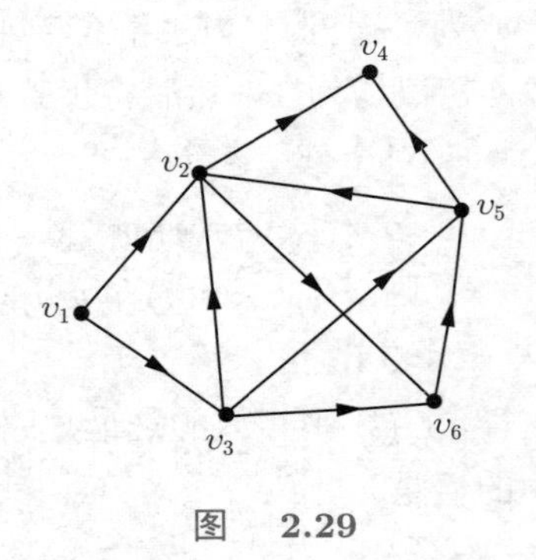


图 2.29

a. $\pi(1)=0$，$\pi(i)=\infty$，

$i=2$，3，4，5，6，$s=\{1\}$。

b. $k=0$，$s_0=\{1\}$，$s_1=\{2，3\}$，

$\pi(2)=\pi(3)=1$，$s=\{1，2，3\}$。

c. $k=1$，$s_2=\{4，5，6\}$，

$\pi(4)=\pi(5)=\pi(6)=2$，$S=V(G)$。

d. end。

**定理 2.6.1** 如果图 $G$ 是以正向表或邻接表的数据结构表示，则本算法的计算复杂性是 $O(m)$。

### 2.6.3 边权任意时 $v_1$ 到各点的最短路径

当存在负权边时，情况会变得复杂一些。对一条权为 $w_{ij}$ 的边 $(v_i，v_j)$ 来说，因为从 $v_1$ 到 $v_j$ 的最短路可能经过 $v_i$，假定 $w_{ij}<0$，在 $G-e_{ij}$ 中很可能 $\pi(j)<\pi(i)$，例如在某个图 $G$ 中 $w_{ij}=-2$，而 $G-e_{ij}$ 有 $\pi(i)=8$，$\pi(j)=7$，就符合这种情况。如果仍然采用 Dijkstra 算法，则 $\pi(j)$ 至少为 7，而不是最多为 6。因此，在有负权边时，Dijkstra 算法可能失效。

Bellman-Ford 算法解决了这一问题，现描述如下。

a. 置 $\pi(1)=0$，$\pi(i)=\infty$，　$i=2，3，\cdots，n$

b. $i$ 从 2 到 $n$，令

$$\pi(i)\leftarrow\min\left[\pi(i),\ \min_{j\in\Gamma_i^-}(\pi(j)+w_{ji})\right]$$

c. 若全部 $\pi(i)$ 都没变化，结束；否则转 b。

在算法的每一步，$\pi(i)$ 都是从 $v_1$ 到 $v_i$ 的最短路径长度的上界。由于不存在负长回路，因此 $v_1$ 到 $v_i$ 的最短路长度是 $\pi(i)$ 的下界。

由于 $\pi(i)$ 在减小而且有下界，所以算法收敛同时存在极限。以下证明该极值确实是从 $v_1$ 到 $v_i$ 的最短路径长度。设算法结束时，对某个顶点 $v_s$ 有 $\pi(s)$，假定它经过的路径是 $(1, s_k, s_{k-1}, \cdots, s_2, s_1, s)$，显然有

$$\pi(s) = w(1, s_k) + w(s_k, s_{k-1}) + \cdots + w(s_1, s)$$

对从 $v_1$ 到 $v_s$ 的另一条路径，例如 $\mu = (1, t_h, t_{h-1}, \cdots, t_1, s)$，由于步骤 b 的等式成立，所以有

$$\begin{gathered}\pi(s) - \pi(t_1) \leqslant w(t_1, s)\\ \pi(t_1) - \pi(t_2) \leqslant w(t_2, t_1)\\ \vdots\\ \pi(t_h) - \pi(1) \leqslant w(1, t_h)\end{gathered}$$

即

$$\pi(s) \leqslant w(\mu) = w(1, t_h) + w(t_h, t_{h-1}) + \cdots + w(t_1, s)$$

因此，$\pi(s)$ 是从 $v_1$ 到 $v_s$ 的最短路径长度。算法的正确性得证。以下讨论计算复杂性。

如果采用逆向表结构，步骤 b 需要进行 $m$ 次加法和比较，现在分析 c，即 b 要迭代的次数。假定没有负回路，则从 $v_1$ 到任何其他顶点的最短路径不会超过 $n-1$ 条边，因此经过 $n-1$ 次迭代之后 $\pi(i)$ 将保持不变。当然如果在第 $n$ 次迭代时它仍在发生变化，只能说明存在负长回路。因此有定理 2.6.2。

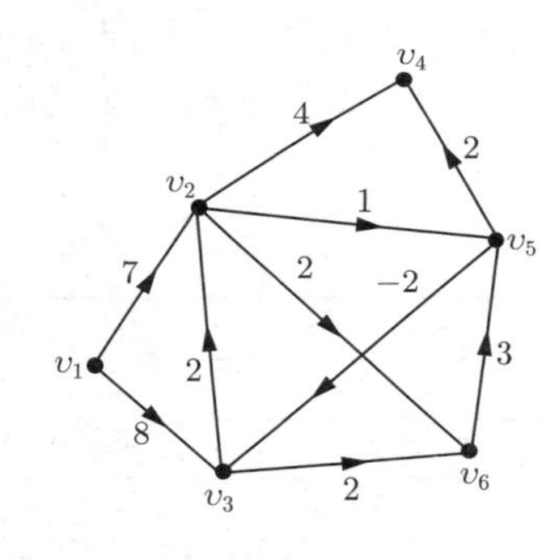


图　2.30

**定理 2.6.2**　在最坏情况下，Bellman-Ford 算法的计算复杂性是 $O(mn)$。

**例 2.6.3**　使用 Bellman-Ford 算法求图 2.30 中 $v_1$ 到其他各点最短路径的过程如下：

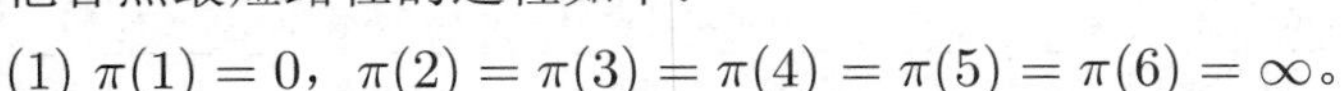

(1) $\pi(1) = 0$，$\pi(2) = \pi(3) = \pi(4) = \pi(5) = \pi(6) = \infty$。

(2) $\pi(2) = 7$，$\pi(3) = 8$，$\pi(4) = 11$，$\pi(5) = 8$，$\pi(6) = 9$。

(3) $\pi(2) = 7$，$\pi(3) = 6$，$\pi(4) = 10$，$\pi(5) = 8$，$\pi(6) = 8$。

(4) $\pi(2) = 7$，$\pi(3) = 6$，$\pi(4) = 10$，$\pi(5) = 8$，$\pi(6) = 8$。

由于 Bellman-Ford 算法主要取决于步骤 b 的迭代次数，因此 $G$ 中顶点被检查的次序对算法收敛的快慢显得很重要。例如，若 $G$ 中负权边数很少时，可以先忽略 (相当于删除) 它们而采用 Dijkstra 算法，这样可以得到一个顶点序，并把从 $v_1$ 到各点的无负权边时的最短路长度作为上界。用它取代步骤 a，就能有效地提高算法的效率。

**例 2.6.4**　对图 2.30 采用这样改进后的运算结果如下。

(1) $\pi(1) = 0$，$\pi(2) = 7$，$\pi(3) = 8$，$\pi(4) = 10$，$\pi(5) = 8$，$\pi(6) = 9$。

因此，顶点序是 (1，2，3，5，6，4)。

(2) $\pi(2) = 7$，$\pi(3) = 6$，$\pi(5) = 8$，$\pi(6) = 8$，$\pi(4) = 10$。

(3) $\pi(2) = 7$，$\pi(3) = 6$，$\pi(5) = 8$，$\pi(6) = 8$，$\pi(4) = 10$。

## 2.7 关键路径

一项工程任务，大到建造一座水坝，一枚航天火箭，一座体育中心，小至组装一台机床，一台电视机，都要包括许多工序。这些工序相互约束，只有在某些工序完成之后，另一个工序才能开始，即它们之间存在完成的先后次序关系，一般认为这些关系是预知的，而且也能够预计完成每个工序所需要的时间。这时工程领导人员迫切希望了解最少需要多少时间才能够完成整个工程项目，影响工程进度的要害工序是哪几个?

本节我们只研究其中的一种特例，即工序之间只存在时间次序的约束。也就是说，如果某工序 $i$ 尚未完成，工序 $j$ 就不能启动。这样，工程可以被分解为一些基本工序，工序 $i$ 所需时间用 $w_i$ 表示。

### 2.7.1 PT 图

在 PT(Potentialtask graph) 图中，用顶点表示工序，如果工序 $i$ 完成之后工序 $j$ 才能启动，则图中有一条有向边 $(v_i, v_j)$，其长度 $w_i$ 表示工序 $i$ 所需的时间。

**例 2.7.1** 建造一座楼房底层的工序共有 10 个，如表 2.1 所示。各工序所需的时间是确定的。

表 2.1

| 序　号 | 名　称 | 所需时间/天 | 先序工序 |
|---|---|---|---|
| 1 | 基础设施 | 15 | |
| 2 | 下部砌砖 | 5 | 1 |
| 3 | 电线安装 | 4 | 1 |
| 4 | 圈梁支模 | 3 | 2 |
| 5 | 水暖管道 | 4 | 2 |
| 6 | 大梁安装 | 2 | 4，5 |
| 7 | 楼板吊装 | 2 | 6，9，10 |
| 8 | 楼板浇模 | 3 | 6，9，10 |
| 9 | 吊装楼梯 | 3 | 4，5 |
| 10 | 上部砌砖 | 4 | 2 |

相应的 PT 图是图 2.31。图中 $v_i$ 表示作业 $i$，以 $v_i$ 为始点的边权是作业 $v_i$ 的时间。作业 $v_i$ 最早开始时间应在以 $v_i$ 为终点的作业完成之后。例如作业 $v_4$ 只能在 20 时刻才能开始，23 时刻才能完成，而作业 $v_5$ 需 24 时刻才能完成，因此作业 $v_6$ 最早只能在 24 时刻才能开始。因此，作业 $v_i$ 的最早开始时间恰是 $v_1$ 到 $v_i$ 的最长路径长度，整个工程的最早完工时间是 $v_1$ 到 $v_n$ 的最长路径长度。

这种图必定不存在有向回路，否则某些工序将在自身完成之后才能开始，这显然不符合实际情况。

**引理 2.7.1** 不存在有向回路的图 $G$ 中，一定存在入度及出度为零的顶点。

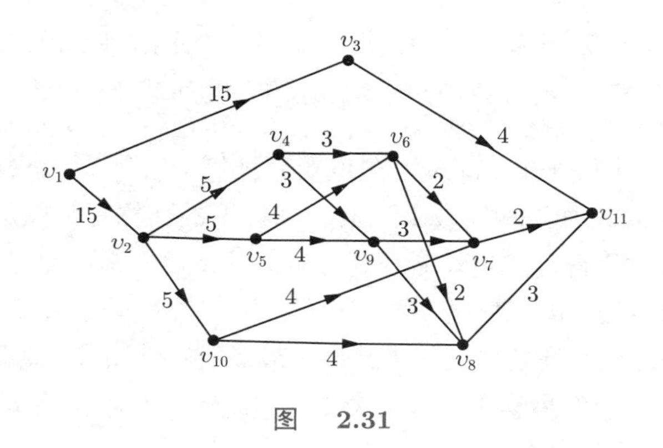


图　2.31

**证明：** 在 $G$ 中构造一条极长的初级有向道路 $P$，设 $P$ 的始点为 $v_i$，终点为 $v_j$，就有 $d^-(v_i)=0$，$d^+(v_j)=0$。假定 $d^-(v_i)\neq 0$，则一定有边 $(v_k,\ v_i)\in E(G)$，若 $v_k\in P$，那么 $G$ 存在有向回路；若 $v_k\notin P$，则 $P$ 不是极长初级有向道路。因此，$d^-(v_i)=0$。同理可证 $d^+(v_j)=0$。

在 PT 图中增加两个虚拟顶点 $v_0$ 和 $v_n$，使所有入度为 0 的顶点都是 $v_0$ 的直接后继，所有出度为 0 的顶点都是 $v_n$ 的直接前趋。这些边的权都为 0，这样得到的图 $G'$ 仍然不存在有向回路。

**定理 2.7.1**　设 $G$ 不存在有向回路，可以将 $G$ 的顶点重新编号为 $v'_1$，$v'_2$，$\cdots$，$v'_n$，使得对任意的边 $(v'_i,\ v'_j)\in E(G)$，都有 $i<j$。

**证明：** 由引理 2.7.1，$G$ 中存在 $v_i$，满足 $d^-(v_i)=0$，对之重新编号为 $v'_1$。在 $G$ 中删去 $v_i$，得到 $G'=G-v'_1$，$G'$ 是 $G$ 的导出子图，因此也没有负回路，这样可以将 $G'$ 中某个负度为 0 的顶点重新编号为 $v'_2$，再作 $G'-v'_2$，以此类推。可将 $G$ 的全部顶点重新编号。此时，$G$ 中所有的边都是从编号小的顶点指向编号大的顶点，否则与编号的原则相悖。

这样编号以后，假定 $v'_1$ 到各点的最长路径长度依次是

$$0=\pi(v'_1),\ \pi(v'_2),\ \cdots,\ \pi(v'_n)$$

则

$$\pi(v'_j)=\max_{1\leqslant i<j}\left(\pi(v'_i)+w(v'_i,\ v'_j)\right)$$

这就是最长路径算法的基础。

算法 1　最长路径算法。

a. 对顶点重新编号为 $v'_1$，$v'_2$，$\cdots$，$v'_n$。

b. $\pi(v'_1)\leftarrow 0$。

c. 对 $j$ 从 2 到 $n$，令

$$\pi(v'_j)=\max_{v'_i\in\Gamma^-(v'_j)}\left(\pi(v'_i)+w(v'_i,\ v'_j)\right)$$

d. 结束。

由于顶点编号时只判别入度为 0 的顶点，如果已经求出每个顶点的入度，那么当需要删除 $v_i$ ( 即对 $v_i$ 重新编号) 时，则 $v_i$ 直接后继的入度都减 1。因为 $\sum\limits_{v_i \in V} d^-(v_i) = m$，所以步骤 a 需要 $m$ 次减法和判断。同理，在步骤 c 计算 $\pi(v_j')$ 时，只要判断它的直接前驱 $v_i'$，所以 c 总共需要 $m$ 次加法和比较。综上，算法 1 的计算复杂性是 $O(m)$。

由前所述，算法 1 所得到的最长路径是一条关键路径。其长度即是整个工程最早的完工时间。因此，这条路径上的工序是不能延误的，否则将影响工程的完成。但是对于不在关键路径上的工序，是否允许延误？如果允许，最多能够耽误多长时间呢？

设 $\pi(v_n)$ 是工程完工的最早时间，工序 $i$ 的最晚启动时间应该是

$$\tau(v_i) = \pi(v_n) - \pi(v_i,\ v_n)$$

其中，$\pi(v_i,\ v_n)$ 表示 $v_i$ 到 $v_n$ 的最长路径长度。

$v_i$ 到 $v_n$ 的最长路径等于 $G$ 的转置 $G'$ (即其权矩阵的转置所对应的图) 中 $v_n$ 到 $v_i$ 的最长路径。因此，把 $G$ 的各边方向倒置而权值不变就得到 $G'$。由于 $G$ 不含有向回路，故 $G'$ 也不含有向回路。所以 $G'$ 中 $v_n$ 到各点的最长路径同样可以调用算法 1 实现，从而得到每个顶点 $v_i$ 的最晚启动时间 $\tau(v_i)$。

是否还有更好的计算方法呢？我们发现算法 1 步骤 a 执行之后，由于每个顶点 $v_i'$ 到顶点 $v_n'$ 的最长路径长度可以按如下公式计算：

$$\pi(v_i',\ v_n') = \max_{v_j' \in \Gamma^+(v_i')} \left(\pi(v_j',\ v_n') + w(v_i',\ v_j')\right)$$

因而只要对顶点采用逆序，依次求出 $\pi(v_n',\ v_n') = 0$，$\pi(v_{n-1},\ v_n')$，$\cdots$，就可以实现。于是得到算法 2。

算法 2　(已知顶点重新编号)

a. $\tau(v_n') = \pi(v_n')$。

b. 对 $j$ 从 $(n-1)$ 到 1，令

$$\tau(v_j') = \min_{v_i' \in \Gamma^+(v_j')} \left(\tau(v_i') - w(v_j',\ v_i')\right)$$

c. 结束。

这样 $G$ 中每个顶点 $v_i$ 都具有 2 个值：最早启动时间 $\pi(v_i)$ 和最晚启动时间 $\tau(v_i)$。显然工序 $i$ 的允许延误时间是 $t(v_i) = \tau(v_i) - \pi(v_i)$。

**例 2.7.2**　对例 2.7.1 的各顶点的重新排序如图 2.32 所示，其最早启动时间是

$$\pi(v_1') = 0,\ \pi(v_2') = 15,\ \pi(v_3') = 15$$

$$\pi(v_4') = 20,\ \pi(v_5') = 20,\ \pi(v_6') = 24$$

$$\pi(v_7') = 24,\ \pi(v_8') = 20,\ \pi(v_9') = 27$$

$$\pi(v_{10}') = 27,\ \pi(v_{11}') = 30$$

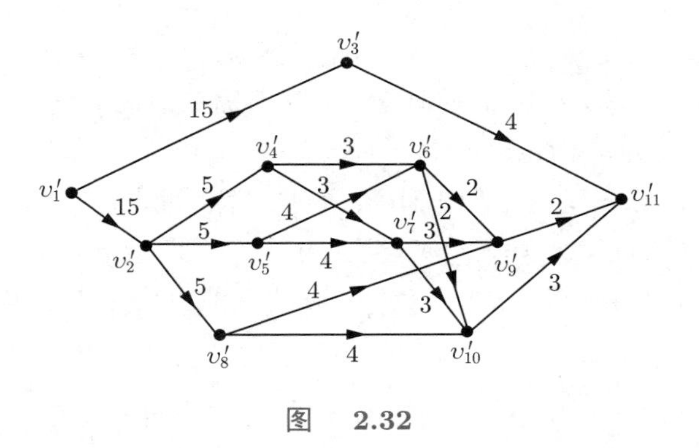


图　2.32

最晚启动时间是

$$\tau\left(v_{11}'\right)=30,\ \tau\left(v_{10}'\right)=27,\ \tau\left(v_9'\right)=28$$
$$\tau\left(v_8'\right)=23,\ \tau\left(v_7'\right)=24$$
$$\tau\left(v_6'\right)=25,\ \tau\left(v_5'\right)=20,\ \tau\left(v_4'\right)=21$$
$$\tau\left(v_3'\right)=26,\ \tau\left(v_2'\right)=15,\ \tau\left(v_1'\right)=0$$

因此，图 2.31 各工序的允许延误时间是

$$t_1=0,\ t_2=0,\ t_3=11,\ t_4=1,\ t_5=0$$

$$t_6=1,\ t_7=0,\ t_8=3,\ t_9=1,\ t_{10}=0,\ t_{11}=0$$

从中可见，最长路径（即关键路径）上各工序是不允许延误的，否则必将拖延整个工程的进度。

## 2.7.2　PERT 图

在 PERT(Programme Evaluation and Review Technique) 图中，采用有向边表示工序，其权值表示该工序所需时间。如果工序 $e_i$ 完成后 $e_j$ 才能开始，则令 $v_k$ 是 $e_i$ 的终点，$e_j$ 的始点。根据这种约定，例 2.7.1 的 PERT 图如图 2.33 所示，其中 $\underline{i}$ 表示工序 $i$。

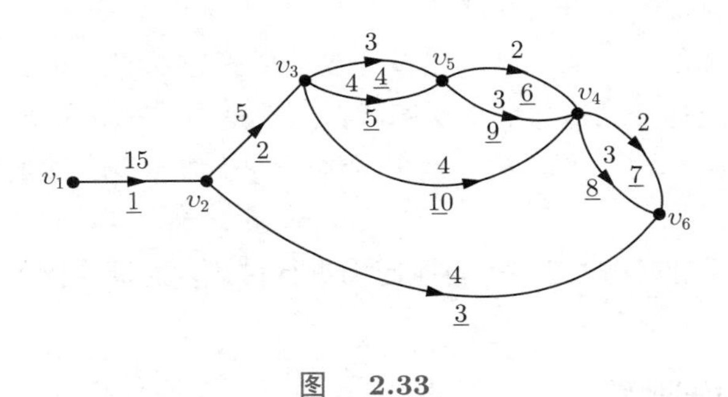


图　2.33

同样，PERT 图不存在有向回路。而且与 PT 图类似，PERT 图中工程的最早完工时间是 $v_1$ 到 $v_n$ 的最长路径长度，这条路径就是关键路径。工序 $e_k=(v_i,\ v_j)$ 的最早启动时

间是 $\pi(v_i)$，最晚启动时间是 $\tau(v_i,\ v_j)=\pi(v_n)-\pi(v_j,\ v_n)-w(v_i,\ v_j)$，其中 $\pi(v_j,\ v_n)$ 是 $v_j$ 到 $v_n$ 的最长路径长度，$w(v_i,\ v_j)$ 是该工序所需的时间。这样工序 $e_k=(v_i,\ v_i)$ 的允许延误时间是 $t(v_i,\ v_j)=\tau(v_i,\ v_j)-\pi(v_i)$。

由算法 1 可以求出 $\pi(v_i')$，为了便于计算 $t(v_i',\ v_j')$，可先进行简单变换。由于 $\tau(v_j')=\pi(v_n')-\pi(v_j',\ v_n')$，故 $\tau(v_i',\ v_j')=\tau(v_j')-w(v_i',\ v_j')$，即得 $t(v_i',\ v_j')=\tau(v_j')-\pi(v_i')-w(v_i',\ v_j')$。这样可直接使用算法 2 求 $\tau(v_j')$。以图 2.33 为例，其计算结果是 (设已回到原顶点号)

$$\pi(1)=0，\pi(2)=15，\pi(3)=20，\pi(4)=27，\pi(5)=24，\pi(6)=30$$

$$\tau(1)=0，\tau(2)=15，\tau(3)=20，\tau(4)=27，\tau(5)=24，\tau(6)=30$$

$$t(\underline{1})=0，t(\underline{2})=0，t(\underline{3})=11，t(\underline{4})=1，t(\underline{5})=0，t(\underline{6})=1$$

$$t(\underline{7})=1，t(\underline{8})=0，t(\underline{9})=0，t(\underline{10})=3$$

与 PT 图一样，采用 PERT 图计算关键路径的复杂性也是 $O(m)$。

PT 图和 PERT 图各具特色。PERT 图包含的顶点和边数少些，而 PT 图的顶点数与 PERT 图的边数基本相同。因此，当边数 $m$ 较大时 PERT 图有其优越性。不过 PT 图更加灵活，它能适应一些额外的约束。例如图 2.34 中，(a) 表示工序 $i$ 完成一半之后 $j$ 就可以开始；(b) 表示工序 $i$ 完成后经过 $t$ 时刻 $j$ 才开始；(c) 表示在时间 $b_j$ 之后工序 $j$ 才能开始，其中 $v_0$ 表示虚拟顶点。

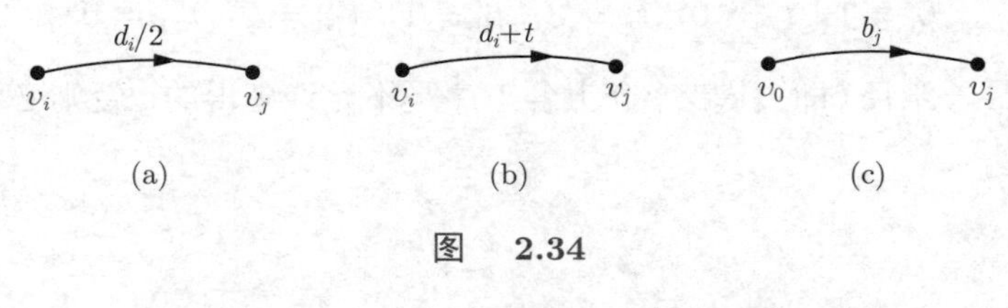


图　2.34

## 2.8　中 国 邮 路

中国邮路问题是我国著名图论学者管梅谷教授首先提出并解决的。它与欧拉回路、最短路径以及最小费用流问题都有密切联系。

邮递员传送报纸和信件，要从邮局出发经过他所管辖的每一条街道最后返回邮局，当然每个邮递员都希望选择一条最短的传送路线，这就是中国邮路问题。用图论的语言描述，就是在一个正权连通图 $G$ 中，求从某顶点出发经过每条边至少一次最后返回出发点的最短回路。

我们分别对 $G$ 是无向连通图和有向连通图进行讨论，而混合图的求解较为复杂，本书不再加以分析。

### 2.8.1　无向图的中国邮路

如果 $G$ 中各顶点的度都是偶数，那么 $G$ 一定有欧拉回路。显然任何一条欧拉回路都是该问题的解。若 $G$ 中只有 2 个顶点 $v_i$、$v_j$ 的度是奇数，则一定存在从 $v_i$ 到 $v_j$ 的一条欧拉道路，它经过了 $G$ 的各边一次。在 $G$ 中再找一条从 $v_j$ 到 $v_i$ 的最短道路 $P_{ji}$，则 $G' = G+ P_{ji}$ 中存在欧拉回路。这样 $G'$ 中的欧拉回路，即对应于 $G$ 中 $P_{ji}$ 的边重复一次而其余边只过一次的回路是一条中国邮路，或称最佳邮路。

如果 $G$ 中度为奇数的顶点数多于 2 个，怎样确定最佳邮路呢?

**定理 2.8.1**　$L$ 是无向连通图 $G$ 最佳邮路的充要条件如下。

(1) $G$ 的每条边最多重复一次。

(2) 在 $G$ 的任意一条回路上，重复边的长度之和不超过该回路长度的一半。

**证明：**必要性。如果一条最佳邮路要重复经过某些边，我们将 $G$ 中 $k$ 次重复的边画出相应的 $k$ 条边，得到 $G'$，假定一条最佳邮路 $L'$ 使 $G$ 中的任一条边 $e_{ij}$ 重复 $n(n \geqslant 2)$ 次，这时 $G'$ 中有欧拉回路 $L'$。若使 $e_{ij}$ 在 $G$ 中重复 $n-2$ 次，得到 $G''$，$G''$ 各点的度仍是偶数，$G''$ 的欧拉回路 $L''$ 也是 $G$ 的一条中国邮路，且 $\pi(L'') < \pi(L')$。与 $L'$ 是最佳邮路矛盾，因此 $L'$ 中 $e_{ij}$ 最多重复一次。假定 $G$ 的某个回路 $C$ 上重复边的总长超过该回路长度的一半，可以令 $C$ 中重复边不重复，不重复边重复，得到 $G''$ 仍是欧拉图。但 $\pi(L'') < \pi(L')$，亦与 $L'$ 是最佳邮路矛盾。

充分性。假定任意两个不同的邮路 $L_1$、$L_2$ 都满足条件 (1) 和 (2)，我们将证明 $\pi(L_1) = \pi(L_2)$。假定此式成立，因为最佳邮路 $L'$ 也满足 (1) 和 (2)，这样 $\pi(L') = \pi(L_1)$，即 $L_1$ 和 $L_2$ 都是最佳邮路。于是充分性就能得证。

设 $L_1 = E(G)+Q+Q_1$，$L_2 = E(G)+Q+Q_2$，其中，$Q$ 是 $L_1$ 和 $L_2$ 中共同的重复边集合。$Q_1$ 是只属于 $L_1$，$Q_2$ 是只属于 $L_2$ 的重复边集合。$L_1$ 和 $L_2$ 的对称差 $E'(G) = Q_1+Q_2$ 是 $G$ 中只属于 $L_1$ 和只属于 $L_2$ 的重复边集合。构造 $G' = (V(G),\ E'(G))$，$G'$ 是简单图，且各顶点的度都是偶数。若 $E'(G) = \varPhi$，显见 $\pi(L_1) = \pi(L_2)$；否则 $G'$ 可以划分成若干个连通块，且每个连通块都存在一欧拉回路 $C$。$C$ 中的边要么是 $L_1$ 的重复边集中的边，要么是 $L_2$，设 $C_1$、$C_2$ 分别是 $L_1$ 和 $L_2$ 的重复边集，由已知条件，$\pi(C_1) \leqslant \pi(C_2)$，$\pi(C_2) \leqslant \pi(C_1)$。故 $\pi(C_1) = \pi(C_2)$。因此，$\pi(L_1) = \pi(L_2)$。

定理 2.8.1 给出了求 $G$ 中最佳邮路的构造方法。首先找出度为奇数的顶点，然后依据条件 (1) 构造邮路，保证计算重复边之后各顶点的度都是偶数，再由条件 (2) 对所有回路进行判断，如果发现某个回路不满足条件，则令该回路中原先重复的边不重复，而不重复边变为重复。待完全满足条件 (2) 时，该图的中国邮路得解。

**例 2.8.1**　图 2.35(a) 中国邮路的求解过程如下，其中图 2.35(d) 是最终解。重边表示原图该边重复。

这种构造算法中由于回路的数量一般很多，因此计算量庞大。中国邮路问题的一个好算法是 Edmonds 提出的最小权匹配算法。最小权匹配属于运筹学范畴，在此我们只介绍该算法的基本思路。

(1) 确定 $G$ 中度为奇数的顶点，构成 $V_0(G)$。

(2) 求 $V_0(G)$ 各顶点在 $G$ 中的最短路径 $P_{ij}$ 及其长度 $\pi(v_i,\ v_j)$。

(3) 对 $V_0(G)$ 的顶点进行最小权匹配，即选出 $|V_0(G)|/2$ 个 $\pi(v_i,\ v_j)$，保证每个顶点

$v_i \in V_0(G)$ 在 $P_{ij}$ 中只出现一次，同时满足这些 $\pi(v_i, v_j)$ 的总和最小。

(4) 在最小权匹配里各 $\pi(v_i, v_j)$ 所对应的路径 $P_{ij}$ 中的诸边在 $G$ 中重复一次，得到 $G'$。

(5) $G'$ 是欧拉图，它的一条欧拉回路即为解。

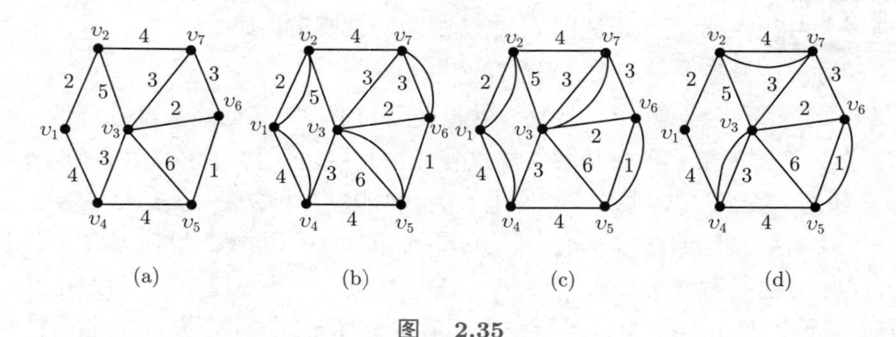

图 2.35

### 2.8.2 有向图的中国邮路

对于有向图来说，中国邮路问题可能无解。其原因是 $G$ 中可以含有出度或入度为 0 的顶点。例如，图 2.36 中就不存在最佳邮路。以下我们将排除这类情况进行讨论。

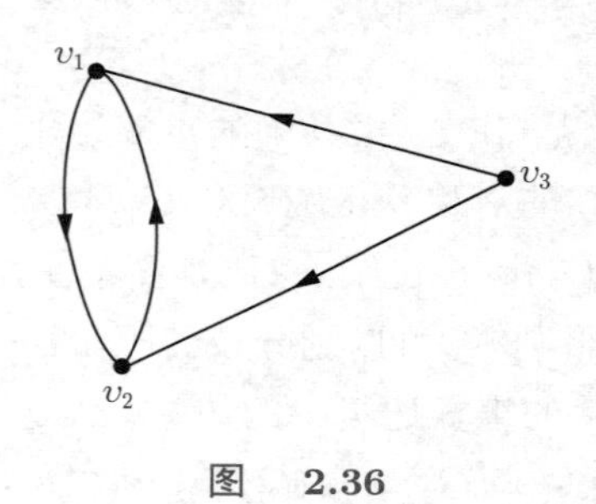

图 2.36

如果 $G$ 中各顶点的出、入度相等，则由推论 2.3.2，$G$ 中存在欧拉回路。它过每边一次且仅一次。因此，任一条欧拉回路都是中国邮路。

如果图 $G$ 不对称，即存在一些顶点 $v_i$，$d^+(v_i) \neq d^-(v_i)$，不妨设 $d^+(v_i) < d^-(v_i)$，由于邮递员要经过进入 $v_i$ 的每一条边，因此他一定要重复走以 $v_i$ 为始点的某条边。设 $f_{ij}$ 表示边 $(v_i, v_j)$ 的重复次数，$w_{ij}$ 表示该边的权，那么中国邮路要选择重复一些边后存在有向欧拉回路并且使

$$\sum_{(i,\ j)\in E(G)} w_{ij} f_{ij} \tag{2-3}$$

为最小的一个解。显然这时满足

$$d^-(v_i) + \sum_j f_{ji} = d^+(v_i) + \sum_j f_{ij}, \qquad v_i \in V(G) \tag{2-4}$$

将式 (2-4) 整理可得

$$\sum_j (f_{ij} - f_{ji}) = d^-(v_i) - d^+(v_i) = d'(i) \tag{2-5}$$

如果 $d'(i) > 0$，表示邮路中 $v_i$ 要 $d'(i)$ 次重复经过 $v_i$ 所发出的一些边，或者说 $v_i$ 可供应 $d'(i)$ 个单位量。如果 $d'(i) < 0$，表示邮路中 $v_i$ 要 $d'(i)$ 次重复经过进入 $v_i$ 的一些边，或者说 $v_i$ 可接收 $d'(i)$ 个单位量。$d'(i) = 0$ 则称 $v_i$ 是中间顶点。由于 $\sum d^+(v_i) = \sum d^-(v_i)$，所以 $\sum d'(i) = 0$。这样可以逐次保证每个可供应点 $v_i$ 经过一些边向某个接

收点 $v_j$ 供应一个单位量，最后达到平衡。或者说这些道路上的边出现重复，最后得到的图 $G'$ 是有向欧拉图。如果这些重复边的总长最小，它即是最佳邮路。

为了便于分析，可以对图 $G$ 增设两个顶点：超发点 $v_s$ 和超收点 $v_t$。对每一个供应点 $v_i$，都有边 $(v_s，v_i)$，$f_{si}=d(i)$，$w_{si}=0$；对每一个接收点 $v_j$，都有边 $(v_j，v_t)$，$f_{jt}=-d(j)$，$w_{jt}=0$。如果用 $|d(i)|$ 条重边表示 $(v_s，v_i)$，$|d_j|$ 条重边表示 $(v_j，v_t)$，得到多重图 $G'$。这样中国邮路问题变成求图 $G'$ 中形如 $(v_s，v_i)$，$(v_j，v_t)$ 每边一次，总长最短的 $d(v_s)$ 条 $P_{st}$ 道路。

综上所述，非对称有向图的中国邮路算法的基本思路如下。

(1) 计算各顶点的出、入度，求出 $d'(i)$。

(2) 添加一个超发点 $v_s$，对满足 $d'(i)>0$ 的顶点 $v_i$，加入 $d'(i)$ 条有向边 $(v_s，v_i)$，权均为 0；添加一个超收点 $v_t$，对满足 $d'(j)<0$ 的顶点 $v_j$，加入 $|d'(j)|$ 条有向边 $(v_j，v_t)$，权均为 0。得到图 $G'$。

(3) 在 $G'$ 中求 $d(v_s)$ 条过以 $v_s$、$v_t$ 为两端点的形如 $(v_s，v_i)$，$(v_j，v_t)$ 每边一次且仅一次的总和最小的 $P_{st}$ 道路。记下 $G$ 中各边在这些道路中的重复次数。

(4) 计入各边的重复次数，$G$ 中存在有向欧拉回路，其中一条即为解。

现举例说明如下。

**例 2.8.2**　求图 2.37 的中国邮路。

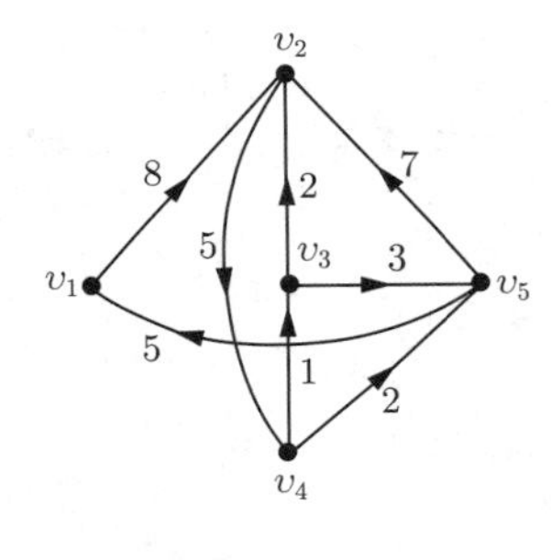


图　2.37

解：(1) 各顶点的 $d'(i)$ 为 $d'(1)=d'(5)=0$，$d'(2)=2$，$d'(3)=-1$，$d'(4)=-1$。

(2) 构造 $G'$，如图 2.38(a) 所示。

(3) 得到 2 条总和最小的 $P_{st}$ 道路 $P_1=(v_s，v_2，v_4，v_t)$，$\pi(P_1)=5$。$P_2=(v_s，v_2，v_4，v_3，v_t)$，$\pi(P_2)=6$。$\sum\pi(P_i)=11$。这样边 $(v_2，v_4)$ 重复 2 次，边 $(v_4，v_3)$ 重复 1 次。得图 2.38(b)，其中虚线边表示重复 1 次。

(4) 图 2.38(b) 是欧拉图。其中一条欧拉回路如 $(v_1，v_2，v_4，v_3，v_2，v_4，v_3，v_5，v_2，v_4，v_5，v_1)$ 就是最佳邮路。

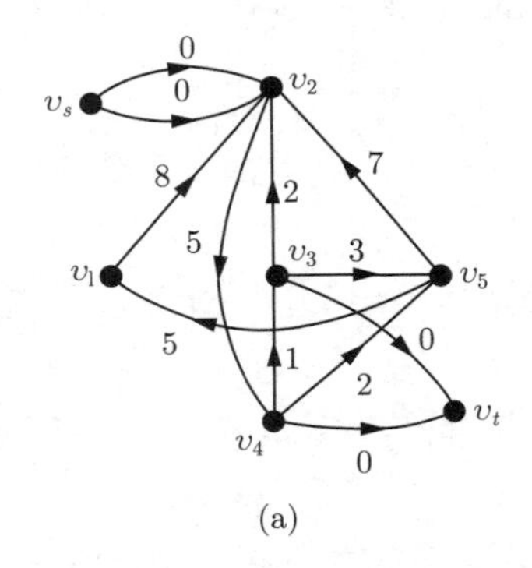


(a)

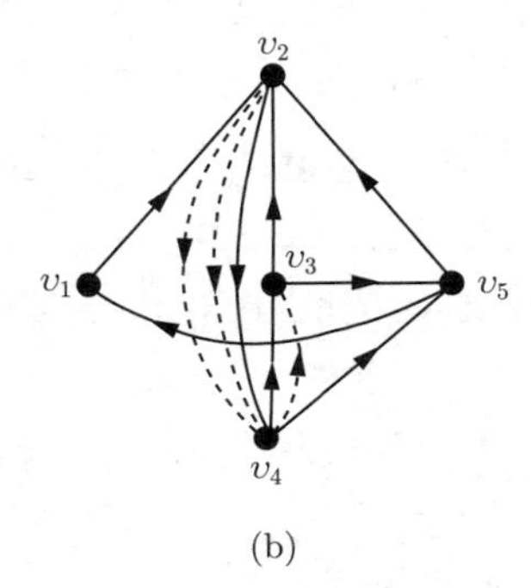


(b)

图　2.38

算法的难点是步骤 (3)。它需要找 $d(v_i)$ 条 $P_{st}$ 道路，这些道路长度的总和最小。若用 Dijkstra 算法一条一条地寻找最短 $P_{st}$ 道路，则计算量比较大，同时结果并不一定最佳。如果把 $G$ 中每边的权视为通过该边的费用，而容量为 $\infty$，对超发点 $v_s$，$(v_s, v_i)$ 形式的边只有一条，它的费用为 0，容量为 $d'(i)$；同样对超收点 $v_t$，每条边 $(v_j, v_t)$ 的费用为 0，容量为 $|d'(j)|$，这样步骤 (3) 就可以转化为在 $G'$ 上求从 $v_s$ 到 $v_t$ 传送 $\sum d'(i)$ 个单位量的最小费用流问题，如式 (2-3) 所示。关于最小费用流将在第 6 章讨论。

## 习 题 2

1.【★☆☆☆】设简单图 $G$ 有 $k$ 个连通支，证明：

$$m \leqslant \frac{1}{2}(n-k+1)(n-k)$$

2.【★☆☆☆】证明：$G$ 和 $\overline{G}$ 至少有一个是连通图。

3.【★☆☆☆】证明：若连通图的最长道路不唯一，则它们必定相交。

4.【★★☆☆】在简单图中，证明：若 $n \geqslant 4$ 且 $m \geqslant 2n-3$，则 $G$ 中含有带弦的回路。

5.【★★★☆】设 $G$ 是不存在三角形的简单图，证明：

(1) $\sum d^2(v_i) \leqslant mn$。

(2) $m \leqslant \dfrac{n^2}{4}$。

6.【★☆☆☆】证明图 2.39 中没有包含奇数条边的回路。

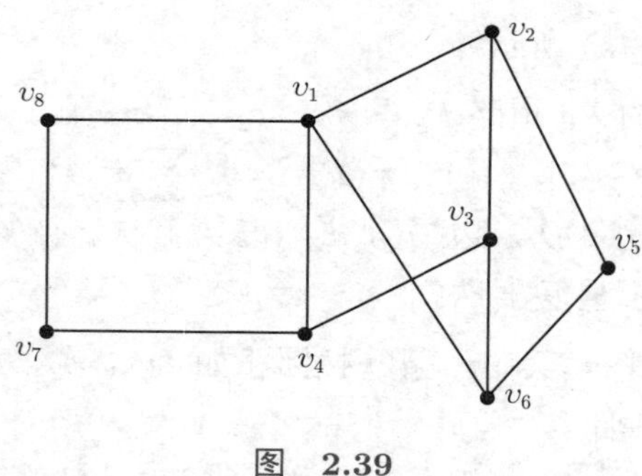


图 2.39

7.【★★☆☆】证明：对无向简单图 $G$，若 $|E(G)| \geqslant |V(G)|$，则其一定存在一条回路。

8.【★★☆☆】请对 Warshall 算法进行适当修改，以便在计算道路矩阵后，可以查知任意两顶点间具体的路径。

9.【★☆☆☆】给出图 2.40 的邻接矩阵，用 Warshall 算法计算出其道路矩阵，并写出计算过程。

10.【★☆☆☆】分别使用 DFS 算法和 BFS 算法，从 $v_1$ 开始遍历图 2.41。使用 BFS 算法时写出每个集合 $A_i$，使用 DFS 算法时写出顶点的访问顺序。

11.【★☆☆☆】房间的俯视图如图 2.42，问是否存在一条路过各门一次？试说明理由。

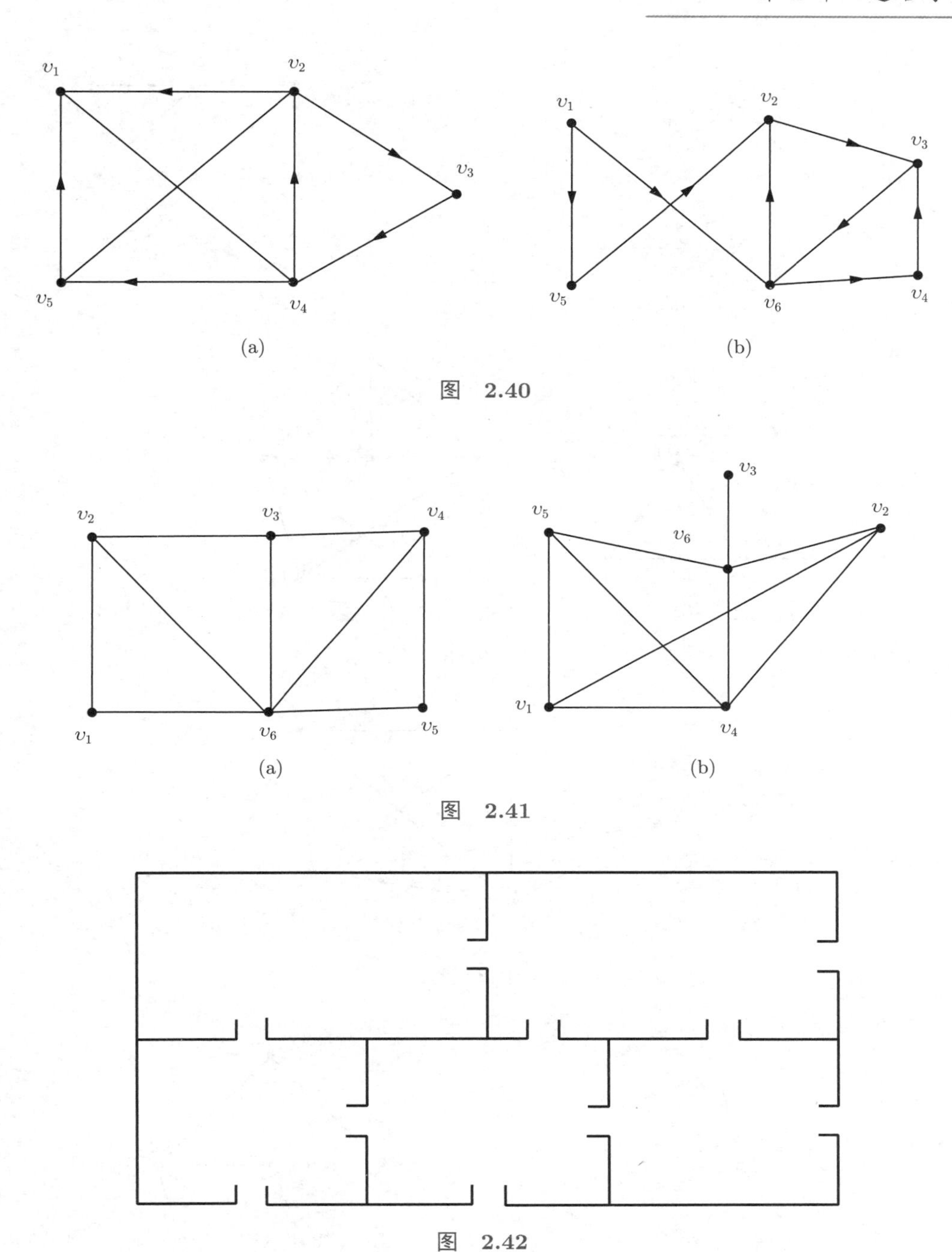


图 2.40



图 2.41

图 2.42

12.【★☆☆☆】判断图 2.43 中的图形，至少需要几笔才能画出，并写出具体方案。

13.【★★☆☆】如图 2.44 所示，A 从顶点 $v_2$ 出发，B 从顶点 $v_1$ 出发。要求两人遍历完所有边至少一次后到达终点 $v_3$，谁到达更快谁就胜利。假设两人经过同一条边的时间相同，请问谁有必胜策略。

14.【★★☆☆】请为图 2.45 中每条边指定一个方向，使得每个点的出度等于入度。

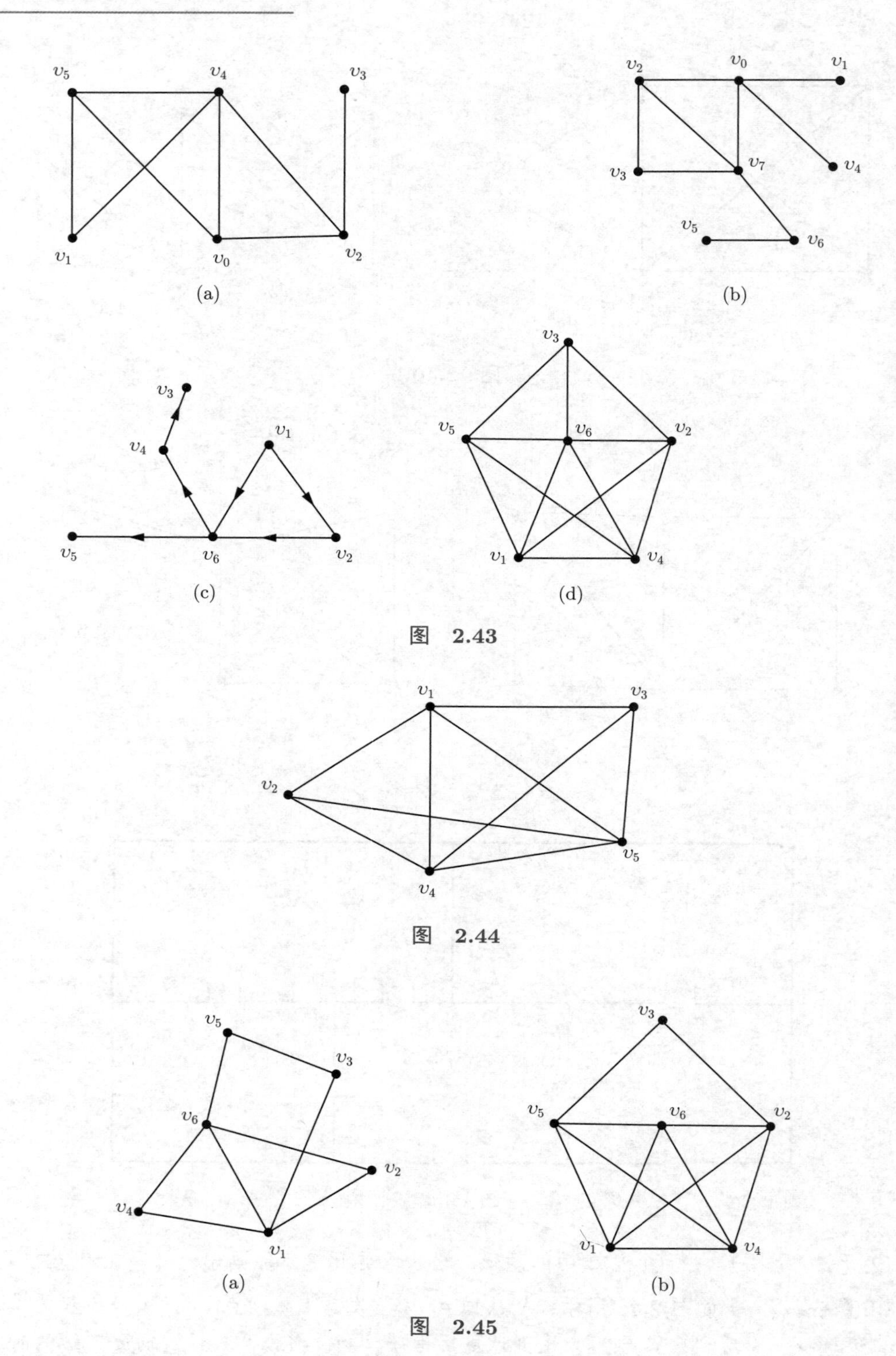


图 2.43



图 2.44



图 2.45

15.【★★☆☆】令 $G$ 是一个有奇数个顶点的简单无向图。证明：如果 $G$ 可以被一笔画出，则对于任意的 $k$，一定存在某种加边方案，使得给图 $G$ 添加 $k$ 条边之后还可以被一笔画出。

16.【★☆☆☆】求图 2.46 中欧拉回路数量（两个回路不同，当且仅当以 $v_1 \leftrightarrow v_2$ 这条边为开始得到的边序列不同）。

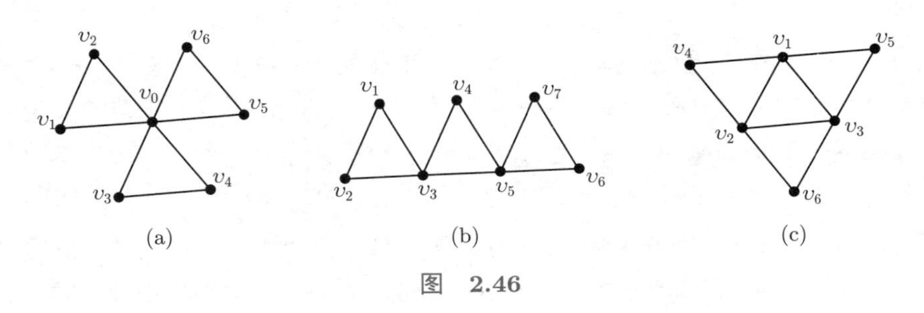


图　2.46

17.【★☆☆☆】设 $G$ 有 $H$ 道路，证明对任意 $S \subset V(G)$，$G-S$ 的连通支数 $t \leqslant |S|+1$。

18.【★☆☆☆】设 $G$ 是 $n \geqslant 3$ 的简单图，证明：若

$$m \geqslant \frac{1}{2}(n-1)(n-2)+2$$

则 $G$ 存在 $H$ 回路。

19.【★★☆☆】设 $G$ 是有向完全图，证明 $G$ 中存在有向的哈密顿道路。

20.【★☆☆☆】在例 2.4.5 中，若 $n \geqslant 4$，证明这 $n$ 个人一定可以围成一圈，使相邻者互相认识。

21.【★★☆☆】设 $G$ 是有 $n$ 个顶点的简单图，其最小度 $\delta(G) \geqslant \dfrac{n+q}{2}$，证明 $G$ 中存在包含任意 $q$ 条互不相邻边的哈密顿回路。

22.【★☆☆☆】对一个 $3\times3\times3$ 的立方体，能否从一个角上开始，通过所有 27 个 $1\times1\times1$ 的小立方块各 1 次，最后达到中心？试说明理由。

23.【★★☆☆】编程并搜索出图 2.14 的全部不同的 $H$ 回路。

24.【★☆☆☆】判断图 2.47 是否有哈密顿回路。如果有请找出一条，没有请直接判断没有。

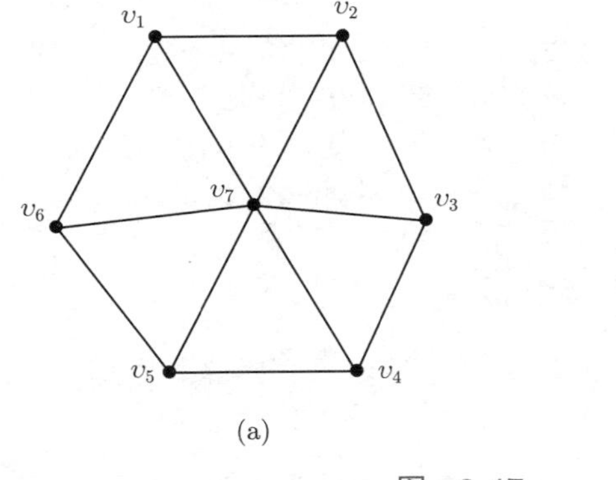


(a)

(b)

图　2.47

25.【★☆☆☆】令 $G=(V, E)$ 为二分图，$V(G)$ 可以被划分为子集 $X$、$Y$ 使得所有的 $e=(u, v)\in E(G)$，$u$、$v$ 都分别属于 $X$ 和 $Y$。

证明：如果 $|X|\neq|Y|$，那么 $G$ 一定没有哈密顿回路；如果 $|X|-|Y|\geqslant 1$，则一定没有哈密顿路径。

26.【★☆☆☆】在 7 天内安排 7 门考试，要使得同一位教师所教的两门课考试不安排在连续的两天内。如果每一位老师任教的考试课最多四门，证明这种安排一定是可行的。

27.【★★★☆】对任意 $n\geqslant 3$，在 $K_n$ 中有多少个无公共边的哈密顿回路（即选出最多的哈密顿回路，使得任意两个哈密顿回路没有公共边）？

28.【★★☆☆】在一个 $m\times n$ 大小的国际象棋棋盘上有一个“马”。这个“马”每次可以按照国际象棋的规则进行移动（当前在 $(x, y)$，则可以移动到 $(x\pm 2, y\pm 1)$ 或 $(x\pm 1, y\pm 2)$ 中的一个）。

证明：当 $m$、$n$ 均为奇数时，“马”不能够遍历所有的格子恰好一次并回到出发点。

29.【★☆☆☆】将图 $G$ 的顶点分成若干个集合 $X_1, X_2, \cdots, X_k$。每个点只能属于恰好一个集合。对任意 $v_i$、$v_j$，如果其属于不同的集合，则在它们之间连一条边。

证明：若对任意集合 $X_i$ 有 $|X_i|\leqslant\dfrac{n}{2}$，则原图一定有哈密顿回路。

30.【★☆☆☆】已知 $G$ 的权矩阵，用分支定界法求其旅行商问题的解。

$$\begin{bmatrix} 0 & 42 & 33 & 52 & 29 \\ 42 & 0 & 26 & 38 & 49 \\ 33 & 26 & 0 & 34 & 27 \\ 52 & 38 & 34 & 0 & 35 \\ 29 & 49 & 27 & 35 & 0 \end{bmatrix}$$

31.【★☆☆☆】一个装置从原点出发，要分别在坐标 (2, 5)、(9, 3)、(8, 9)、(6, 6) 停留，然后返回原点。设该装置只能沿 $X$ 轴和 $Y$ 轴行进，求最短的行进路线。

32.【★★☆☆】编写用分支定界法求旅行商问题的程序。

33.【★★☆☆】用近似算法求权矩阵如下的旅行商问题，并与程序运行结果比较。

$$\begin{bmatrix} \times & 42 & 33 & 52 & 29 & 45 \\ 42 & \times & 26 & 38 & 49 & 36 \\ 33 & 26 & \times & 34 & 27 & 43 \\ 52 & 38 & 34 & \times & 35 & 30 \\ 29 & 49 & 27 & 35 & \times & 41 \\ 45 & 36 & 43 & 30 & 41 & \times \end{bmatrix}$$

34.【★☆☆☆】用便宜算法求图 2.48 中旅行商问题的解，并写出回路 $T$ 中顶点的扩展过程。

35.【★☆☆☆】用分支定界法计算图 2.49 的旅行商问题的解。

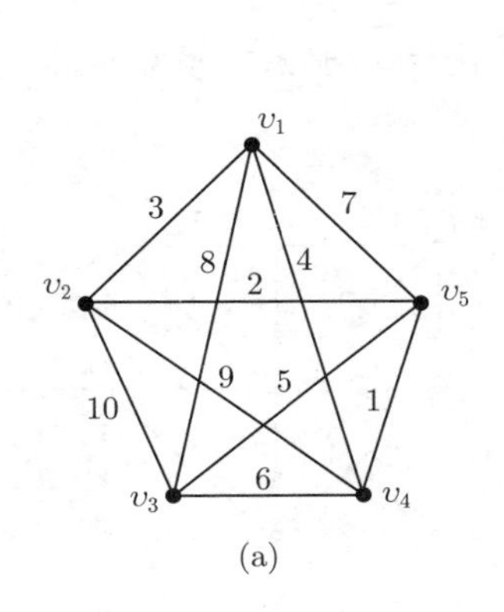


(a)

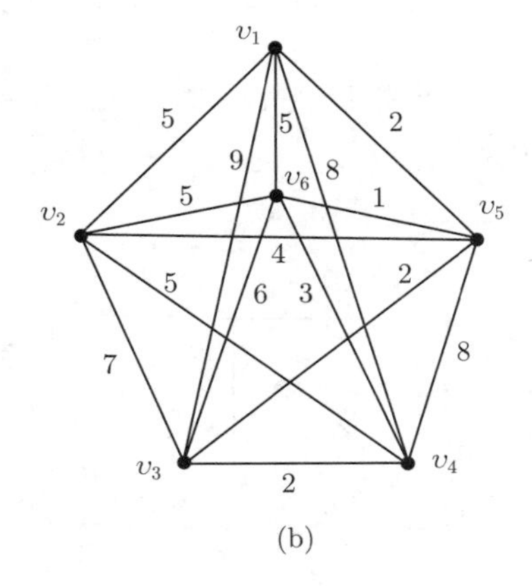


(b)

图　2.48

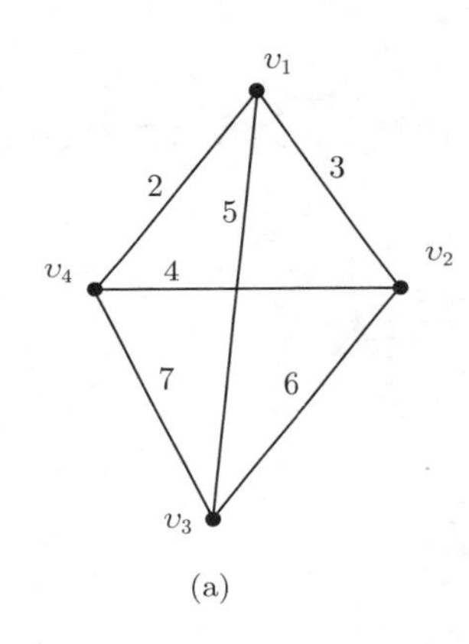


(a)

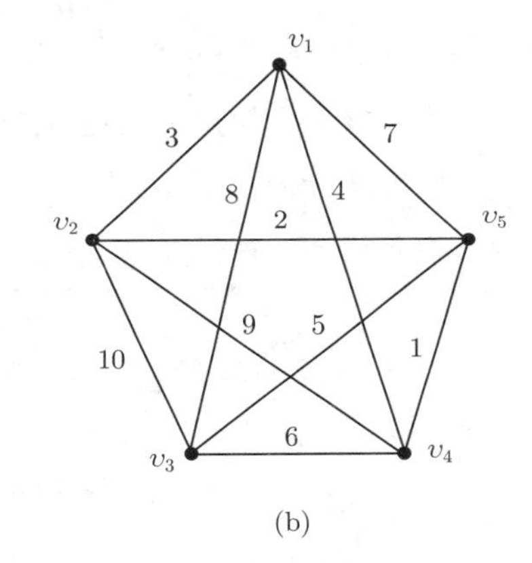


(b)

图　2.49

36.【★★☆☆】给出无向带权图 $G$，求访问每个点至少一次的最短回路的问题，可以归约为旅行商问题。转化方法如下：构造新图 $G'$，其中顶点与 $G$ 中相同，但是对任意两点 $u$，$v$ 间有边，权值为 $u$ 到 $v$ 的最短路径长度。则求 $G'$ 的旅行商问题即可求出 $G$ 中的解。证明上述方法的正确性。

37.【★☆☆☆】给出一个 $n$ 个点的无向完全图 $G$，$v_i$，$v_j$ 间有且仅有一条边权为"$i$ 和 $j$ 的最大公因数 $(i, j)$"的边。求该图旅行商问题的解。

38.【★★☆☆】某设备今后五年的价格预测分别是 (5，5，6，7，8)，若该设备连续使用，其第 $i(i = 1, 2, \cdots, 5)$ 年的维修费分别是 (1，2，3，5，6)。某单位今年购进一台，问如何使用可使 5 年里总开支最小?

39.【★★☆☆】试编写无负长回路图的最短路径程序。

40.【★★☆☆】给出边权为正的无向连通图 $G = (V, E)$，并定义两点之间的距离 $d(v_i, v_j)$ 为两点之间最长的初级道路的长度。设 $G$ 中距离最大的两个点为 $s$、$t$，证明：对于任意 $v \in V$，有 $2 \times \max_{u \in V} d(u, v) \geqslant d(s, t)$。

41.【★★★☆】对 Warshall 算法做适当的修改，使得其可以计算任意两点之间的最短路径长度。

42.【★☆☆☆】用 Dijkstra 算法求出图 2.50 中 $v_1$ 到所有点的最短路径，并写出 $\overline{S}$ 中顶点被删去的次序。

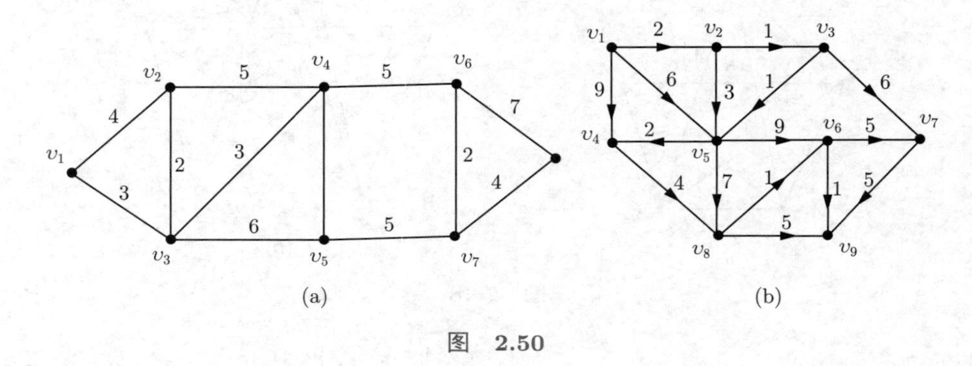


图 2.50

43.【★☆☆☆】用 Ford 算法求出图 2.51 中 $v_1$ 到所有点的最短路径，并写出迭代次数（我们规定，更新的次序为 $i=2$，3，$\cdots$，$n$)。

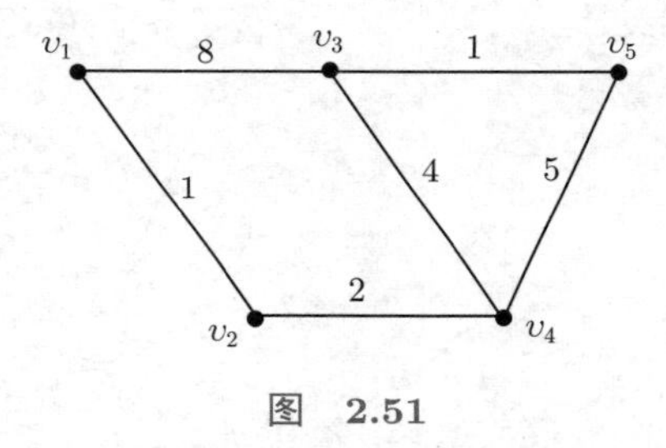


图 2.51

44.【★★☆☆】扩展计算最短路径使用的 Dijkstra 算法，使得其能够求出两点之间具体的最短路径。

45.【★☆☆☆】一项工程，其各工序所需时间与约束关系如表 2.2，试用 PT 图与 PERT 图求其关键路径。并求工序 3，5，10 的允许延误时间。

表 2.2

| 工　序　号 | 时　　间 | 前序工序 |
|---|---|---|
| 1 | 5 | |
| 2 | 8 | 1，3 |
| 3 | 3 | 1 |
| 4 | 6 | 3 |
| 5 | 10 | 2，3 |
| 6 | 4 | 2，3 |
| 7 | 8 | 3 |
| 8 | 2 | 6，7 |
| 9 | 4 | 5，8 |
| 10 | 5 | 6，7 |

46.【★★☆☆】编写求 PERT 图关键路径及工序允许延误时间的程序。

47.【★☆☆☆】给图 2.52 的顶点重新标号为 $v_1'$，$v_2'$，$\cdots$，$v_n'$，使得对任意的边 $(v_i', v_j') \in E$ 都有 $i < j$。

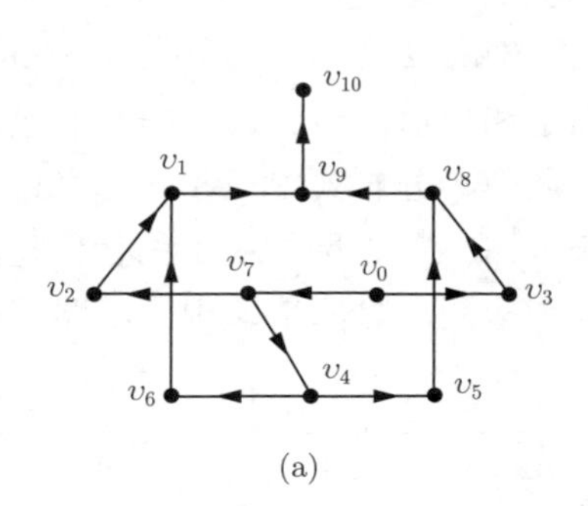


(a)

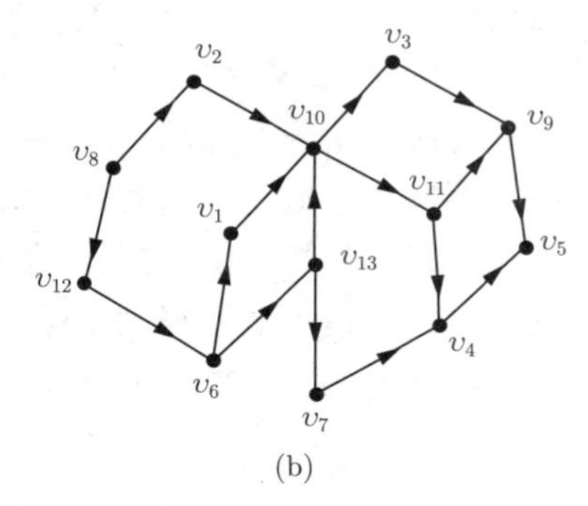


(b)

图　2.52

48.【★☆☆☆】分别求图 2.53(a) 和图 2.53(b) 的中国邮路。

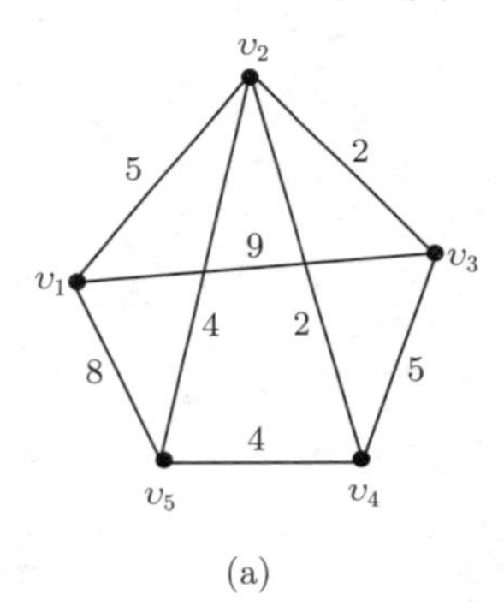


(a)

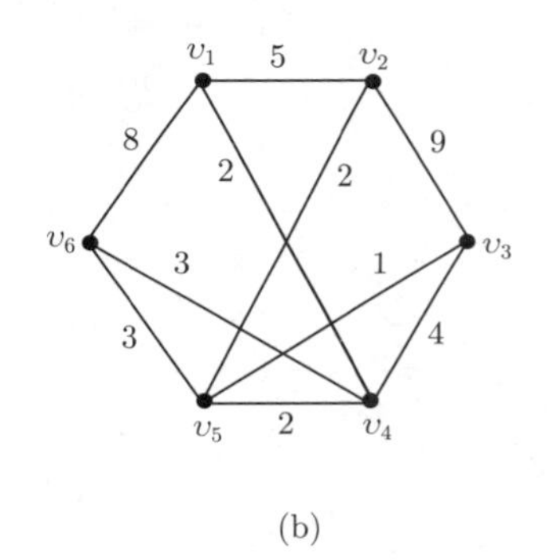


(b)

图　2.53

☞图论知识

### 中国邮路问题

中国学者管梅谷 (见图 2.54) 在邮局线性规划中，发现了这个问题：一个邮递员每次上班，要走遍他负责送信的路段，然后回到邮局，怎样走才能使所走的路程最短？经过抽象，他把这个问题归结为：在平面上给出一个连通的线图，要求将这个线图从某一点开始一笔画出（允许重复），并且最后仍回到起点，怎样画才能使得重复线路最短？这个问题在 1960 年被管梅谷教授首次提出并给出了解法——“奇偶点图上作业法”，被国际上称为“中国邮路问题”(Chinese Postman Problem，CPP)。

图　2.54

中国邮路问题一直是计算机科学、组合优化以及交通规划等领域的一个研究热点。该问题可以直接应用于解决实际生活中的许多问题，如邮件投递路线、警察出巡安排、垃圾收集路线等。因此，CPP 问题引起了通信、交通工程、运筹学等领域的专家学者的广泛兴趣，从而提出了大量求解 CPP 问题的方法，如奇偶图上作业法、Edmonds&Johnson 算法等。这些算法属于静态算法，即网络拓扑固定和权值固定。这些静态假设在许多实际应用中还不够完全适用。随着计算机网络与通信、分布式处理和智能交通系统等兴起，给这个传统的研究课题带来了新的挑战：时间依赖，即网络中边的代价随时间变化。这在最短路径领域中已经得到了深入的研究和应用。时间依赖中国邮路问题比传统中国邮路问题有更重要的实际应用价值。

# 第 3 章　树

## 3.1　树的有关定义

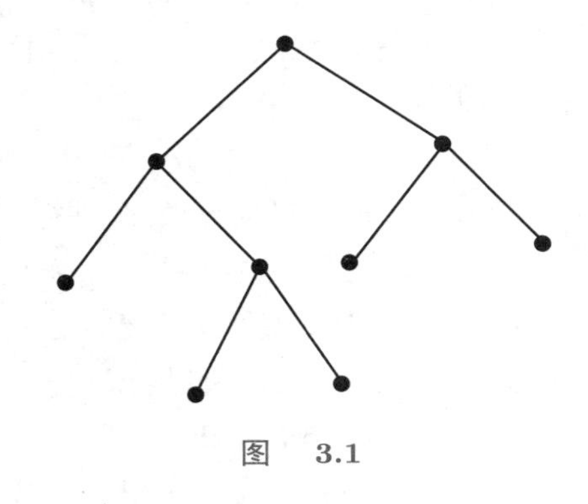

图　3.1

给定一个图 $G=(V,E)$，如果它不含任何回路，我们就称它是林；如果 $G$ 又是连通的，即这个林只有一个连通支，就称它是树。树是图论中最重要的概念之一，在自然科学和社会科学的许多领域都有广泛的应用。

**例 3.1.1**　网球单打比赛前，当抽签之后为说明各选手间的相遇情况，往往画一张图，如图 3.1所示。它是一棵树。

**例 3.1.2**　中子轰击原子核时产生的裂变过程，也可以形象地用图 3.2 示意，它也是一棵树。

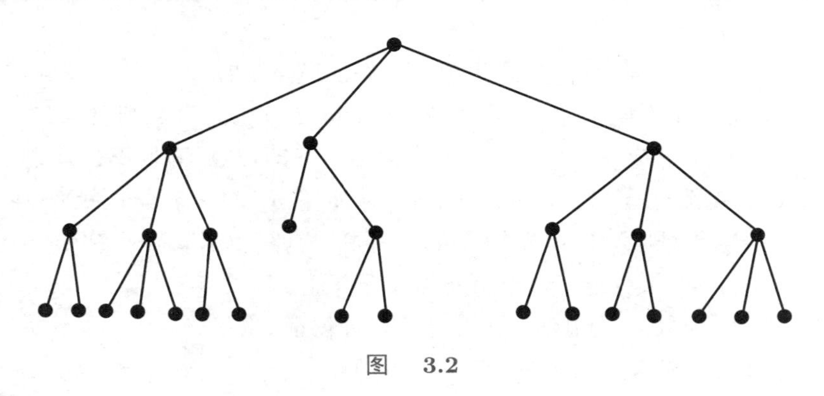

图　3.2

**定义 3.1.1**　一个不含任何回路的连通图称为树，用 $T$ 表示。$T$ 中的边称为树枝，度为 1 的顶点称为树叶。

对于树，如果去掉一条边，该边原来所在的图就会被分成不连通的两部分，所以树的每条边都是割边。

**定理 3.1.1**　$e=(u,v)$ 是割边，当且仅当 $e$ 不属于 $G$ 的任何回路。

**证明**：先证明必要性，再证明充分性，采用反证法进行证明。

若 $e=(u,v)$ 属于 $G$ 的某个回路，则 $G'=G-e$ 中仍存在 $u$ 到 $v$ 的道路，故顶点 $u$ 和 $v$ 属于同一连通支，$e$ 不是割边；反之，若 $e$ 不是割边，则 $G'$ 与 $G$ 的连通支数一样。于是 $u$ 和 $v$ 仍属于同一连通支，故 $G'$ 中存在道路 $P(u,v)$，$P(u,v)+e$ 就是 $G$ 的一个回路。

下面给出树的等价定义。

**定理 3.1.2** 设 $T$ 是顶点数为 $n \geqslant 2$ 的树，则下列性质等价。

(1) $T$ 连通且无回路。

(2) $T$ 连通且每条边都是割边。

(3) $T$ 连通且有 $n-1$ 条边。

(4) $T$ 有 $n-1$ 条边且无回路。

(5) $T$ 的任意两顶点间有唯一道路。

(6) $T$ 无回路，但在任两顶点间加上一条边后恰有一个回路。

**证明**：

(1) → (2)　$T$ 无回路，即 $T$ 的任意边 $e$ 都不属于回路，由定理 3.1.1，$e$ 是割边。

(2) → (3)　对顶点数 $n$ 进行归纳。令 $n(T)$、$m(T)$ 分别表示树 $T$ 的顶点数与边数。当 $n=2$ 时命题成立，设 $n \leqslant k$ 时，$m(T)=n(T)-1$ 成立。则 $n=k+1$ 时，由于任一边 $e$ 都是割边，故 $G'=G-e$ 有两个连通支 $T_1$ 和 $T_2$。由于 $n(T_i) \leqslant k$，$i=1, 2$，故 $m(T_i)=n(T_i)-1$。所以 $m(T)=n(T)-1$ 也成立。

(3) → (4)　假定 $T$ 有回路，设 $C$ 是其中一条含有 $k(<n)$ 个顶点的初级回路。因为 $T$ 连通，所以 $V(T)-V(C)$ 中一定有顶点 $u$ 与 $C$ 上某点 $v$ 相邻，即存在边 $(u, v) \in E(T)$，以此类推，最终 $V(T)-V(C)$ 中的 $n-k$ 个顶点需要 $n-k$ 条边才可能保持 $T$ 连通，但 $|E(T)-E(C)|=n-1-k<n-k$。矛盾。

(4) → (5)　设 $u$、$v$ 是 $T$ 的任意两顶点，先证道路 $P(u, v)$ 的存在性：如果不存在 $P(u, v)$，则 $u$、$v$ 属于不同连通支 $T_1$ 和 $T_2$。由 $m(T)=n-1$，则至少有一个支，例如 $T_1$，使 $n(T_1) \leqslant m(T_1)$ 成立。这样 $T_1$ 则有回路，亦即 $T$ 中有回路。反之，若 $T$ 无回路，则因为各连通支都有 $m(T_i) \leqslant n(T_i)-1$，从而使 $m(T)<n-1$。均产生矛盾，因此 $P(u, v)$ 一定存在。再证唯一性：若存在两条不同的道路 $P(u, v)$ 和 $P'(u, v)$，则其对称差 $P(u, v) \oplus P'(u, v)$ 至少含有一个回路。故而得证。

(5) → (6)，(6) → (1)　均显然。因此等价定理得证。

定理 3.1.2 对判断和构造树 $T$ 将带来很大方便。

**☞启发与思考**

在这 6 条树的性质中，最常用的 3 条性质是连通、无回路、$n-1$ 条边（顶数比边数多 1）。若图 $T$ 满足其中任意两条，就可以判定 $T$ 是树（定理中的等价条件 (1)、(3)、(4)）。

**定理 3.1.3** 树 $T$ 中一定存在树叶顶点。

**证明**：（反证法）

由于 $T$ 是连通图，所以任一顶点 $v_i \in V(T)$，都有 $d(v_i) \geqslant 1$。若无树叶，则 $d(v_i) \geqslant 2$。根据树的性质 (3)，$T$ 连通且有 $n-1$ 条边，这样 $n-1=m=\frac{1}{2}\sum d(v_i) \geqslant n$。矛盾。

**定义 3.1.2**　如果 $T$ 是图 $G$ 的支撑子图，而且又是一棵树，则称 $T$ 是 $G$ 的一棵支撑树，或称**生成树**，又简称为 $G$ 的树。

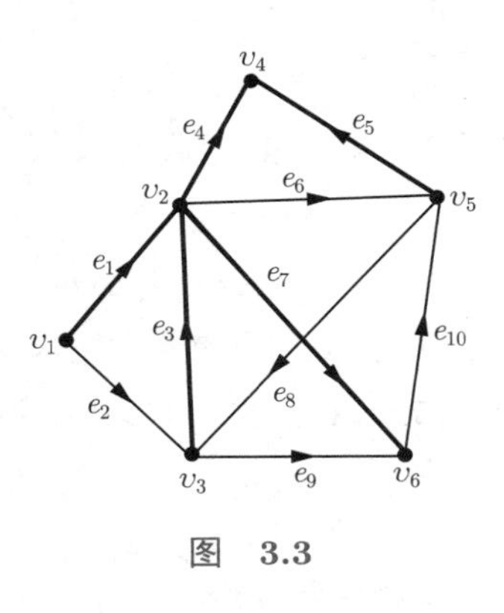

图　3.3

例如图 3.3 的粗线边构成了 $G$ 的一棵支撑树 $T$。显然 $G$ 有支撑树的充要条件为 $G$ 是连通图，而且如果连通图 $G$ 本身不是树，那么它的支撑树不唯一，例如图 3.3 中还有许多不同的支撑树。给定图 $G$ 的一棵树 $T$，我们称 $G-T$，即 $G$ 删去 $T$ 中各边后的子图为 $T$ 的余树，用 $\overline{T}$ 表示。例如在图 3.3 中，$E(\overline{T})=\{e_2,\ e_6,\ e_8,\ e_9,\ e_{10}\}$。一般情况下，余树不是一棵树。

## 3.2　基本关联矩阵及其性质

本节讨论的对象是有向连通图 $G$。

**定义 3.2.1**　在有向连通图 $G=(V,\ E)$ 的关联矩阵 $\boldsymbol{B}$ 中划去任意顶点 $v_k$ 所对应的行，得到一个 $(n-1)\times m$ 的矩阵 $\boldsymbol{B}_k$，$\boldsymbol{B}_k$ 称为 $G$ 的一个**基本关联矩阵**。

例如图 3.3 中顶点 $v_6$ 所对应的基本关联矩阵是

$$\boldsymbol{B}_6=\begin{array}{c}v_1\\v_2\\v_3\\v_4\\v_5\\ \\\end{array}\begin{array}{c}\left[\begin{array}{cccccccccc}1&1&0&0&0&1&0&0&0&0\\-1&0&-1&1&0&0&1&0&0&0\\0&-1&1&0&0&0&0&-1&1&0\\0&0&0&-1&-1&0&0&0&0&0\\0&0&0&0&1&-1&0&1&0&-1\end{array}\right]\\ \begin{array}{cccccccccc}e_1&e_2&e_3&e_4&e_5&e_6&e_7&e_8&e_9&e_{10}\end{array}\end{array}$$

基本关联矩阵与 $G$ 的支撑树之间有密切联系。我们首先分析关联矩阵的性质。

**定理 3.2.1**　有向图 $G=(V,\ E)$ 关联矩阵 $\boldsymbol{B}$ 的秩 $\operatorname{rank}\boldsymbol{B}<n$。

**证明：**由于 $\boldsymbol{B}$ 中每列都只有 1 和 $-1$ 两个非零元素，故 $\boldsymbol{B}$ 的任意 $n-1$ 行加到第 $n$ 行上后，第 $n$ 行为全零，即 $\boldsymbol{B}$ 的 $n$ 个行向量线性相关，故 $\operatorname{rank}\boldsymbol{B}<n$。

> ☞启发与思考
>
> 有向连通图 $G$ 的关联矩阵删去一行不会造成关联矩阵信息的丢失，为什么？

**定理 3.2.2**　设 $\boldsymbol{B}_0$ 是有向图 $G$ 关联矩阵 $\boldsymbol{B}$ 的任意一 $k$ 阶子方阵，则 $\det(\boldsymbol{B}_0)$ 为 0、1 或 $-1$。

**证明：**因为 $\boldsymbol{B}_0$ 是 $\boldsymbol{B}$ 的某一 $k$ 阶子阵，显然 $\boldsymbol{B}_0$ 每列最多只有 2 个非零元。若其中某列全为零元，则 $\det(\boldsymbol{B}_0)=0$；若 $\boldsymbol{B}_0$ 每列都有 2 个非零元，显然也有 $\det(\boldsymbol{B}_0)=0$；否则 $\boldsymbol{B}_0$ 中存在只有 1 个非零元的列，按该列展开得到 $\det(\boldsymbol{B}_1)=\{\pm\det(\boldsymbol{B}_0)\}$，但 $\boldsymbol{B}_1$ 的阶为 $k-1$。以此类推，可知最终 $\det(\boldsymbol{B}_0)$ 或为 0，或为 1，或为 $-1$。

**定理 3.2.3**　设 $\boldsymbol{B}$ 是有向连通图 $G$ 的关联矩阵，则 $\text{rank}\,\boldsymbol{B}=n-1$。

**证明**：由定理 3.2.1 知 $\text{rank}\,\boldsymbol{B}<n$，现只需要证明 $\text{rank}\,\boldsymbol{B}\geqslant n-1$。不失一般性，设 $\boldsymbol{B}$ 中最少的线性相关的行数为 $l$，显然 $l\leqslant n$，而且这 $l$ 行分别与顶点 $v(i_1)$，$v(i_2)$，$\cdots$，$v(i_l)$ 相对应，因此有

$$k_1b(i_1)+k_2b(i_2)+\cdots+k_lb(i_l)=0\quad k_j\neq 0,\ j=1,\ 2,\ \cdots,\ l \tag{3-1}$$

由于矩阵 $\boldsymbol{B}$ 每列只有 2 个非零元，所以在这 $l$ 个行向量 $b(i_j)$ 中，其第 $t(t=1,\ 2,\ \cdots,\ m)$ 个分量最多只有 2 个非零元。当然也可能全为 0。但是可以断言：不可能只有 1 个非零元。否则，由于 $k_i\neq 0$，式 (3-1) 不会成立。这样可以对矩阵 $\boldsymbol{B}$ 分别进行行、列交换，使前 $l$ 行是线性相关的诸行；这在 $l$ 行中每列都有 2 个非零元换到前 $r$ 列，其余 $m-r$ 列全都是零元。这样矩阵 $\boldsymbol{B}$ 变换为

$$\boldsymbol{B}'=\begin{bmatrix}P & 0\\ 0 & Q\end{bmatrix}\begin{matrix}l\\ n-l\end{matrix}$$
$$\qquad\ r\quad m-r$$

但 $\text{rank}\,\boldsymbol{B}'=\text{rank}\,\boldsymbol{B}$，而且 $\boldsymbol{B}'$ 依然是 $G$ 的一个关联矩阵，与 $\boldsymbol{B}$ 相比只是顶点与边的编号不同而已。若 $n-l>0$，由 $\boldsymbol{B}'$ 可见，$G$ 至少分为 2 个连通支：其中 $r$ 条边只与 $l$ 个顶点相关，而其余 $m-r$ 条边只与另外 $n-l$ 个顶点相关。这与 $G$ 是连通图矛盾。因此，一定有 $n-l=0$，即 $l=n$，也就是说 $\boldsymbol{B}$ 中最少需要 $n$ 行才能线性相关，而任何 $n-1$ 行都将线性无关，因此 $\text{rank}\,\boldsymbol{B}\geqslant n-1$。

由此，我们立刻得到定理 3.2.4。

**定理 3.2.4**　连通图 $G$ 基本关联矩阵 $\boldsymbol{B}_k$ 的秩 $\text{rank}\ \boldsymbol{B}_k=n-1$。

**推论 3.2.1**　$n$ 个顶点树 $T$ 的基本关联矩阵的秩是 $n-1$。

树是包含边数最少的连通图。对于连通图 $G$，显然满足 $m\geqslant n-1$。既然连通图基本关联矩阵 $\boldsymbol{B}_k$ 的秩是 $n-1$，那么 $\boldsymbol{B}_k$ 中一定存在 $n-1$ 个线性无关的列，究竟哪些列会是线性无关的，哪些列又必定线性相关呢?

**定理 3.2.5**　设 $\boldsymbol{B}_k$ 是连通图 $G$ 的基本关联矩阵，$C$ 是 $G$ 中的一个回路，则 $C$ 中各边所对应 $\boldsymbol{B}_k$ 的各列线性相关。

**证明**：只需要针对 $C$ 是初级回路进行讨论，设 $C$ 包含了 $G$ 的 $l$ 个顶点和 $l$ 条边 (不妨 $l<n$)，这 $l$ 条边对应关联矩阵 $\boldsymbol{B}$ 的 $l$ 列，它们构成 $\boldsymbol{B}$ 的子阵 $\boldsymbol{B}(G_c)$。由于 $C$ 本身也是连通图，所以 $\boldsymbol{B}(C)$ 是 $l$ 阶方阵，而 $\text{rank}\,\boldsymbol{B}(C)=l-1$，故 $\boldsymbol{B}(C)$ 的 $l$ 列线性相关，但它又是 $\boldsymbol{B}(G_c)$ 的子阵。由于 $\boldsymbol{B}(G_c)$ 对应的各边只经过回路 $C$ 的顶点，因此 $\boldsymbol{B}(G_c)$ 中其余顶点所对应的行元素全为零。这样，$\boldsymbol{B}(G_c)$ 的 $l$ 列仍是线性相关，显然 $\boldsymbol{B}_k(G_c)$ 的各列也线性相关。

**推论 3.2.2**　设 $H$ 是连通图 $G$ 的子图，如果 $H$ 含有回路，则 $H$ 的各边对应的 $G$ 的基本关联矩阵各列线性相关。

**定理 3.2.6**　令 $\boldsymbol{B}_k$ 是有向连通图 $G$ 的基本关联矩阵，那么 $\boldsymbol{B}_k$ 的任意 $n-1$ 阶子阵行列式非零的充要条件是其各列所对应的边构成 $G$ 的一棵支撑树。

**证明**：必要性。如果某个 $n-1$ 阶子阵 $\boldsymbol{B}_k(G_T)$ 的行列式非零。则由推论 3.2.2，$T$ 中不含回路，它包含 $n$ 个顶点和 $n-1$ 条边，根据定理 3.1.2 的等价定义 (4)，$T$ 是 $G$ 的一棵树。充分性。设 $T$ 是 $G$ 的一棵树，子图 $T$ 的基本关联矩阵 $\boldsymbol{B}_k(T)$ 是 $n-1$ 阶的方阵，其行列式非零，它又恰好对应 $\boldsymbol{B}_k$ 的某个 $n-1$ 阶子阵，即 $\boldsymbol{B}_k$ 所对应的该 $n-1$ 阶行列式非零。

定理 3.2.6 说明图 $G$ 基本关联矩阵中行列式非零的 $n-1$ 阶子阵的数目与 $G$ 不同的支撑树数目之间存在一种对应关系。

## 3.3　支撑树的计数

本节讨论连通图 $G$ 中支撑树的数目以及根树的数目。

**定理 3.3.1**（Binet-Cauchy 定理）　已知两个矩阵 $\boldsymbol{A}=(a_{ij})_{m\times n}$ 和 $\boldsymbol{B}=(b_{ij})_{n\times m}$，满足 $m\leqslant n$，则 $\det(\boldsymbol{AB})=\sum\limits_{i}A_iB_i$，其中 $A_i$、$B_i$ 都是 $m$ 阶行列式，$A_i$ 是从 $\boldsymbol{A}$ 中取不同的 $m$ 列所成的行列式，$B_i$ 是从 $\boldsymbol{B}$ 中取相应的 $m$ 行构成的行列式，然后再对全部组合求和。

定理的证明从略。现举一例进行说明和验证。

**例 3.3.1**　已知

$$\boldsymbol{A}=\begin{bmatrix} 4 & 3 & 2 \\ -2 & 4 & 3 \end{bmatrix} \quad \boldsymbol{B}=\begin{bmatrix} 5 & 1 \\ 0 & 3 \\ 4 & 2 \end{bmatrix}$$

求 $\det(\boldsymbol{AB})$。

**解**：由矩阵乘法

$$\boldsymbol{AB}=\begin{bmatrix} 28 & 17 \\ 2 & 16 \end{bmatrix}$$

所以 $\det(\boldsymbol{AB})$=414。由比内-柯西定理计算，

$$\begin{aligned}\det(\boldsymbol{AB}) &= \sum_i A_iB_i \\ &= \begin{vmatrix} 4 & 3 \\ -2 & 4 \end{vmatrix}\begin{vmatrix} 5 & 1 \\ 0 & 3 \end{vmatrix}+\begin{vmatrix} 4 & 2 \\ -2 & 3 \end{vmatrix}\begin{vmatrix} 5 & 1 \\ 4 & 2 \end{vmatrix}+\begin{vmatrix} 3 & 2 \\ 4 & 3 \end{vmatrix}\begin{vmatrix} 0 & 3 \\ 4 & 2 \end{vmatrix} \\ &= 414\end{aligned}$$

从例中显然可见，用比内-柯西定理计算乘积矩阵的行列式比通常的方法复杂，但该定理揭示了乘积矩阵的行列式与各矩阵的子阵行列式之间的关系，连通图 $G$ 不同支撑树的计数恰好利用了这种关系，从而使计数问题很容易地得到解决。下面针对不同的对象分别讨论树的计数。

### 3.3.1 有向连通图的树计数

**定理 3.3.2** 设 $\boldsymbol{B}_k$ 是有向连通图 $G=(V, E)$ 的某一基本关联矩阵，则 $G$ 的不同树的数目是 $\det\left(\boldsymbol{B}_k\boldsymbol{B}_k^{\mathrm{T}}\right)$。

**证明**：设 $\boldsymbol{B}_k=(b_{ij})_{(n-1)\times m}$，由于 $G$ 是连通图，故 $n-1\leqslant m$，由比内–柯西定理

$$\det\left(\boldsymbol{B}_k\boldsymbol{B}_k^{\mathrm{T}}\right)=\sum_i |B_i|\left|B_i^{\mathrm{T}}\right| \tag{3-2}$$

其中 $|B_i|$ 是 $\boldsymbol{B}_k$ 的某一 $n-1$ 阶子阵的行列式，$\left|B_i^{\mathrm{T}}\right|$ 是对应的 $\boldsymbol{B}_k^{\mathrm{T}}$ 的 $n-1$ 阶子阵的行列式，由于 $\boldsymbol{B}_k^{\mathrm{T}}$ 是 $\boldsymbol{B}_k$ 的转置矩阵，所以 $\left|B_i^{\mathrm{T}}\right|$ 的第 $j$ 行正好是 $|B_i|$ 的第 $j$ 列，亦即 $|B_i|=\left|B_i^{\mathrm{T}}\right|$，式 (3-2) 可写成

$$\det\left(\boldsymbol{B}_k\boldsymbol{B}_k^{\mathrm{T}}\right)=\sum_i |B_i|^2 \tag{3-3}$$

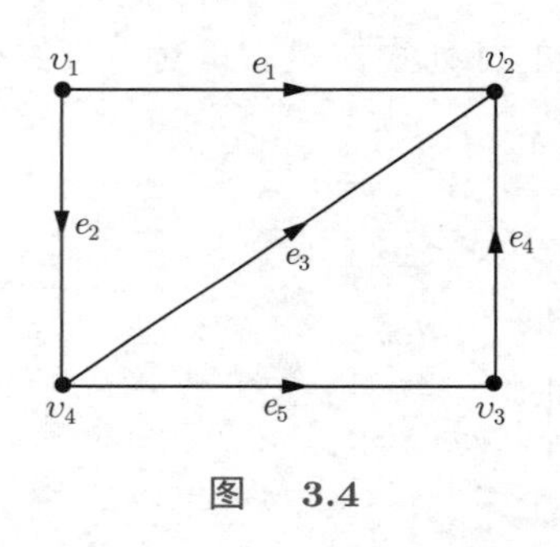


图 3.4

由定理 3.2.6，如果 $|B_i|\neq 0$，则其所对应的边构成 $G$ 的一棵树，由定理 3.2.2，此时 $|B_i|=1$ 或 $-1$，因此 $|B_i|^2=1$。这说明如果 $B_i$ 的各列所对应的边构成 $G$ 的一棵树，则对 $\det\left(\boldsymbol{B}_k\boldsymbol{B}_k^{\mathrm{T}}\right)$ 中的贡献为 1。而式 (3-3) 是对 $|B_i|^2$ 的全部组合求和。因此 $\det\left(\boldsymbol{B}_k\boldsymbol{B}_k^{\mathrm{T}}\right)$ 恰是 $G$ 中不同树的数目。

**例 3.3.2** 求图 3.4 的树的数目。

**解**：任取一个基本关联矩阵，例如 $\boldsymbol{B}_4$，

$$\boldsymbol{B}_4=\begin{bmatrix} 1 & 1 & 0 & 0 & 0 \\ -1 & 0 & -1 & -1 & 0 \\ 0 & 0 & 0 & 1 & -1 \end{bmatrix}$$

所以
$$\det\left(\boldsymbol{B}_4\boldsymbol{B}_4^{\mathrm{T}}\right)=\det\begin{bmatrix} 2 & -1 & 0 \\ -1 & 3 & -1 \\ 0 & -1 & 2 \end{bmatrix}=8$$

有时根据需要，还要计算 $G$ 中不含或必含某特定边 $e=(u, v)$ 的树的数目。如果不含边 $e$，则 $G'=G-e$ 的树就与之一一对应，因此只需计算 $G'$ 的支撑树数目。如果必含 $e=(u, v)$。可以将顶点 $u$ 和 $v$ 收缩成一个顶点，记为 uv，得到 $n-1$ 个顶点的新图 $G'$，原图 $G$ 中某点 $t$ 如果与 $u$( 或 $v$) 相邻，则在 $G'$ 中与顶点 uv 仍相邻，且方向不变。如果 $t$ 与 $u$、$v$ 都相邻，则 $G'$ 里 $t$ 与 uv 之间存在 2 条有向边。这样，$G'$ 的树就与 $G$ 中必含 $e$ 的树一一对应。

**例 3.3.3** 求图 3.4 中不含 $e_4$ 的树数目。

**解**：做 $G-e_4$，得到图 3.5。

$$\det\left(\boldsymbol{B}_4\boldsymbol{B}_4^{\mathrm{T}}\right)=\det\begin{bmatrix}2&-1&0\\-1&2&0\\0&0&1\end{bmatrix}=3$$

故 $G$ 中不含 $e_4$ 的树有 3 棵。

**例 3.3.4**　求图 3.4中必含 $e_3$ 的树数目。

**解**：将顶点 $v_2$、$v_4$ 收缩为 $v_{2,\ 4}$，得到图 3.6。

$$\det\left(\boldsymbol{B}_3\boldsymbol{B}_3^{\mathrm{T}}\right)=\det\begin{bmatrix}2&-2\\-2&4\end{bmatrix}=4$$

故 $G$ 中必含 $e_3$ 的树有 4 棵。

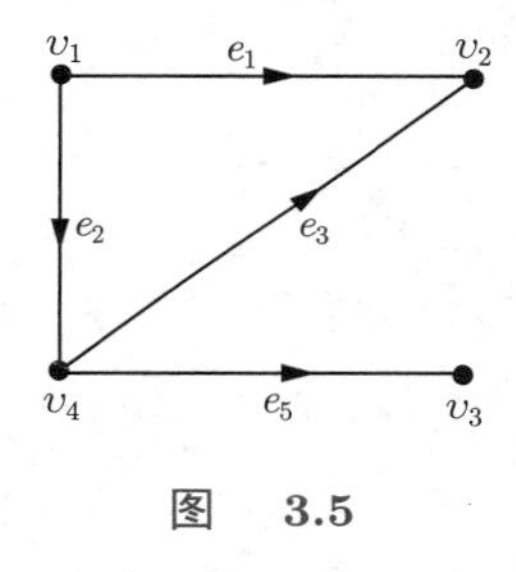


图　3.5

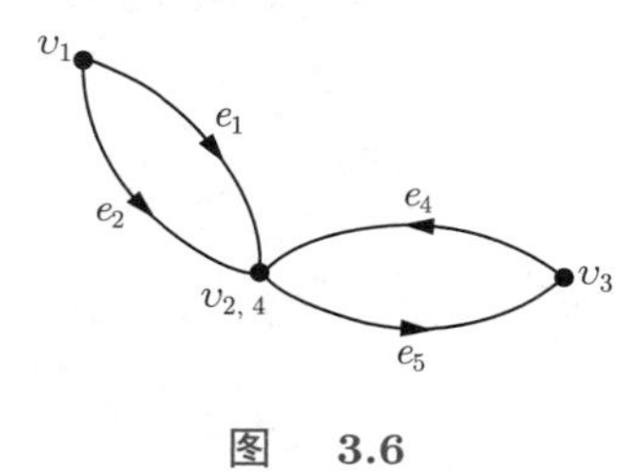


图　3.6

这 4 棵树显然分别由 $\{e_1,\ e_4\}$、$\{e_1,\ e_5\}$、$\{e_2,\ e_4\}$、$\{e_2,\ e_5\}$ 构成。返回到图 $G$，再分别加入 $e_3$ 就是 $G$ 的树。

通过上述计算不难发现，$\boldsymbol{C}=\boldsymbol{B}_k\boldsymbol{B}_k^{\mathrm{T}}$ 的元素 $c_{ij}$ 十分易求，若 $i=j$，则 $c_{ij}=d(v_i)$，即 $\boldsymbol{B}_k$ 里 $v_i$ 所对应行中的非零元数目；若 $i\neq j$，则 $-c_{ij}$ 是图 $G$ 中 $(v_i,\ v_j)$ 或 $(v_j,\ v_i)$ 形式的边数目。这对计算那些较难写出关联矩阵的图的树计数问题会带来方便。

### 3.3.2　无向连通图的树计数

无向连通图同样有其支撑树，但是它的关联矩阵 $\boldsymbol{B}$ 中不存在 $-1$ 元素，因此不能直接采用比内-柯西定理的方法进行树计算。对无向连通图 $G$ 的每边任给一方向，便得到相应的有向连通图 $G'$，显然 $G'$ 的树一定与 $G$ 的树一一对应，这样无向连通图 $G$ 的树计数问题便迎刃而解了。

**例 3.3.5**　求完全图 $k_n$ 中不同树的数目。

**解**：对 $K_n$ 各边任给一方向，得到有向完全图 $G$，设 $G$ 中顶点 $v_k$ 所对应的基本关联矩阵是 $\boldsymbol{B}_k$。于是可以得到

$$\det\left(\boldsymbol{B}_k\boldsymbol{B}_k^{\mathrm{T}}\right)=\det\begin{bmatrix}n-1&-1&\cdots&-1\\-1&n-1&\cdots&-1\\-1&-1&\cdots&n-1\end{bmatrix}=n^{n-2}$$

### 3.3.3 有向连通图 $G$ 根树的计数

**定义 3.3.1** $T$ 是有向树，若 $T$ 中存在某顶点 $v_0$ 的入度为 0，其余顶点的入度为 1，则称 $T$ 是以 $v_0$ 为根的外向树，或称根树，用 $\vec{T}$ 表示。

例如图 3.7 就是一棵根树。树根 $v_0$ 所对应的基本关联矩阵是

$$\boldsymbol{B}_0 = \begin{bmatrix} -1 & 0 & 1 & 1 \\ 0 & 0 & -1 & 0 \\ 0 & 0 & 0 & -1 \\ 0 & -1 & 0 & 0 \end{bmatrix}$$

由于 $v_0$ 的入度为 0，其余顶点的入度为 1，因此任何以 $v_0$ 为根的根树的基本关联矩阵 $\boldsymbol{B}_0$ 中一定是每行每列都只有一个 $-1$ 元素。如果对根树的顶点和边序号重新编号，使得每条边 $e=(v_i, v_j)$ 都满足 $v_i$ 的编号小于 $v_j$ 的编号，同时边 $e=(v_i, v_j)$ 的编号为 $e_j$。例如图 3.7 的重新编号可以是图 3.8。

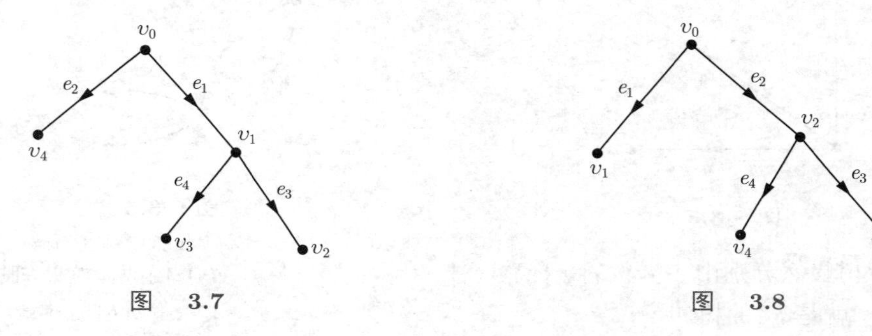


图 3.7　　　　图 3.8

它的基本关联矩阵是

$$\boldsymbol{B}_0' = \begin{bmatrix} -1 & 0 & 0 & 0 \\ 0 & -1 & 1 & 1 \\ 0 & 0 & -1 & 0 \\ 0 & 0 & 0 & -1 \end{bmatrix}$$

事实上它只是对 $\boldsymbol{B}_0$ 的行、列分别进行若干次初等变换的结果。它们的行列式是相等的。但从 $\boldsymbol{B}_0'$ 看出，它是一个上三角方阵，$-1$ 元全是对角元。如果把矩阵中的 1 元改为 0，它的行列式也不变。这正是根树的特征。如果 $T$ 不是根树，它的基本关联矩阵绝不会有 $\boldsymbol{B}_0'$ 的形式。因此，如果把其中 1 元素改为 0，它的行列式将是 0。

令 $\vec{\boldsymbol{B}}_k$ 表示有向连通图 $G$ 的基本关联矩阵 $\boldsymbol{B}_k$ 中将全部 1 元素改为 0 之后的矩阵。我们有定理 3.3.3。

**定理 3.3.3** 有向连通图 $G$ 中以 $v_k$ 为根的根树数目是 $\det\left(\vec{\boldsymbol{B}}_k \boldsymbol{B}_k^{\mathrm{T}}\right)$。

**证明**：由比内–柯西定理

$$\det\left(\vec{\boldsymbol{B}}_k \boldsymbol{B}_k^{\mathrm{T}}\right) = \sum_i \left|\vec{B}_i\right| \left|B_i^{\mathrm{T}}\right|$$

若 $\left|B_i^{\mathrm{T}}\right| \neq 0$，说明这 $n-1$ 条边构成 $G$ 的一棵树，此时如果 $\left|\vec{B}_i\right| \neq 0$，说明这棵树是以 $v_k$ 为根的根树。这时 $\left|\vec{B}_i\right| = \left|B_i^{\mathrm{T}}\right|$，因此它们在 $\det\left(\vec{\boldsymbol{B}}_k \boldsymbol{B}_k^{\mathrm{T}}\right)$ 中的贡献为 1，由于遍历了所有 $n-1$ 条边的组合，所以 $v_k$ 为根的根树数目是 $\det\left(\vec{\boldsymbol{B}}_k \boldsymbol{B}_k^{\mathrm{T}}\right)$。

**例 3.3.6**　计算图 3.9 中以 $v_1$ 为根的根树数目。

**解：** $v_1$ 所对应的基本关联矩阵是

$$\boldsymbol{B}_1 = \begin{bmatrix} -1 & 0 & 0 & 1 & 0 & 1 \\ 0 & 0 & -1 & 0 & -1 & -1 \\ 0 & -1 & 0 & -1 & 1 & 0 \end{bmatrix}$$

$$\vec{\boldsymbol{B}}_1 \boldsymbol{B}_1^{\mathrm{T}} = \begin{bmatrix} -1 & 0 & 0 & 0 & 0 & 0 \\ 0 & 0 & -1 & 0 & -1 & -1 \\ 0 & -1 & 0 & -1 & 0 & 0 \end{bmatrix} \begin{bmatrix} -1 & 0 & 0 \\ 0 & 0 & -1 \\ 0 & -1 & 0 \\ 1 & 0 & -1 \\ 0 & -1 & 1 \\ 1 & -1 & 0 \end{bmatrix}$$

$$= \begin{bmatrix} 1 & 0 & 0 \\ -1 & 3 & -1 \\ -1 & 0 & 2 \end{bmatrix}$$

所以
$$\det\left(\vec{\boldsymbol{B}}_1 \boldsymbol{B}_1^{\mathrm{T}}\right) = 6$$

**例 3.3.7**　求图 3.9 以 $v_1$ 为根不含边 $e_5$ 的根树数目。

**解：** 做 $G' = G - e$，则 $G'$ 的以 $v_1$ 为根的根树数目正是所求，于是

$$\boldsymbol{B}_1 = \begin{bmatrix} -1 & 0 & 0 & 1 & 1 \\ 0 & 0 & -1 & 0 & -1 \\ 0 & -1 & 0 & -1 & 0 \end{bmatrix}$$

$$\det\left(\vec{\boldsymbol{B}}_1 \boldsymbol{B}_1^{\mathrm{T}}\right) = \det \begin{bmatrix} 1 & 0 & 0 \\ -1 & 2 & 0 \\ -1 & 0 & 2 \end{bmatrix} = 4$$

计算 $G$ 中以 $v_0$ 为根必含某特定边 $e = (u,\ v)$ 的根树数目，可以先计算以 $v_0$ 为根的根树数，再计算不含 $e$ 的根树数，其差即是。这里再介绍另一种计算方法。由于根树的特征是任意一个非根的顶点 $v_i$，其入度都是 1。如果要求根树必含 $e = (u,\ v)$，即 $\vec{T}$ 中顶点 $v$ 的进入边已定，因而任何其他 $(t,\ v)$ 形式的边都不会在根树中出现。所以可作 $G' = G - \{(t,\ v) \mid t \neq u\}$，$G'$ 中以 $v_0$ 为根的根树数目即为所求。

**注意**：由于无法确定被收缩边的方向，故不能使用缩点的方法。

**例 3.3.8**　求图 3.9 以 $v_1$ 为根必含 $e_5$ 的根树数目。

**解**：做 $G' = G - e_3 - e_6$，得图 3.10。

$$\boldsymbol{B}_1 = \begin{bmatrix} -1 & 0 & 1 & 0 \\ 0 & 0 & 0 & -1 \\ 0 & -1 & -1 & 1 \end{bmatrix}$$

$$\det\left(\vec{\boldsymbol{B}}_1 \boldsymbol{B}_1^{\mathrm{T}}\right) = \det \begin{bmatrix} 1 & 0 & 0 \\ 0 & 1 & -1 \\ -1 & 0 & 2 \end{bmatrix} = 2$$

即 $G$ 中有 2 棵以 $v_1$ 为根必含 $e_5$ 的根树。

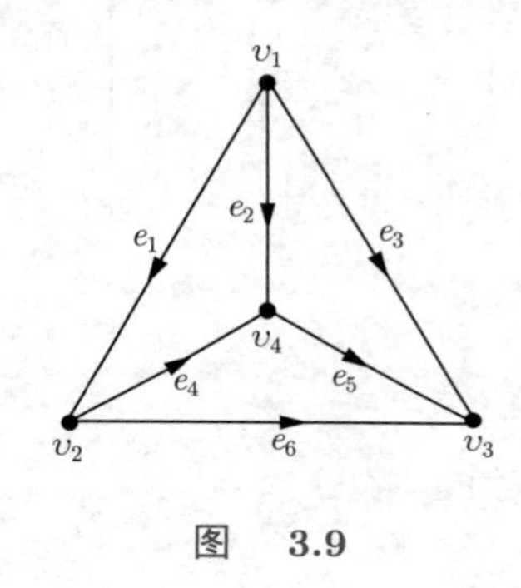


图 3.9

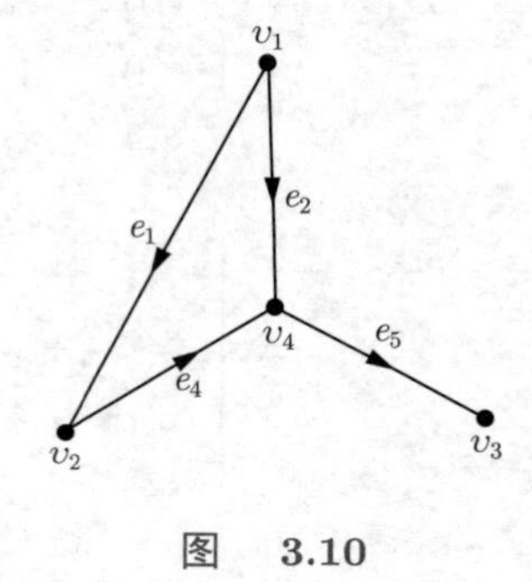


图 3.10

## 3.4 回路矩阵与割集矩阵

有向连通图 $G = (V，E)$ 的回路矩阵与割集矩阵都与 $G$ 的支撑树有密切关系，同时在网络，特别是电路网络中有广泛的应用。

### 3.4.1 回路矩阵及其性质

设 $T$ 是有向连通图 $G = (V，E)$ 的一棵支撑树，对任意的边 $e \in E(G) - E(T)$，$T + e$ 都构成了 $G$ 的一个唯一回路 $C$，如果给回路 $C$ 确定一个参考方向，那么该回路的边，如果其方向与回路方向一致，就称它是正向边，否则称为反向边。

**定义 3.4.1**　有向连通图 $G$ 的全部初级回路构成的矩阵，称为 $G$ 的**完全回路矩阵**，记为 $\boldsymbol{C}_e$，它的元素是

$$c_{ij} = \begin{cases} 1, & e_j \in C_i \text{ 且与回路 } C_i \text{ 方向一致} \\ -1, & e_j \in C_i \text{ 且与回路 } C_i \text{ 方向相反} \\ 0, & \text{其他} \end{cases}$$

**例 3.4.1**　图 3.11的完全回路矩阵是

$$C_e=\begin{bmatrix}1&1&0&1&0&0\\-1&0&1&0&-1&0\\0&0&0&-1&1&1\\0&1&1&0&0&1\\0&1&1&1&-1&0\\-1&0&1&-1&0&1\\1&1&0&0&1&1\end{bmatrix}$$

由于 $k(1\leqslant k\leqslant m-n+1)$ 条余树枝可能与 $T$ 构成一个初级回路，因此完全回路矩阵 $\boldsymbol{C}_e$ 中最多可能包含 $2^{m-n+1}-1$ 个不同的初级回路。但是这些回路不一定都是独立的。例如例 3.4.1 中 $C_1\oplus C_3=C_7$。那么哪些回路是独立的呢?

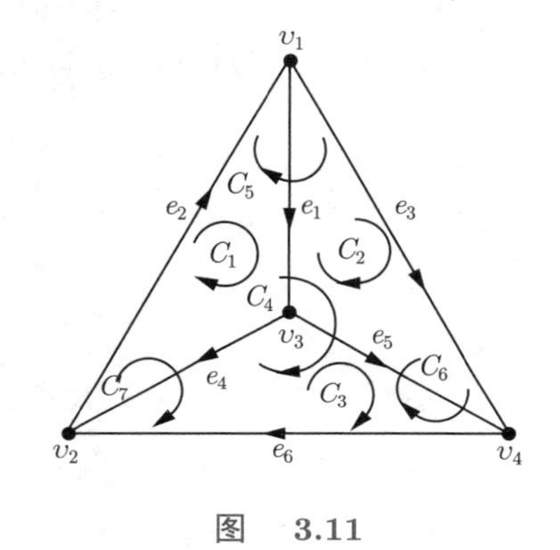


图　3.11

**定义 3.4.2**　当有向图 $G=(V，E)$ 的树 $T$ 确定以后，每条余树边 $e$ 所对应的回路称为**基本回路**，该回路的方向与 $e$ 的方向一致。由全部基本回路构成的矩阵称为 $G$ 的**基本回路矩阵**，记为 $\boldsymbol{C}_f$。

**例 3.4.2**　给定图 3.11的一棵树 $T=\{e_1，e_5，e_6\}$，则其基本回路矩阵是

$$\boldsymbol{C}_f=\begin{bmatrix}1&1&0&0&1&1\\-1&0&1&0&-1&0\\0&0&0&1&-1&-1\end{bmatrix}$$
$$\quad e_1\quad e_2\quad e_3\quad e_4\quad e_5\quad e_6$$

显然基本回路矩阵中每个回路都是独立的，因此 $\operatorname{rank}\boldsymbol{C}_f=m-n+1$。进而，如果将 $\boldsymbol{C}_f$ 的行、列分别进行一下交换，使树枝边放在后，余树边放在前且次序与它所构成的回路一致，就可以写成分块矩阵形式，比如上例

$$\boldsymbol{C}_f=\begin{bmatrix}1&0&0&1&1&1\\0&1&0&-1&-1&0\\0&0&1&0&-1&-1\end{bmatrix}$$
$$\quad e_2\quad e_3\quad e_4\quad e_1\quad e_5\quad e_6$$

亦即

$$\boldsymbol{C}_f=\begin{pmatrix}I & \boldsymbol{C}_{f_{12}}\end{pmatrix}$$

其中，$\boldsymbol{C}_{f_{12}}$ 是树枝边所对应的子阵。

**定理 3.4.1**　有向连通图 $G=(V，E)$ 的关联矩阵 $\boldsymbol{B}$ 和完全回路矩阵 $\boldsymbol{C}_e$ 的边次序一致时，恒有

$$\boldsymbol{B}\boldsymbol{C}_e^{\mathrm{T}}=\mathbf{0}$$

**证明**：设 $\boldsymbol{D}=\boldsymbol{B}\boldsymbol{C}_e^{\mathrm{T}}$，$d_{ij}=\sum_{k=1}^{m} b_{ik}\cdot c_{jk}$；其中 $b_{ik}$ 是顶点 $v_i$ 与边 $e_k$ 的关联状况，$c_{jk}$ 是回路 $C_j$ 与边 $e_k$ 的相关情况。回路 $C_j$ 与顶点 $v_i$ 的相处只有两种可能。

(1) $C_j$ 不经过 $v_i$，如图 3.12(a) 所示，则与 $v_i$ 关联的任一边都不是 $C_j$ 中的边，所以 $d_{ij}=0$。

(2) $C_j$ 经过 $v_i$，如图 3.12(b) 所示，则必定经过与 $v_i$ 关联的 2 条边 $e_p$ 和 $e_q$，若 $e_p$ 和 $e_q$ 在 $C_j$ 中方向一致，则对 $v_i$ 来说它们是一进一出，因此 $d_{ij}=0$；如果 $e_p$ 和 $e_q$ 在 $C_j$ 中方向相反，对 $v_i$ 它们却是同进同出，同样 $d_{ij}=0$。

由于 $d_{ij}$ 的任意性，故定理得证。

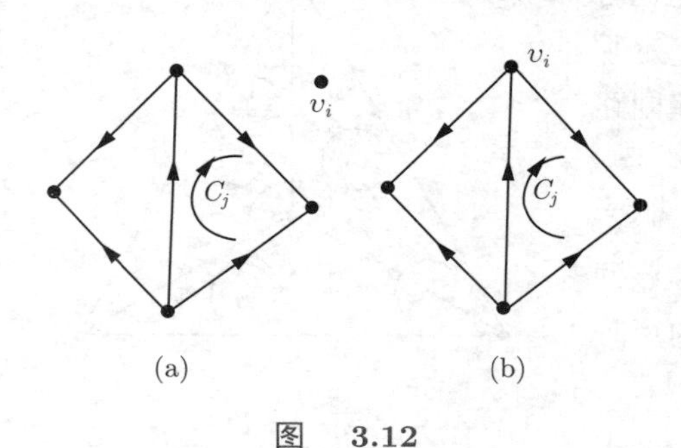


图 3.12

**定理 3.4.2** 有向连通图 $G=(V, E)$ 完全回路矩阵 $\boldsymbol{C}_e$ 的秩是 $m-n+1$。

**证明**：由于 $\boldsymbol{C}_f$ 是 $\boldsymbol{C}_e$ 的子阵且 $\operatorname{rank}\boldsymbol{C}_f=m-n+1$，故 $\operatorname{rank}\boldsymbol{C}_e \geqslant m-n+1$。现证 $\operatorname{rank}\boldsymbol{C}_e \leqslant m-n+1$，Sylvester 定理指出，两个矩阵 $\boldsymbol{A}_{n\times s}$ 和 $\boldsymbol{B}_{s\times m}$，如果 $\boldsymbol{AB}=\mathbf{0}$，则 $\operatorname{rank}\boldsymbol{A}+\operatorname{rank}\boldsymbol{B}\leqslant s$。因此，由定理 3.4.1，得到 $\operatorname{rank}\boldsymbol{B}+\operatorname{rank}\boldsymbol{C}_e\leqslant m$，即 $\operatorname{rank}\boldsymbol{C}_e\leqslant m-n+1$。

**定义 3.4.3** 由连通图 $G$ 中 $m-n+1$ 个互相独立的回路组成的矩阵，称为 $G$ 的回路矩阵。记为 $\boldsymbol{C}$。

也就是说，只用 $m-n+1$ 个相互独立的回路就足以表示所有初级回路。回路矩阵在完全回路矩阵的基础上只保留其中一小部分，但仍然可以通过回路矩阵中各行的组合得到所有回路，这大大减少了完全回路矩阵的冗余信息。

> ☞ 提示
>
> 在计算机存储与处理过程中，信息冗余是需要付出的必要成本代价，也是提升系统鲁棒性的手段。

回路矩阵 $\boldsymbol{C}$ 有以下 3 个简单性质。

(1) 基本回路矩阵 $\boldsymbol{C}_f$ 是回路矩阵。

(2) $\boldsymbol{B}\boldsymbol{C}^{\mathrm{T}}=\mathbf{0}$（其中 $\boldsymbol{B}$ 与 $\boldsymbol{C}$ 的边次序一致）。

(3) $\boldsymbol{C}=\boldsymbol{P}\boldsymbol{C}_f$，其中 $\boldsymbol{P}$ 是非奇异的方阵，$\boldsymbol{C}$ 与 $\boldsymbol{C}_f$ 的边次序一致。

**定理 3.4.3** 连通图 $G$ 的回路矩阵 $\boldsymbol{C}$ 的任一 $m-n+1$ 阶子阵行列式非零，当且仅当这些列对应于 $G$ 的某一棵余树。

**证明**：充分性。设已知 $G$ 的某一棵余树 $\overline{T}$，则可构造基本回路矩阵 $\boldsymbol{C}_f=(I \quad \boldsymbol{C}_{f_{12}})$，对给定的回路矩阵 $\boldsymbol{C}$ 进行列交换，使其与 $\boldsymbol{C}_f$ 的边次序一致，这样可写成块矩阵形式 $\boldsymbol{C}=(\boldsymbol{C}_{11} \quad \boldsymbol{C}_{12})$，其中 $\boldsymbol{C}_{11}$ 对应 $\overline{T}$。由性质 (3)，$\boldsymbol{C}=\boldsymbol{P}\boldsymbol{C}_f$，即 $(\boldsymbol{C}_{11} \quad \boldsymbol{C}_{12})=\boldsymbol{P}(I \quad \boldsymbol{C}_{f_{12}})=(\boldsymbol{P}$

$\boldsymbol{PC}_{f_{12}}$)，因此 $\boldsymbol{C}_{11}=\boldsymbol{P}$ 是非奇异的，即其行列式非零。再证必要性。将 $\boldsymbol{C}$ 的这 $m-n+1$ 列换到前面，成 $\boldsymbol{C}=(\boldsymbol{C}_{11}\quad \boldsymbol{C}_{12})$。现只需证 $\boldsymbol{C}_{12}$ 对应 $G$ 的一棵树。假设 $\boldsymbol{C}_{12}$ 对应的不是树，则一定含有回路，这种回路只由 $\boldsymbol{C}_{12}$ 中的某些边构成。这样经过行变换可得

$$\boldsymbol{C}'=\begin{bmatrix}\boldsymbol{C}'_{11} & \boldsymbol{C}'_{12}\\ 0 & \boldsymbol{C}''_{12}\end{bmatrix}$$

其中，$\boldsymbol{C}''_{12}\neq 0$。于是

$$\det(\boldsymbol{C}_{11})=\det\begin{bmatrix}\boldsymbol{C}'_{11}\\ 0\end{bmatrix}=0$$

与 $\det \boldsymbol{C}_{11}\neq 0$ 矛盾。

该定理揭示了 $G$ 的余树与其回路矩阵之间的关系。

**定理 3.4.4** 若有向连通图 $G=(V，E)$ 的基本关联矩阵 $\boldsymbol{B}_k$ 和基本回路矩阵 $\boldsymbol{C}_f$ 的边次序一致，并设 $\boldsymbol{C}_f=(I\quad \boldsymbol{C}_{f12})$，$\boldsymbol{B}_k=(\boldsymbol{B}_{11}\quad \boldsymbol{B}_{12})$，则

$$\boldsymbol{C}_{f_{12}}=-\boldsymbol{B}_{11}^{\mathrm{T}}\boldsymbol{B}_{12}^{-\mathrm{T}}$$

**证明：** 由定理 3.4.1 即得 $\boldsymbol{B}_k\boldsymbol{C}_f^{\mathrm{T}}=0$，写成块矩阵形式，有

$$(\boldsymbol{B}_{11}\quad \boldsymbol{B}_{12})\begin{bmatrix}I\\ \boldsymbol{C}_{f_{12}}^{\mathrm{T}}\end{bmatrix}=0$$

$$\boldsymbol{B}_{12}\boldsymbol{C}_{f_{12}}^{\mathrm{T}}=-\boldsymbol{B}_{11}$$

由于 $\boldsymbol{B}_{12}$ 对应的边构成 $G$ 的一棵树。根据定理 3.2.6，$\boldsymbol{B}_{12}$ 存在逆矩阵 $\boldsymbol{B}_{12}^{-1}$。由此定理得证。

本定理说明如果 $\boldsymbol{B}_k$ 已知，而且确定了一棵树，则可以直接经过计算求得 $G$ 的基本回路矩阵 $\boldsymbol{C}_f$。

**例 3.4.3** 已知图 3.11 基本关联矩阵

$$\boldsymbol{B}_4=\begin{bmatrix}1 & -1 & 1 & 0 & 0 & 0\\ 0 & 1 & 0 & -1 & 0 & -1\\ -1 & 0 & 0 & 1 & 1 & 0\end{bmatrix}$$
$$\quad e_1\quad e_2\quad e_3\quad e_4\quad e_5\quad e_6$$

其中，$e_1$、$e_5$、$e_6$ 所对应的子阵行列式非零，求 $\boldsymbol{C}_f$。

**解：** 由 $e_1$、$e_5$、$e_6$ 可构成 $G$ 的一棵树。对 $\boldsymbol{B}_4$ 进行列交换，得到

$$\boldsymbol{B}'_4=\begin{bmatrix}-1 & 1 & 0 & 1 & 0 & 0\\ 1 & 0 & -1 & 0 & 0 & -1\\ 0 & 0 & 1 & -1 & 1 & 0\end{bmatrix}=\begin{pmatrix}\boldsymbol{B}_{11} & \boldsymbol{B}_{12}\end{pmatrix}$$
$$\quad e_2\quad e_3\quad e_4\quad e_1\quad e_5\quad e_6$$

其中

$$\boldsymbol{B}_{11}=\begin{bmatrix}-1&1&0\\1&0&-1\\0&0&1\end{bmatrix}\quad \boldsymbol{B}_{12}=\begin{bmatrix}1&0&0\\0&0&-1\\-1&1&0\end{bmatrix}\quad \boldsymbol{B}_{12}^{-1}=\begin{bmatrix}1&0&0\\1&0&1\\0&-1&0\end{bmatrix}$$

因此

$$\boldsymbol{C}_{f_{12}}=-\boldsymbol{B}_{11}^{\mathrm{T}}\boldsymbol{B}_{12}^{-\mathrm{T}}=\begin{bmatrix}1&1&1\\-1&-1&0\\0&-1&-1\end{bmatrix}$$

即

$$\boldsymbol{C}_f=\begin{bmatrix}1&0&0&1&1&1\\0&1&0&-1&-1&0\\0&0&1&0&-1&-1\end{bmatrix}$$
$$\quad\; e_2\quad e_3\quad e_4\quad e_1\quad e_5\quad e_6$$

### 3.4.2 割集矩阵及其性质

**定义 3.4.4** 设 $S$ 是有向图 $G=(V，E)$ 的边子集，若

(1) $G'=(V，E-S)$ 比 $G$ 的连通支数多 1。

(2) 对任意 $S'\subset S$，$G$ 与 $G''=(V，E-S')$ 的连通支数相同。则称 $S$ 是 $G$ 的一个割集。

一般给割集 $S$ 确定一个方向，称它是有向割集。这样 $S$ 中的每条边 $e$，或者与 $S$ 方向一致，或者方向相反。

**例 3.4.4** 图 3.13 中，$S_1=\{e_2，e_3，e_4\}$，$S_2=\{e_4，e_5\}$ 是割集，而 $S_3=\{e_6，e_7\}$ 不是割集。在 $S_1$ 中，$e_2$ 与 $S_1$ 方向相同，而 $e_3$ 与 $e_4$ 方向相反。

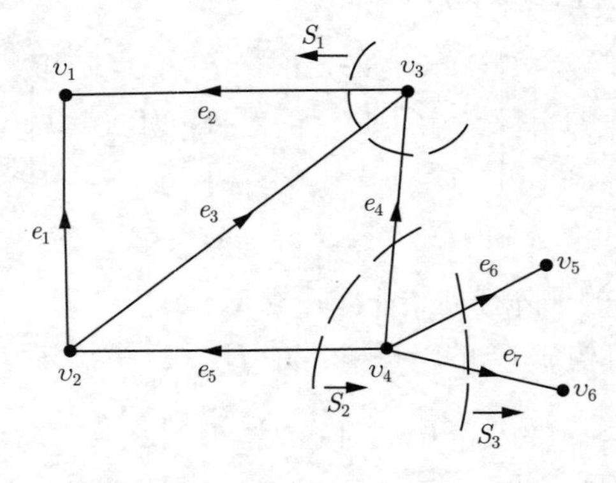


图 3.13

**定义 3.4.5** 有向连通图 $G$ 的全部割集组成的矩阵，称为完全割集矩阵，记作 $\boldsymbol{S}_e$。其元素

$$S_{ij}=\begin{cases}1, & e_j \text{ 在} S_i \text{ 中且方向一致}\\ -1, & e_j \text{ 在} S_i \text{ 中且方向相反}\\ 0, & \text{其他}\end{cases}$$

**例 3.4.5** 图 3.14 的完全割集矩阵是

$$\boldsymbol{S}_e=\begin{bmatrix}1 & -1 & 1 & 0 & 0 & 0\\ -1 & 0 & 0 & -1 & 0 & 1\\ 0 & 1 & 0 & 1 & 1 & 0\\ 0 & 0 & -1 & 0 & -1 & -1\\ -1 & 1 & 0 & 0 & 1 & 1\\ 1 & 0 & 1 & 1 & 1 & 0\\ 0 & -1 & 1 & -1 & 0 & 1\end{bmatrix}$$
$$\quad e_1 \quad e_2 \quad e_3 \quad e_4 \quad e_5 \quad e_6$$

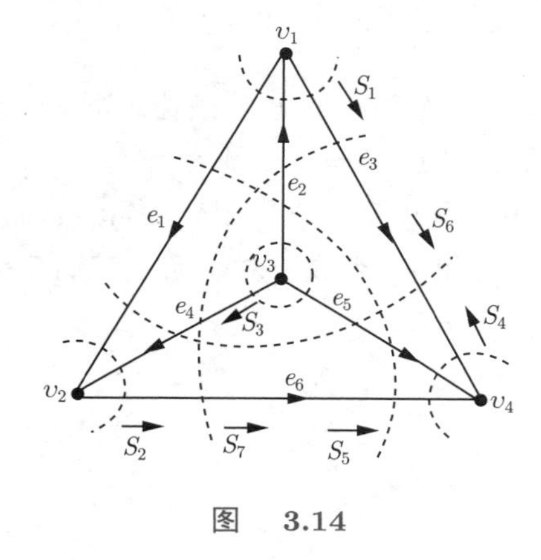


图 3.14

由于割集将连通图的顶点划分成连通的两部分，其顶点数分别为 $i$，$n-i$，$1\leqslant i\leqslant n-1$。因此 $G$ 最多有 $\frac{1}{2}(2^n-2)=2^{n-1}-1$ 个不同的割集。但这些割集不一定都是独立的，例如上例中 $S_7=S_1\oplus S_2$。

**定义 3.4.6** 设 $T$ 是连通图 $G$ 的一棵树，$e_i$ 是一个树枝。对应 $e_i$ 存在 $G$ 的割集 $S_i$，$S_i$ 只包括一条树枝边 $e_i$ 及某些余树枝，且与 $e_i$ 的方向一致。这时称 $S_i$ 为 $G$ 的对应树 $T$ 的一个基本割集。

**定义 3.4.7** 给定有向连通图 $G$ 的一棵树 $T$，则由全部基本割集组成的矩阵称为**基本割集矩阵**。记为 $\boldsymbol{S}_f$。

**例 3.4.6** $T=\{e_2，e_3，e_4\}$ 是图 3.14的一棵树，其基本割集矩阵是

$$\boldsymbol{S}_f=\begin{bmatrix}-1 & 1 & 0 & 0 & 1 & 1\\ 0 & 0 & 1 & 0 & 1 & 1\\ 1 & 0 & 0 & 1 & 0 & -1\end{bmatrix}$$
$$\quad e_1 \quad e_2 \quad e_3 \quad e_4 \quad e_5 \quad e_6$$

在基本割集矩阵中如果把余树边对应的列放在前，树枝边对应的列放在后且与割集次序一致，例如上例中

$$\boldsymbol{S}_f=\begin{bmatrix}-1 & 1 & 1 & 1 & 0 & 0\\ 0 & 1 & 1 & 0 & 1 & 0\\ 1 & 0 & -1 & 0 & 0 & 1\end{bmatrix}$$
$$\quad e_1 \quad e_5 \quad e_6 \quad e_2 \quad e_3 \quad e_4$$

则基本割集矩阵可写成分块矩阵形式 $\boldsymbol{S}_f=(\boldsymbol{S}_{f_{11}}\quad I)$，其中单位矩阵对应一棵树。显然 $\operatorname{rank}\boldsymbol{S}_f=n-1$。

**定理 3.4.5** 当有向连通图 $G$ 的完全回路矩阵 $\boldsymbol{C}_e$ 和完全割集矩阵 $\boldsymbol{S}_e$ 的边次序一致时，有 $\boldsymbol{S}_e\boldsymbol{C}_e^{\mathrm{T}}=\mathbf{0}$。

证明：设 $\boldsymbol{D}=\boldsymbol{S}_e\boldsymbol{C}_e^{\mathrm{T}}$，$d_{ij}=\sum\limits_{k=1}^{m}s_{ik}\cdot c_{jk}$。其中，$s_{ik}$ 是第 $i$ 个割集的第 $k$ 条边，$c_{jk}$ 是第 $j$ 个回路的第 $k$ 条边。割集 $S_i$ 与回路 $C_j$ 的相处只有两种。

(1) $S_i$ 与 $C_j$ 不相交，即 $C_j$ 中的边在 $S_i$ 中不出现，自然 $d_{ij}=0$。

(2) $S_i$ 与 $C_j$ 相交，显然它们有偶数条共同的边，如图 3.15(b) 所示，其中相邻两条边 $e_p$ 和 $e_q$ 组成一对，如果它们在 $S_i$ 中方向一致，则在 $C_j$ 中方向相反，反之亦然。因此，$d_{ij}=0$。

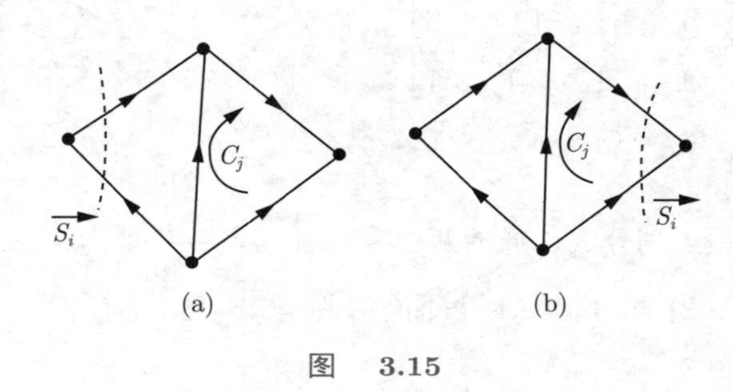


图 3.15

由 $d_{ij}$ 的任意性，定理得证。

**定理 3.4.6** 连通图 $G$ 的完全割集矩阵 $\boldsymbol{S}_e$ 的秩是 $n-1$。

证明：由于 $\boldsymbol{S}_f$ 是 $\boldsymbol{S}_e$ 的子矩阵，而 $\operatorname{rank}\boldsymbol{S}_f=n-1$，因此 $\operatorname{rank}\boldsymbol{S}_e\geqslant n-1$。又由定理 3.4.5，$\boldsymbol{S}_e\boldsymbol{C}_e^{\mathrm{T}}=\mathbf{0}$，根据 Sylvester 定理，$\operatorname{rank}\boldsymbol{S}_e+\operatorname{rank}\boldsymbol{C}_e\leqslant m$，故 $\operatorname{rank}\boldsymbol{S}_e\leqslant n-1$。因此，$\operatorname{rank}\boldsymbol{S}_e=n-1$。

**定义 3.4.8** 连通图 $G$ 的 $n-1$ 个互相独立的割集构成的矩阵称为 $G$ 的割集矩阵。记为 $\boldsymbol{S}$。

割集矩阵 $\boldsymbol{S}$ 有以下简单性质。

(1) 基本割集矩阵 $\boldsymbol{S}_f$ 是割集矩阵。

(2) $\boldsymbol{S}\boldsymbol{C}^{\mathrm{T}}=\mathbf{0}$，$\boldsymbol{S}$ 和 $\boldsymbol{C}$ 的边次序一致。

(3) $\boldsymbol{S}=\boldsymbol{P}\boldsymbol{S}_f$，其中 $\boldsymbol{P}$ 是非奇异方阵，$\boldsymbol{S}$ 与 $\boldsymbol{S}_f$ 的边次序一致。

**定理 3.4.7** 连通图 $G=(V，E)$ 的割集矩阵 $\boldsymbol{S}$ 的任一 $n-1$ 阶子阵行列式非零，当且仅当这些列对应于 $G$ 的某棵树。

证明：充分性。设已知 $G$ 的某棵树 $T$，则可构造基本割集矩阵 $\boldsymbol{S}_f=(\boldsymbol{S}_{f_{11}}\quad I)$。对给定的割集矩阵 $\boldsymbol{S}$ 进行列交换，使其与 $\boldsymbol{S}_f$ 的边次序一致，于是可写成分块矩阵形式 $\boldsymbol{S}=(\boldsymbol{S}_{11}\quad\boldsymbol{S}_{12})$，其中 $\boldsymbol{S}_{12}$ 对应树 $T$。由性质 (3)，$\boldsymbol{S}=\boldsymbol{P}\boldsymbol{S}_f$，即 $(\boldsymbol{S}_{11}\quad\boldsymbol{S}_{12})=\boldsymbol{P}(\boldsymbol{S}_{f_{11}}\quad\boldsymbol{I})=(\boldsymbol{P}\boldsymbol{S}_{f_{11}}\quad\boldsymbol{P})$。因此，$\boldsymbol{S}_{12}=\boldsymbol{P}$，是非奇异的，即其行列式非零。必要性。调整 $\boldsymbol{S}$ 的这 $n-1$

列构成 $\boldsymbol{S}_{12}$，使 $\boldsymbol{S}=(\boldsymbol{S}_{11}\quad \boldsymbol{S}_{12})$。假定 $\boldsymbol{S}_{12}$ 的各列对应的不是树，则一定含有 $l(<n)$ 条边的初级回路 $\boldsymbol{C}$。由于 $\boldsymbol{C}$ 是 $G$ 的连通子图，因此 $\boldsymbol{C}$ 的割集矩阵的秩是 $l-1$，亦即 $\boldsymbol{S}_{12}$ 对应的这 $l$ 列线性相关，故 $|\boldsymbol{S}_{12}|=0$，矛盾。

**定理 3.4.8**　设 $\boldsymbol{S}_f$ 和 $\boldsymbol{C}_f$ 分别是连通图 $G$ 中关于某棵树 $T$ 的基本割集矩阵和基本回路矩阵，且边次序一致。并设 $\boldsymbol{S}_f=(\boldsymbol{S}_{f_{11}}\quad \boldsymbol{I})$，$\boldsymbol{C}_f=(\boldsymbol{I}\quad \boldsymbol{C}_{f_{12}})$，则 $\boldsymbol{S}_{f_{11}}=-\boldsymbol{C}_{f_{12}}^{\mathrm{T}}$。

证明：由定理 3.4.5，有

$$\boldsymbol{S}_f\boldsymbol{C}_f^{\mathrm{T}}=\boldsymbol{0}$$

$$(\boldsymbol{S}_{f_{11}}\quad I)\begin{bmatrix} I \\ \boldsymbol{C}_{f_{12}}^{\mathrm{T}} \end{bmatrix}=\boldsymbol{0}$$

故得证。

**推论 3.4.1**　当连通图 $G$ 的基本割集矩阵与基本关联矩阵的边次序一致时，有

$$\boldsymbol{S}_{f_{11}}=\boldsymbol{B}_{12}^{-1}\boldsymbol{B}_{11}$$

**例 3.4.7**　已知图 3.15的基本关联矩阵

$$\boldsymbol{B}_1=\begin{bmatrix} -1 & 0 & 0 & -1 & 0 & 1 \\ 0 & 1 & 0 & 1 & 1 & 0 \\ 0 & 0 & -1 & 0 & -1 & -1 \end{bmatrix}$$
$$\begin{matrix} e_1 & e_2 & e_3 & e_4 & e_5 & e_6 \end{matrix}$$

其中，$\{e_2，e_3，e_4\}$ 构成 $G$ 的树，求对应的基本割集矩阵。

解：对 $\boldsymbol{B}_1$ 的列重新调整如下：

$$\boldsymbol{B}_1=\begin{bmatrix} -1 & 0 & 1 & 0 & 0 & -1 \\ 0 & 1 & 0 & 1 & 0 & 1 \\ 0 & -1 & -1 & 0 & -1 & 0 \end{bmatrix}$$
$$\begin{matrix} e_1 & e_5 & e_6 & e_2 & e_3 & e_4 \end{matrix}$$

$$\boldsymbol{B}_{11}=\begin{bmatrix} -1 & 0 & 1 \\ 0 & 1 & 0 \\ 0 & -1 & -1 \end{bmatrix}\quad \boldsymbol{B}_{12}=\begin{bmatrix} 0 & 0 & -1 \\ 1 & 0 & 1 \\ 0 & -1 & 0 \end{bmatrix}\quad \boldsymbol{B}_{12}^{-1}=\begin{bmatrix} 1 & 1 & 0 \\ 0 & 0 & -1 \\ -1 & 0 & 0 \end{bmatrix}$$

所以

$$\boldsymbol{S}_f=\left(\boldsymbol{B}_{12}^{-1}\boldsymbol{B}_{11}\quad I\right)=\begin{bmatrix} -1 & 1 & 1 & 1 & 0 & 0 \\ 0 & 1 & 1 & 0 & 1 & 0 \\ 1 & 0 & -1 & 0 & 0 & 1 \end{bmatrix}$$
$$\begin{matrix} e_1 & e_5 & e_6 & e_2 & e_3 & e_4 \end{matrix}$$

## 3.5 Huffman 树

首先介绍最优二叉树。

**定义 3.5.1** 除树叶外，其余顶点的出度最多为 2 的外向树称为**二叉树**。如果它们的出度都是 2，称为**完全二叉树**。

例如图 3.16 是一棵完全二叉树，$v_0$ 是根，每条有向边的方向都是朝下的。如果二叉树 $T$ 的每个树叶顶点 $v_i$ 都分别赋以一个正实数 $w_i$，则称 $T$ 是赋权二叉树。从根到树叶 $v_i$ 的路径 $P(v_0, v_i)$ 所包含的边数计为该路径的长度 $l_i$，这样二叉树 $T$ 带权的路径总长是

$$\text{WPL} = \sum_i l_i w_i,\ v_i\text{是树叶}$$

反过来，如果给定了树叶数目以及它们的权值，可以构造许多不同的赋权二叉树。在这些赋权二叉树中，必定存在路径总长最小的二叉树，这样的树称为最优二叉树。

**例 3.5.1** 已知英文字符串 adacatedecade。试用二进制字符串代替某个字母，并保证该英文字符串与二进制串构成一一对应。

**解**：该字符串中有字母 a、d、e、c、t，它们分别出现 4、3、3、2、1 次。令每个字母对应二叉树的一个树叶，根到树叶的路径是唯一的，而且这条路径绝不会是根到另一个树叶路径的一部分。这样根到树叶的路径与该字母构成一一对应。如果在树 $T$ 中令向左的边为 0，向右的边为 1。那么这些路径又与二进制串构成了一一对应。

例如令 d、a、e、c、t 分别对应图 3.16中的 $v_3$、$v_5$、$v_6$、$v_7$、$v_8$，则 d $\leftarrow$ 00，a $\leftarrow$ 010，e $\leftarrow$ 011，c $\leftarrow$ 10，t $\leftarrow$ 11。该英文字符串对应 010000101001011011000111001000011。

如果字母与树叶的对应情况如图 3.17所示，即 a $\leftarrow$ 00，t $\leftarrow$ 010，c $\leftarrow$ 011，e $\leftarrow$ 10，d $\leftarrow$ 11，则对应字符串是 00110001100010101110011001110。这两种情况下字符串的总长分别是 33 和 29。

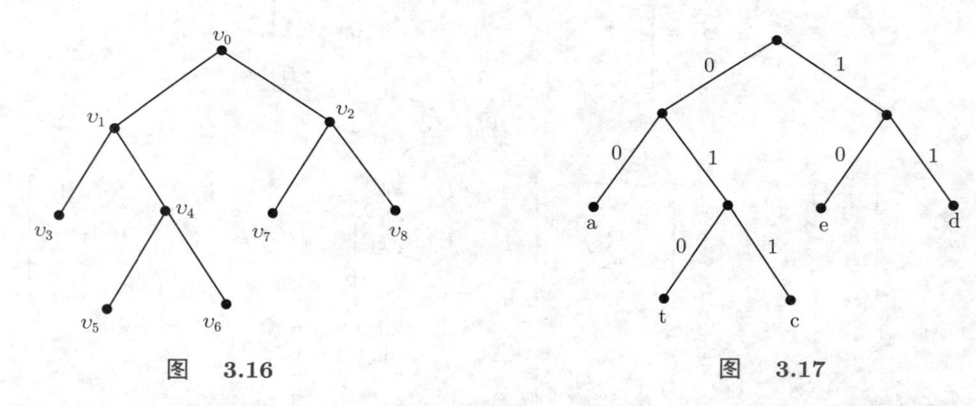


图 3.16　　　　图 3.17

给定了 $n$ 个树叶的权值，如何构造带权路径总长最短的最优二叉树呢？哈夫曼给出了一个算法。由该算法得到的二叉树称为 Huffman 树。

算法描述如下。

a. 对 $n(\geqslant 2)$ 个权值进行排序，满足

$$w_{i_1} \leqslant w_{i_2} \leqslant \cdots \leqslant w_{i_n}$$

b. 计算 $w_i = w_{i_1} + w_{i_2}$ 作为中间顶点 $v_i$ 的权，$v_i$ 的左儿子是 $v_{i_1}$，右儿子是 $v_{i_2}$。在权序列中删去 $w_{i_1}$ 和 $w_{i_2}$，加入 $w_i$，$n \leftarrow n-1$。若 $n=1$，结束；否则转 a。

**例 3.5.2**　权序列为 (4，3，3，2，1) 的 Huffman 树的构造过程如图 3.18所示。

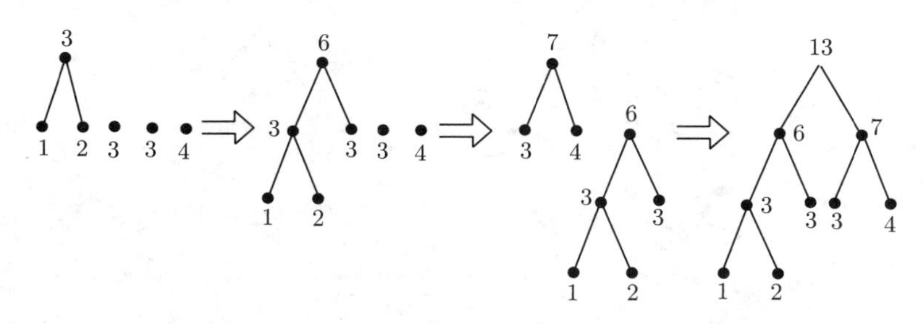

图　3.18

算法的计算复杂性主要取决于步骤 a，而且是 $n$ 个权值的第一次排序，它一般需进行 $n\log n$ 次比较。之后每当产生 $w_i$ 时，只需在新序列中进行插入运算，其复杂性是 $\log n$，由于总共只进行 $n-2$ 次迭代，因此整个算法的计算复杂性是 $O(n\log n)$。

**定理 3.5.1**　由 Huffman 算法得到的二叉树是最优二叉树。

**证明：**假定 $n \geqslant 3$，$w_1 \leqslant w_2 \leqslant \cdots \leqslant w_n$，并设 $T$ 是最优树，则一定有 $l_1 = \max\limits_i \{l_i\}$；否则，若 $w_k > w_1$ 而 $l_k < l_1$。那么将 $w_k$ 与 $w_1$ 对调得到 $T'$。有 $\mathrm{WPL}(T') - \mathrm{WPL}(T) < 0$，与 $T$ 最优矛盾。于是可得到结论：只要 $T$ 是最优树，$w_1$ 就一定离根最远。同时立即可知，$w_1$ 必有兄弟。否则让 $w_1$ 赋值给该树叶的父亲顶点，就可得到路径总长更小的树。由于 $w_2$ 是序列中次最小的权，故可令 $w_1$ 的兄弟是 $w_2$。因此，分枝 $w_1+w_2$ (见图 3.19) 可以是最优树 $T$ 的子图。

设 $T_n$ 是 $n$ 个树叶的最优树，收缩分枝 $w_1+w_2$ 后是对应的 $n-1$ 个树叶的 $T'_{n-1}$，如图 3.20 所示。

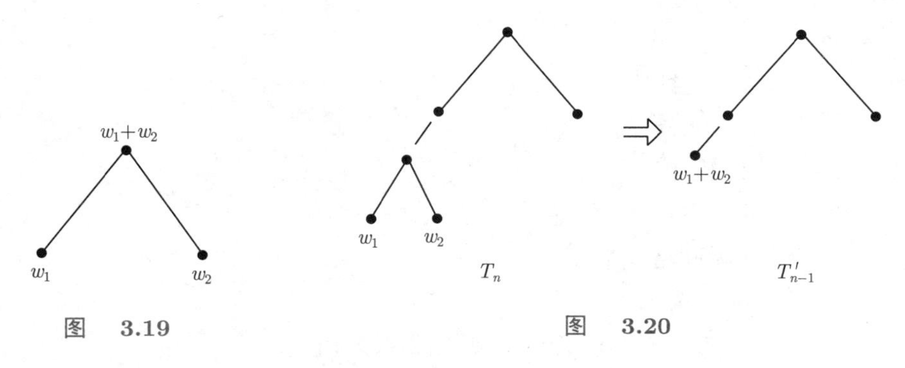


图　3.19　　　　图　3.20

在 $n-1$ 个权 (其中之一是 $w_1+w_2$ ) 时，亦有其最优二叉树 $T_{n-1}$，然后将 $w_1+w_2$ 分枝展开后又得到有 $n$ 个权的二叉树 $T'_n$，如图 3.21所示。

因为 $T_n$ 和 $T_{n-1}$ 分别是最优树，所以 $\mathrm{WPL}(T_n) \leqslant \mathrm{WPL}(T'_n)$，$\mathrm{WPL}(T_{n-1}) \leqslant \mathrm{WPL}(T'_{n-1})$。由于

$$\mathrm{WPL}(T'_{n-1}) = \mathrm{WPL}(T_n) - (w_1 + w_2)$$
$$\mathrm{WPL}(T_{n-1}) = \mathrm{WPL}(T'_n) - (w_1 + w_2)$$

可得 $\mathrm{WPL}(T'_{n-1}) \leqslant \mathrm{WPL}(T_{n-1})$。亦即 $T'_{n-1}$ 和 $T'_n$ 都是最优树。

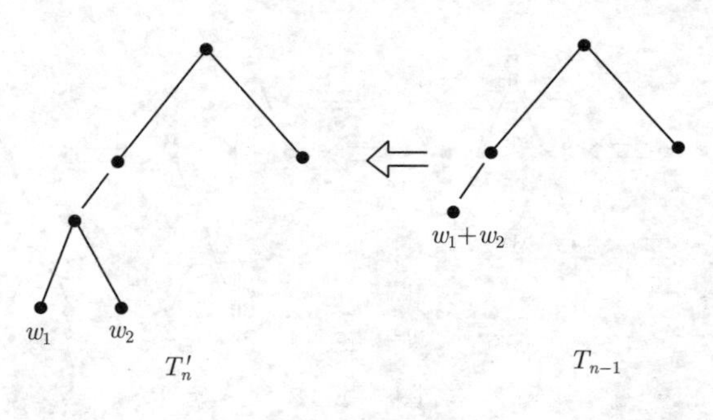


图 3.21

当算法执行到 $n = 2$ 时，自然是一棵最优树。再与分枝收缩的过程相反进行展开，最后得到的 $T'_n$ 一定是最优二叉树。

## 3.6 最 短 树

在赋权连通图中，有时需要计算其总长最小或最大的支撑树。这就是最短树和最长树问题。例如要在若干加油站之间铺设输油管道，已知任意两个加油站之间输油管道的铺设费用，如果让每个站都能保证油的供应，那么最少的建造费用就应该是计算它的最短树。

以下介绍关于赋权连通图 $G$ 最短树的两个好算法：Kruskal 算法和 Prim 算法。

### 3.6.1 Kruskal 算法

Kruskal 算法的描述如下。

1. $T \leftarrow \Phi$

2. while $|T| \leqslant n-1$ 且 $E \neq \Phi$ do

    begin

3.     $e \leftarrow E$ 中最短边

4.     $E \leftarrow E - e$

5.     若 $T + e$ 无回路，则 $T \leftarrow T + e$

    end

6. 若 $|T| < n-1$ 打印“非连通”，否则输出最短树

该算法的思路是不断往 $T$ 中加入当前的最短边 $e$，如果增加这条边会构成回路，则无法构成树，删之，直至最后达到 $n-1$ 条边为止。这时 $T$ 中不包含任何回路，因此是树。

☞启发与思考

Kruskal 采用的是贪心算法思想。用贪心算法对问题求解时，总是做出在当前看来最好的选择，并不从整体最优上加以考虑，算法得到的往往是在某种意义上的局部的最优解，而不是全局的最优解。

**例 3.6.1**　对图 3.22 执行 Kruskal 算法的过程是 $T \leftarrow (v_4, v_3)$，$(v_4, v_5)$，$(v_1, v_2)$。当加入 $(v_3, v_5)$ 时会构成回路，因此边 $(v_3, v_5)$ 不加入 $T$。此后 $T \leftarrow T + (v_2, v_4)$。这时 $|T| = n-1$，$T = \{(v_4, v_3), (v_4, v_5), (v_1, v_2), (v_2, v_4)\}$，结束。

**定理 3.6.1**　$T = (V, E')$ 是赋权连通图 $G = (V, E)$ 的最短树，当且仅当对任意的余树边 $e \in E - E'$，回路 $C^e$ $(C^e \subseteq E' + e)$ 满足其边权

$$w(e) \geqslant w(a), \ a \in C^e (a \neq e)$$

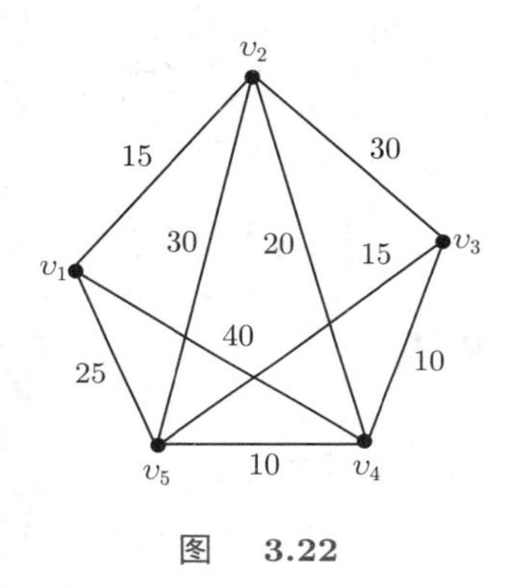


图　3.22

**证明**：必要性。如果存在一条余树边 $e$，满足 $w(e) < w(a)$，$a \in C^e$，则 $T \oplus (a, e)$ 得到新树 $T'$ 比 $T$ 更短，与 $T$ 是最短树矛盾。再证充分性。若存在比 $T$ 还短的树 $T'$，则 $T' - T \neq \Phi$，设 $e \in T' - T$，则 $T + e$ 构成唯一回路 $C^e$。如果对任意的 $T'$ 关于 $T$ 的余树边 $e \in T' - T$，它与回路 $C^e$ 里的树枝边 $a\,(a \in C^e \cap T)$ 相比都有 $w(e) \geqslant w(a)$，则有 $w(T') \geqslant w(T)$，与假设矛盾。因此，一定存在某边 $e \in T' - T$，对于某条边 $a \in C^e \cap T$，满足 $w(e) < w(a)$。

定理保证了 Kruskal 算法的正确性。以下讨论它的计算复杂性。很显然，在迭代过程中复杂性主要取决于步骤 3 和 5。

对 $m$ 条边的权采用堆结构存放，可以保证根顶点是当前的最小权。堆结构是一种均衡二叉树，它满足对任何一个父亲顶点，其权都小于或等于其左、右儿子的权。初始，构造一个有 $m$ 个顶点的均衡二叉树，每一个顶点的权对应原赋权图 $G$ 中一条边的权。一般它不满足堆结构的排序要求，所以首先要建堆。例如对图 3.23(a) 的二叉树，最后的堆结构应该是图 3.23 (b)。它的计算复杂性分析如下。

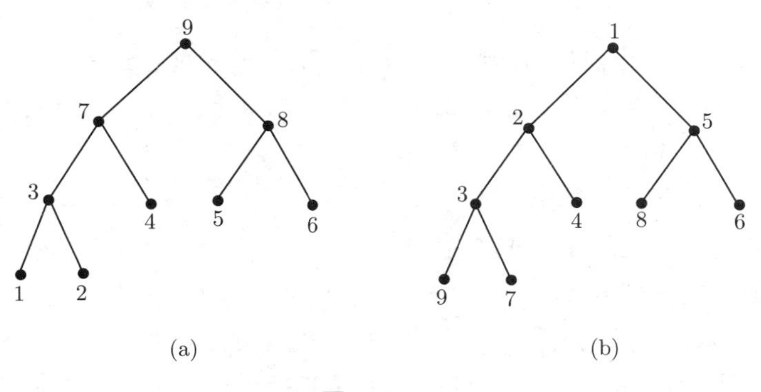


图　3.23

设二叉树的高度即树 $T$ 中根到树叶的最远距离是 $h$，其顶点数目为 $N$( 相当于 $G$ 中的 $m$ 条边)。有

$$N \leqslant 2^0 + 2^1 + \cdots + 2^k + \cdots + 2^h = 2^{h+1} - 1$$

其中，$2^k$ 表示第 $k$ 层的顶点数目。

第 $k$ 层的某顶点的权在最坏情况下，会沿着该树的某条路径向下滤到树叶，因此最多有 $2(h-k)$ 次比较。这样如果第 $k$ 层的全部顶点都要向下滤到树叶，就有 $2^k \cdot 2(h-k)$ 次比较。

所以建堆的总比较次数是

$$S = 2\sum_{k=0}^{h}(h-k)\cdot 2^k = 2h\sum_{k=0}^{h}2^k - 2\sum_{k=0}^{h}k\cdot 2^k = 2h\left(2^{h+1}-1\right) - 2S_1$$

其中

$$S_1 = \sum_{k=0}^{h}k\cdot 2^k = (h-1)2^{h+1} + 2$$

因此

$$S = 2\cdot 2^{h+1} - 2h - 4 \approx 2N$$

所以建堆的计算复杂性是 $O(m)$。

当根顶点的权 (即最短边) 取出后，则将最后一个顶点删除，把它的权赋予根顶点。该二叉树再进行调整，保持其堆结构形式。显然其调整阶段的复杂性是 $\log m$。也就是说，每一次迭代时步骤 3 的复杂性是 $\log m$。这样如果算法需要迭代 $p$ 次，步骤 3 的总计算复杂性是 $O(m + p\log m)$。

**☞启发与思考**

时间复杂性来源于排序过程。在 Huffman 树一节中，利用归并排序的排序方法，时间复杂性稳定在 $O(n\log n)$；快速排序的平均时间复杂性也在 $O(n\log n)$ 附近。取最值的操作要重复 $n$ 次。排序和取最值的操作是并行的，总时间复杂性为两者相加，是 $O(n\log n + n) = O(n\log n)$。

现在讨论步骤 5。设当前最短边是 $e = (v_i,\ v_j)$，而先前已选入 $T$ 的边构成的连通支顶点集分别是 $V_1$，$V_2$，$\cdots$，$V_t$。当选到 $e = (v_i,\ v_j)$ 时，$v_i$ 和 $v_j$ 会处于下列情况之一。

(1) $v_i$，$v_j$ 不属于 $V_1$，$V_2$，$\cdots$，$V_t$ 任一集合。

(2) $v_i$，$v_j$ 之一属于其中某集合 $V_k$。

(3) $v_i$，$v_j$ 分属于不同的集合 $V_k$，$V_l$。

(4) $v_i$，$v_j$ 属于同一集合 $V_k$。

对情况 (1)，另设一个顶点集 $V_q$，使 $V_q = \{v_i,\ v_j\}$；对情况 (2)，令另一顶点 $v_j\,(v_i)$ 也属于 $V_k$；对情况 (3)，令 $V_k \leftarrow V_k \bigcup V_l$，并删 $V_l$；对情况 (4)，因为 $v_i$ 和 $v_j$ 已属同一

连通支，加入此边一定会构成回路，因此 $(v_i, v_j)$ 不能加入 $T$。这样就可以判别是否构成回路。所以对集合运算来说，算法在步骤 5 的总计算复杂性是 $O(p)$。

这样我们得到：

**定理 3.6.2**　Kruskal 算法的计算复杂性是 $O(m + p\log m)$，其中 $p$ 是迭代次数。

### 3.6.2 Prim 算法

Prim 算法的基本思想是：首先任选一顶点 $v_0$ 构成集合 $V'$，然后不断在 $V - V'$ 中选一条到 $V'$ 中某点 ( 例如 $v$) 最短的边 $(u, v)$ 进入树 $T$，并令 $V' = V' + u$，直至 $V' = V$。它的描述如下 (设初选 $v_1$)。

1. $t \leftarrow v_1$，$T \leftarrow \Phi$，$U \leftarrow \{t\}$
2. while $U \neq V$ do
   begin
3. $\quad w(t, u) = \min\limits_{v \in V-U}\{w(t, v)\}$
4. $\quad T \leftarrow T + e(t, u)$
5. $\quad U \leftarrow U + u$
6. $\quad$ for $v \in V - U$ do
7. $\qquad w(t, v) \leftarrow \min\{w(t, v), w(u, v)\}$
   end

显然，Prim 算法的计算复杂性是 $O(n^2)$。

我们仍以图 3.22 为例，说明 Prim 算法的执行过程 (首选 $v_1$)。

3. $\min\{w(v_1, v_i)\} = w(v_1, v_2) = 15$，$U = \{v_1\} + v_2$。
6. $w(t, v_3) = w(v_2, v_3) = 30$，$w(t, v_4) = w(v_2, v_4) = 20$，
   $w(t, v_5) = w(v_1, v_5) = 25$。
3. $\min\{w(t, v_i)\} = w(v_2, v_4) = 20$，$U = \{v_1, v_2\} + v_4$。
6. $w(t, v_3) = w(v_4, v_3) = 10$，$w(t, v_5) = w(v_4, v_5) = 10$。
3. $\min\{w(t, v_i)\} = w(v_4, v_3) = 10$，$U = \{v_1, v_2, v_4\} + v_3$。
6. $w(t, v_5) = w(v_4, v_5) = 10$。
3. $\min\{w(t, v_i)\} = w(v_4, v_5) = 10$，$U = V$。

结束。

因此，最后最短树 $T = \{(v_1, v_2), (v_2, v_4), (v_4, v_3), (v_4, v_5)\}$。

我们再来分析 Prim 算法的正确性。

**定理 3.6.3**　设 $V'$ 是赋权连通图 $G = (V, E)$ 的顶点真子集，$e$ 是二端点分跨在 $V'$ 和 $V - V'$ 的最短边，则 $G$ 中一定存在包含 $e$ 的最短树 $T$。

**证明**：设 $T_0$ 是 $G$ 的一棵最短树，若 $e \notin T_0$，则 $T_0 + e$ 构成唯一回路。该回路一定包含 $e$ 和 $e' = (u, v)$，其中 $u \in V'$，$v \in V - V'$。由已知条件 $w(e) \leqslant w(e')$，做 $T_0 \oplus (e, e')$，得到的仍是最短树。

**定理 3.6.4**　Prim 算法的结果是得到赋权连通图 $G$ 的一棵最短树。

**证明**：首先证明它是一棵支撑树。采用归纳法，初始 $U=\{v_1\}$，$T=\Phi$，它是由 $U$ 导出的树，设 $|U|=i$，$T$ 是 $U$ 导出的树，则下一次迭代时，$U$ 中增加一新顶点 $u$，$T$ 中也加入一条与 $u$ 相连的边，因此 $T$ 是连通的，有 $|U|-1$ 条边，它是由 $U$ 导出的一棵树。因此，最终 $T$ 是 $G$ 的支撑树。以下再证 $T$ 是一棵最短树。设 $T_0$ 是 $G$ 的一棵最短树，若 $T\neq T_0$，由定理 3.6.3，对任意的 $e\in T-T_0$，一定有最短树 $T'=T_0\oplus(e, e')$，其中 $e'\in C^e\cap T_0$。继续对 $T'$ 如此处理，直至最终 $T'=T$，它仍然是最短树。

Kruskal 算法的复杂性与迭代次数有关，如果图 $G$ 的边数很多，或称为稠密图时，$p$ 值可能较大，也许接近 $m$。Prim 算法只与 $G$ 的顶点有关，而与图的稠密度无关。因此，相比较而言，Prim 算法适用于稠密图，而 Kruskal 算法对稀疏图更为合适。

最短树问题一经解决，最长树问题也就迎刃而解。这只要将加入树的边次序按权构成非增序列，采用类似 Kruskal 算法即可实现。有兴趣的读者可以自行设计并实现最长树算法。

## 习 题 3

1.【★☆☆☆】一棵树有 $n_2$ 个顶点的度为 2，$n_3$ 个顶点的度为 3，$\cdots$，$n_k$ 个顶点的度为 $k$。问有多少个度为 1 的顶点?

2.【★☆☆☆】证明：树中最长道路的两端点一定都是树叶。

3.【★☆☆☆】设 $T$ 为一棵树，已知 $T$ 中度数为 1，2，$\cdots$，$i-1$，$i+1$，$\cdots$，$k$ 的点有 $a_1$，$a_2$，$\cdots$，$a_{i-1}$，$a_{i+1}$，$\cdots$，$a_k$ 个。其中，$k$ 为树中度数最大的顶点的度数，且 $i\geqslant 2$。求 $T$ 中度数为 $i$ 的顶点数。

4.【★☆☆☆】设 $T$ 为一棵树，任取一条边 $e=(u, v)\in T$，将 $u$ 和 $v$ 合并为一个点，原来与其相连的边连接至这个新点上，得到新图 $G$。证明 $G$ 为一棵树。

5.【★☆☆☆】已知 $n$ 个点 $m$ 条边的无向图 $G$ 为 $k$ 棵树组成的森林，证明：$m=n-k$。

6.【★★☆☆】证明任意一个森林均为二分图。

7.【★☆☆☆】设 $T$ 是顶点数为 $n\geqslant 2$ 的树，证明：对于树中的任一结点，对于以其为端点的最长初级道路，另一端点一定为树叶。

8.【★★★☆】定义树的中心为以其为端点的最长初级道路长度最小的顶点。证明：任意一棵树至多有两个中心，且当有两个中心时，这两个中心相邻。

9.【★★☆☆】设 $G=(V, E)$ 为有向连通图，$e$ 是 $G$ 的一条边。证明：

(1) 若 $e$ 不在 $G$ 的任何一棵支撑树中，则 $e$ 为自环。

(2) 若 $e$ 在 $G$ 的每个支撑树中，则 $e$ 为割边。

10.【★☆☆☆】求图 3.24 所示无向图中支撑树的数目。

11.【★☆☆☆】求 $K_n$ 中不含某特定边 $(v_i, v_j)$ 的树的数目。

12.【★☆☆☆】求 $K_n$ 中必含某特定边 $(v_i, v_j)$ 的树的数目。

13.【★★☆☆】证明：完全二分图 $K_{m,\ n}$ 的树的数目是 $m^{n-1}n^{m-1}$。

14.【★☆☆☆】求图 3.25 所示有向图中不含 $(v_1, v_4)$、$(v_6, v_5)$、$(v_6, v_1)$ 的支撑树的数目。

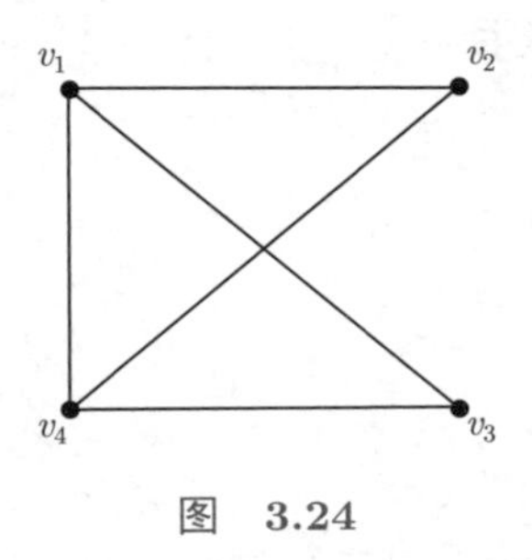

图　3.24

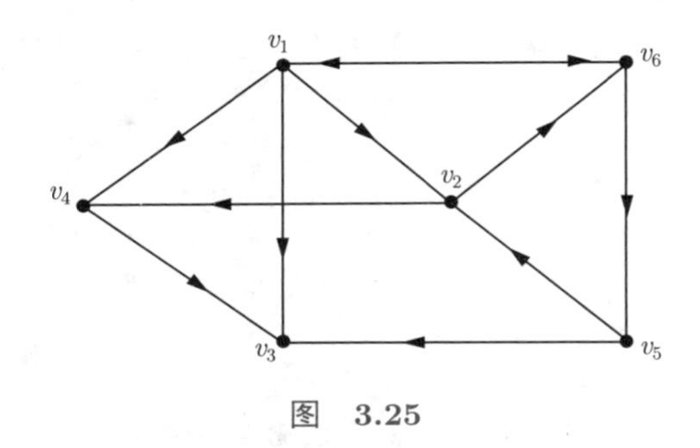

图　3.25

15.【★★☆☆】求图 3.26 所示有向图中必含 $(v_1，v_2)$、$(v_2，v_7)$、$(v_4，v_6)$ 的支撑树的数目。

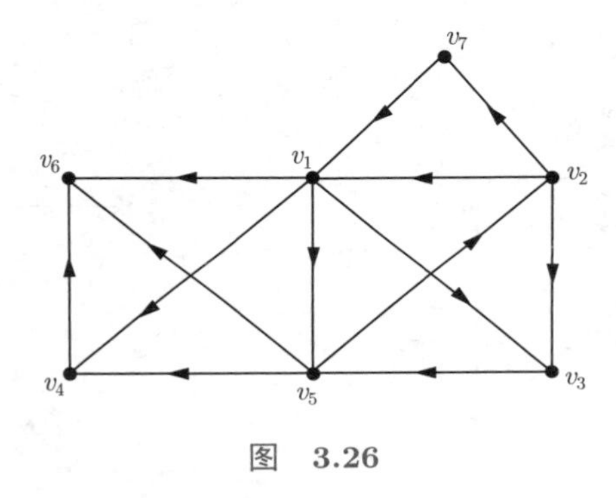

图　3.26

16.【★☆☆☆】求图 3.27 中

(1) 树的数目。

(2) 必含 $(v_1，v_5)$ 的树的数目。

(3) 不含 $(v_4，v_5)$ 的树的数目。

17.【★☆☆☆】求图 3.28 中

(1) 以 $v_1$ 为根的根树的数目。

(2) 以 $v_1$ 为根不含 $(v_1，v_5)$ 的根树的数目。

(3) 以 $v_1$ 为根必含 $(v_2，v_3)$ 的根树的数目。

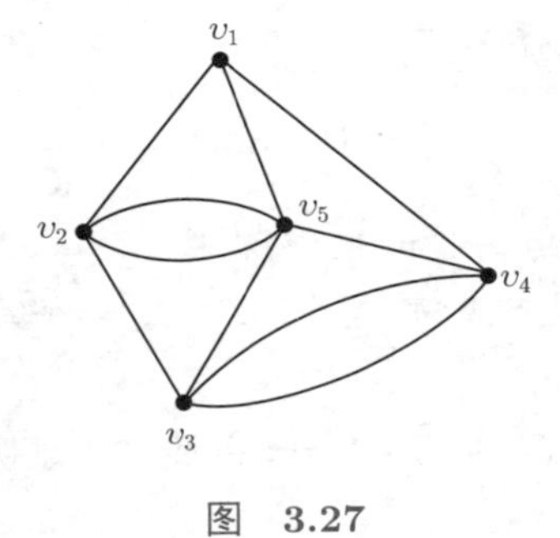

图　3.27

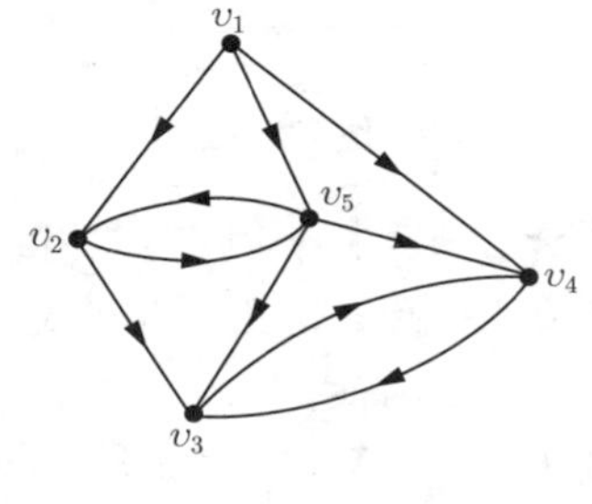

图　3.28

18.【★☆☆☆】求图 3.29 所示无向图中支撑树的数目。

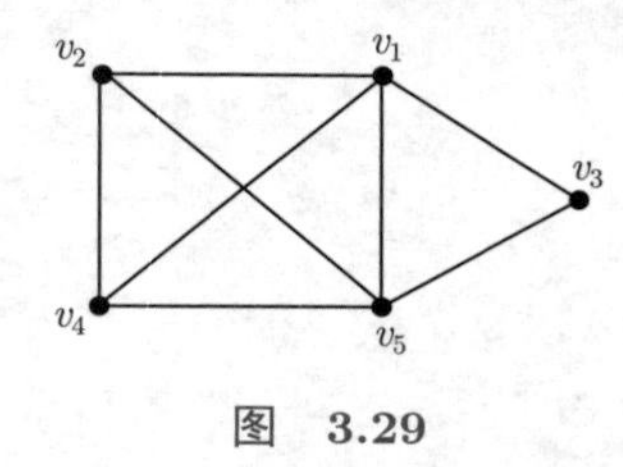


图 3.29

19.【★☆☆☆】求图 3.30 所示有向图中以 $v_1$ 为根的根树的数目。

20.【★☆☆☆】求图 3.31 所示有向图中以 $v_1$ 为根不含 $(v_1，v_2)$、$(v_4，v_5)$ 的根树的数目。

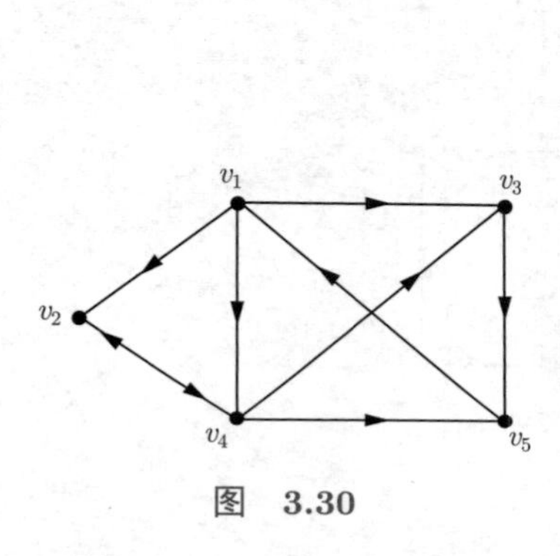


图 3.30

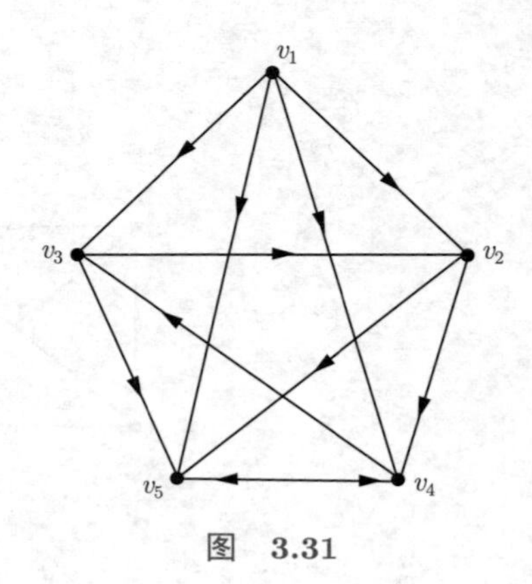


图 3.31

21.【★★☆☆】求图 3.32 所示有向图中以 $v_1$ 为根必含 $(v_2，v_4)$、$(v_3，v_6)$、$(v_6，v_5)$ 的根树的数目。

22.【★★☆☆】求图 3.33 所示无向图中支撑树的数目 (其中边上的数字代表这条边重复的次数)。

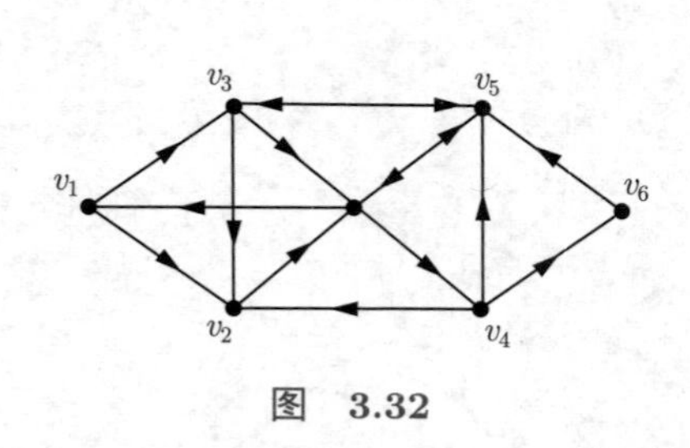


图 3.32

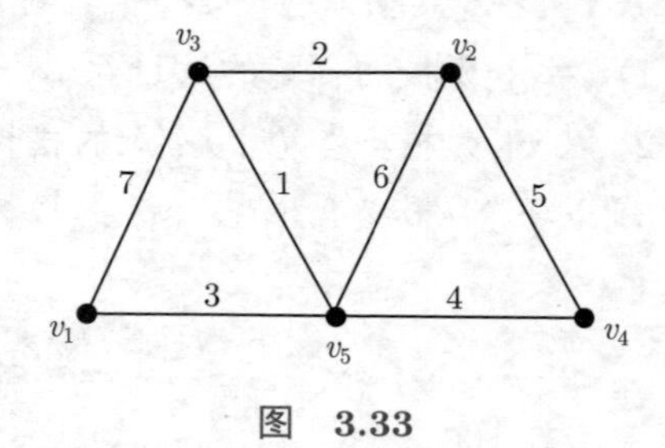


图 3.33

23.【★☆☆☆】举例说明，$\det\left(\boldsymbol{B}_k\boldsymbol{B}_k^{\mathrm{T}}\right)$ 不是以 $v_k$ 为根的根树数目。

24.【★☆☆☆】设 $T$ 是有向连通图 $G$ 的任何一棵支撑树，证明 $G$ 的每一个割集 $S$ 都至少含有 $T$ 的一条边。

25.【★☆☆☆】设 $\overline{T}$ 为 $G$ 的支撑树 $T$ 的余树，$C$ 为 $G$ 中任一条回路。证明：$C$ 与 $\overline{T}$ 一定存在公共边。

26.【★★☆☆】设 $T$ 是有向连通图 $G$ 的一棵支撑树，$e$ 是 $G-T$ 的一条边，$C$ 是由 $e$ 确定的 $T+e$ 中的基本回路，证明：$e$ 包含在 $C$ 中除 $e$ 外的每条边所确定的基本割集中，而不在其他的基本割集中。

27.【★☆☆☆】已知连通图 $G$ 的基本关联矩阵是

$$\boldsymbol{B}_5 = \begin{bmatrix} -1 & 1 & 0 & 0 & 0 & 1 & 0 & 0 \\ 1 & 0 & 0 & 1 & 1 & 0 & 0 & 0 \\ 0 & -1 & -1 & 0 & 0 & 0 & -1 & 0 \\ 0 & 0 & 1 & -1 & 0 & 0 & 0 & -1 \end{bmatrix}$$
$$\quad e_1 \quad e_2 \quad e_3 \quad e_4 \quad e_5 \quad e_6 \quad e_7 \quad e_8$$

求：(1) 以 $\{e_3，e_4，e_6，e_7\}$ 为树的基本回路矩阵。

(2) 以 $\{e_2，e_5，e_6，e_8\}$ 为树的基本割集矩阵。

28.【★★☆☆】已知矩阵 $\boldsymbol{C}'$ 包含了连通图 $G$ 的回路矩阵，求 $G$ 的以 $\{e_5，e_6，e_7，e_8\}$ 为树的基本割集矩阵。

$$\boldsymbol{C}' = \begin{bmatrix} 1 & 0 & 0 & 0 & -1 & -1 & 0 & 0 \\ 1 & 0 & 1 & 0 & -1 & 0 & -1 & 0 \\ 1 & 1 & 1 & 0 & 0 & 0 & 0 & 1 \\ 0 & 0 & 1 & 1 & 0 & 0 & 0 & 1 \\ -1 & -1 & 0 & 1 & 0 & 0 & 0 & 0 \end{bmatrix}$$
$$\quad e_1 \quad e_2 \quad e_3 \quad e_4 \quad e_5 \quad e_6 \quad e_7 \quad e_8$$

29.【★★★☆】设 $G$ 是无向图，对任意顶点 $v \in V(G)$，$G-v$ 仍是连通图，而且 $G$ 的基本割集矩阵 $\boldsymbol{S}_f$ 的每一行都有偶数个 1 元素。证明 $G$ 中有欧拉回路。

30.【★★☆☆】设完全 $m$ 叉树中，树叶数为 $t$，分枝顶点数是 $i$，证明：$(m-1)i=t-1$。

31.【★☆☆☆】给出字符串 state act as a seat：

(1) 求最优二进制编码。

(2) 如果二进制字符串不允许带空格，求该字符串的最优二进制编码。

32.【★☆☆☆】假设数据项 $A$，$B$，$C$，$D$，$E$，$F$，$G$ 以下面的概率分布出现：$A:0.1$，$B:0.3$，$C:0.05$，$D:0.15$，$E:0.2$，$F:0.15$，$G:0.05$，求一种二进制编码方式使得传输一个数据项的期望长度最小，并求其期望。

33.【★☆☆☆】10 个树叶的权值分别为 20、7、88、100、6、13、18、30、7、16，求构造的 Huffman 树的带权路径总长。

34.【★☆☆☆】给出字符串 abbcccddddeeeee，①求其最优二进制编码的长度；②求其最优三进制编码的长度；③求其最优四进制编码的长度。

35.【★★★☆】编写实现 Huffman 算法的程序。

36.【★☆☆☆】证明：任何无向连通图至少存在一棵支撑树。

37.【★★★☆】证明：若所有边的权均不相同，则连通带权图中有唯一的最短树。

38.【★☆☆☆】图 3.34 所示的赋权图 $G$ 代表 7 个城市及城市间连接通信的预估造价，给出一个设计方案使得各城市间能够通信且总造价最小，并计算出最小造价。

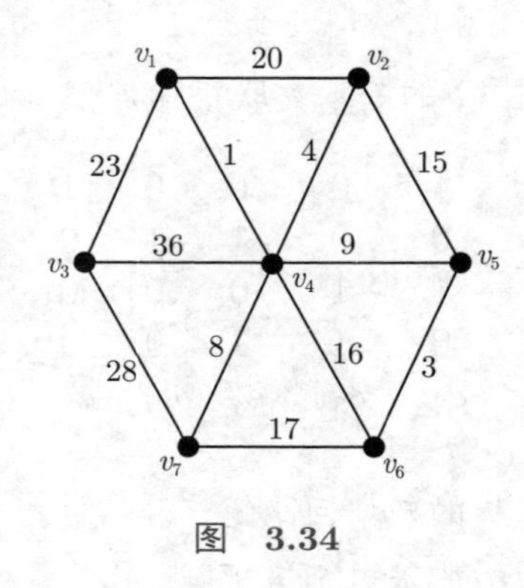

图 3.34

39.【★☆☆☆】求图 3.35 所示带权图中的最短树的边权之和。

40.【★☆☆☆】求权矩阵所示带权图中 (见图 3.36) 的最短树的边权之和。

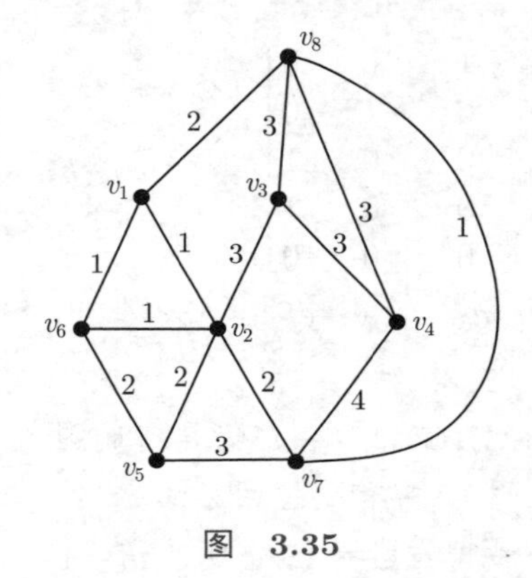

图 3.35

$$\begin{bmatrix} 0 & 3 & 2 & 1 & 3 & 1 & 1 \\ 3 & 0 & 2 & 3 & 4 & 2 & 2 \\ 2 & 2 & 0 & 2 & 2 & 0 & 3 \\ 1 & 3 & 2 & 0 & 1 & 3 & 4 \\ 3 & 4 & 2 & 1 & 0 & 2 & 3 \\ 1 & 2 & 0 & 3 & 2 & 0 & 3 \\ 1 & 2 & 3 & 4 & 3 & 3 & 0 \end{bmatrix}$$

图 3.36

41.【★★☆☆】编写求最短树的程序。

42.【★☆☆☆】求权矩阵所示带权图中的包含边 ($v_2$，$v_5$) 最短树的边权之和。

43.【★☆☆☆】求图 3.37 的最短树。

44.【★★☆☆】求图 3.37 所示带权图中的次短树的边权和。

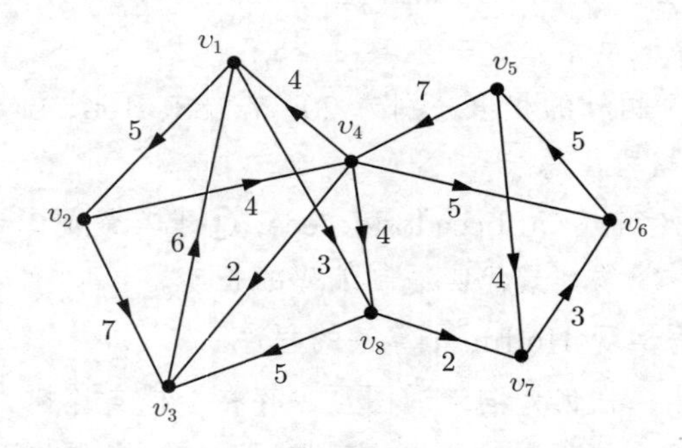

图 3.37

☞图论知识

**有趣的哈夫曼编码**

1951 年，哈夫曼在麻省理工学院 (MIT) 攻读博士学位，他和修读信息论课程的同学选择是完成学期报告还是期末考试。导师罗伯特·法诺 (Robert Fano) 出的学期报告题目是查找最有效的二进制编码。由于无法证明哪种已有编码是最有效的，哈夫曼放弃对已有编码的研究，转向新的探索，最终发现了基于有序频率二叉树编码的想法，并很快证明了这个方法是最有效的。哈夫曼使用自底向上的方法构建二叉树，避免了次优算法香农-法诺编码 (Shannon–Fano coding) 的最大弊端。1952 年，哈夫曼在论文《一种构建极小多余编码的方法》(*A Method for the Construction of Minimum-Redundancy Codes*) 中发表了这个编码方法，这种高效的变长压缩编码算法被广泛应用于各种无损数据压缩领域。

# 第 4 章　平面图与图的着色

## 4.1 平 面 图

在实际问题中，有时要涉及图的平面性的讨论，例如印制电路板的设计、大规模集成电路的布线等，都离不开图的平面性研究。著名的四色猜想也属于平面性范畴。

**定义 4.1.1**　若能把图 $G$ 画在一个平面上，使任何两条边都不相交，就称 $G$ 是**可嵌入平面**，或称 $G$ 是**可平面图**。可平面图在平面上的一个嵌入称为**平面图**。若图 $G$ 同构于平面图 $P$，则称 $P$ 是图 $G$ 的一个**平面嵌入**。

例如图 4.1(b)、图 4.1(c) 都是图 4.1(a) 的一个平面嵌入，因此图 4.1(a) 是可平面图，图 4.1(b)、图 4.1(c) 都是图 4.1(a) 的一个平面嵌入，是平面图。

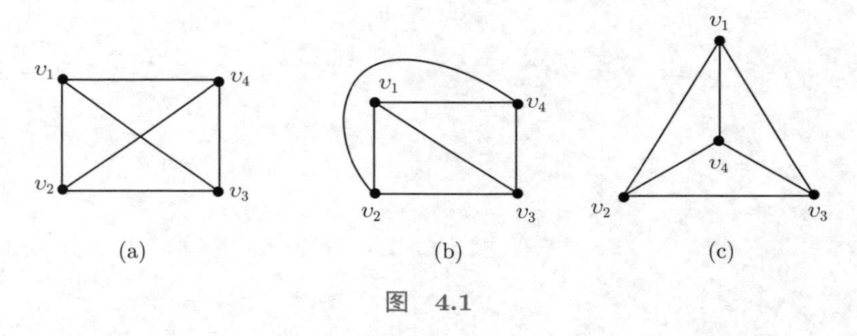


图 4.1

> ☞启发与思考
>
> 若 $G$ 是可平面图，那么它的导出子图是否是可平面图？为什么？
>
> ——可平面图的任何导出子图也是可平面图。

**定义 4.1.2**　设 $G$ 是一个平面图，由它的若干条边所构成的一个区域内，如果不含任何顶点及边，就称该区域为 $G$ 的一个**面**或**域**。包围这个域的诸边称为该域的**边界**。

为了讨论方便，我们把平面图 $G$ 外边的无限区域称为**无限域**，其他的域都叫**内部域**。如果两个域有共同的边界，就说它们是相邻的，否则是不相邻的。如果 $e$ 不是割边，它一定是某两个域的共同边界。

事实上，平面图早已为大家所熟悉，世界地图就是一个平面图。也就是说，一个图 $G$ 是可平面的等价于它是可球面的。这一论断可以通过“测地变换”来实现。设 $N$ 是球面的北极，平面 $P$ 在球的下方，则平面上的任一点 $u$ 与 $N$ 的连线必过球面上的唯一点 $u'$。即球面上的点与平面上的点存在一一对应，因此平面上的一个域对应球面上的一个域，其中无限域对应 $N$ 所在的内部域，如图 4.2 所示。

这样，通过测地变换可以把平面图 $G$ 的任何一个内部域改换为无限域：先用测地变换把 $G$ 画到球面上，然后把 $N$ 设置在预定的域 $d_i$ 中，再通过测地变换把图画到平面上，这时 $d_i$ 就变成了无限域。例如图 4.1(b) 和图 4.1(c) 的无限域是不一样的，它在图 4.1(b) 中的边界是 $(v_2,\ v_3)$、$(v_3,\ v_4)$ 和 $(v_4,\ v_2)$，在图 4.1(c) 里的边界是 $(v_1,\ v_2)$，$(v_2,\ v_3)$，$(v_3,\ v_1)$。

下面介绍平面图的一个最基本的定理——欧拉公式。

**定理 4.1.1**　设 $G$ 是平面连通图，有 $n$ 个顶点，$m$ 条边，则 $G$ 的域的数目 $d$ 是

$$d = m - n + 2$$

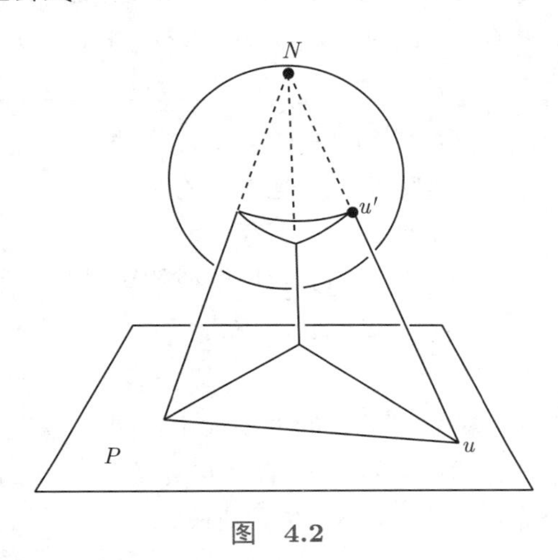

图 4.2

**证明：** $G$ 是连通图，有支撑树 $T$，它包含 $n-1$ 条边，不产生回路，因此对 $T$ 来说只有一个无限域。由于 $G$ 是平面图，每加入一条余树边，它一定不与其他边相交，也就是说，一定是跨在某个域的内部，把该域分成两部分。这样，对有 $m$ 条边的 $G$ 图就相当于为 $G$ 加入了 $m-(n-1)$ 条余树边，就生成了 $m-n+2$ 个域。

**推论 4.1.1**　若平面图 $G$ 有 $k$ 个连通支，则

$$n - m + d = k + 1$$

**推论 4.1.2**　对一般平面图 $G$，恒有

$$n - m + d \geqslant 2$$

**定理 4.1.2**　设平面连通图 $G$ 没有割边，且每个域的边界数至少是 $t$，则

$$m \leqslant \frac{t(n-2)}{t-2}$$

**证明：** 设 $G$ 有 $d$ 个域，每个域的边界数至少是 $t$，且每条边都与两个不同的域相邻。因此，$td \leqslant 2m$。代入欧拉公式

$$\frac{2m}{t} \geqslant m - n + 2$$

亦即

$$m \leqslant \frac{t(n-2)}{t-2}$$

## 4.2　极大平面图

本节只限于讨论简单平面图。

**定义 4.2.1** 设 $G$ 是 $n \geqslant 3$ 的简单平面图，若在任意两个不相邻的顶点 $v_i$、$v_j$ 之间加入边 $(v_i,\ v_j)$，就会破坏图的平面性，就称 $G$ 是极大平面图。

有时给定 $G$ 之后，加入某条边 $e=(v_i,\ v_j)$ 总会与其他边相交，但 $G+e$ 可能仍然是可平面的。这时不能说 $G$ 是极大平面图。例如往图 4.3(a) 中加入 $(v_3,\ v_5)$ 总要与其余某些边相交。而当改画一下边 $(v_2,\ v_4)$ 后，再加入 $(v_3,\ v_5)$ 并没有破坏其平面性，如图 4.3(b) 所示。因此，说图 4.3(a) 并不是极大平面图。

☞极大平面图 $G$ 具有以下性质。

**性质 1** $G$ 是连通的。

**性质 2** $G$ 不存在割边。

**性质 3** $G$ 的每个域的边界数都是 3。

**性质 4** $3d=2m$。

其中性质 3 的证明如下：因为 $G$ 是简单图，没有自环和重边，因此不存在边界数为 1 和 2 的域。假定 $G$ 存在边界数大于 3 的域 $d_j$，不妨设 $d_j$ 是其内部域，如图 4.4 所示。若顶点 $i_1$ 和 $i_3$ 不相邻，则在域 $d_j$ 内加入 $(i_1,\ i_3)$ 仍是平面图，与 $G$ 是极大平面图矛盾，因此边 $(i_1,\ i_3)$ 一定存在于域 $d_j$ 之外。而这时，在 $d_j$ 之外不可能存在边 $(i_2,\ i_4)$。亦即 $i_2$、$i_4$ 不相邻，但在域 $d_j$ 内加入边 $(i_2,\ i_4)$ 并不影响 $G$ 的平面性。矛盾。

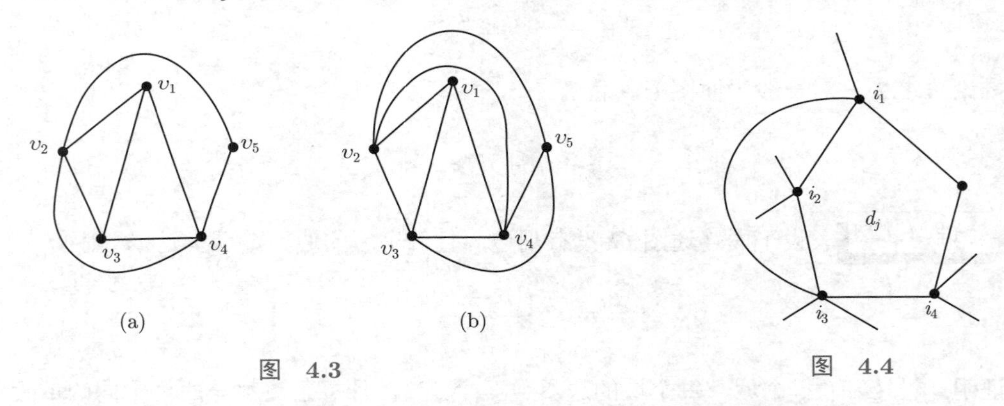


图 4.3

图 4.4

其中对于性质 4，由性质 2，每条边都是两个不同域的边界，再由性质 3 即得。

**定理 4.2.1** 极大平面图 $G$ 中，有

$$m=3n-6,\qquad d=2n-4$$

证明：由极大平面图的性质 4

$$3d=2m$$

代入欧拉公式

$$d=m-n+2$$

整理后即得。

**推论 4.2.1**　简单平面图 $G$ 满足

$$m \leqslant 3n-6, \quad d \leqslant 2n-4$$

证明：设 $G$ 中没有割边，因为 $G$ 中没有自环和重边，所以每个域的边界数至少为 3，故 $3d \leqslant 2m$。如果 $G$ 里有割边 $e$，由于 $e$ 并不能增加 $G$ 的域数，也有 $3d < 2m$。代入欧拉公式即得。

**例 4.2.1**　若简单平面图 $G$ 有 6 个顶点 12 条边，则每个域的边界数都是 3。

证明：由 $n=6$，$m=12$，满足定理 4.2.1 的 $m=3n-6$，因此 $G$ 是极大平面图，每个域的边界数都是 3。

**例 4.2.2**　若简单平面图 $G$ 不含 $K_3$ 子图，则有

$$m \leqslant 2n-4$$

证明：显见每个域的边界数至少为 4，因此可得 $4d \leqslant 2m$，代入欧拉公式，

$$\frac{m}{2} \geqslant m-n+2$$

即

$$m \leqslant 2n-4$$

**定理 4.2.2**　简单平面图 $G$ 中存在度小于 6 的顶点。

证明：设每个顶点的度都不小于 6，由 $\sum d(v_i)=2m$，得到 $6n \leqslant 2m$。因为 $G$ 是简单平面图，又有 $3d \leqslant 2m$。代入欧拉公式的一般形式

$$n-m+d \geqslant 2$$

有

$$\frac{1}{3}m-m+\frac{2}{3}m \geqslant 2$$

矛盾。

**例 4.2.3**　顶点数不超过 11 的简单平面图 $G$ 一定存在度小于 5 的顶点。

证明：假定每顶点的度都不小于 5，则 $5n \leqslant 2m$，由于 $G$ 是平面图，满足 $m \leqslant 3n-6$，因此得 $n \geqslant 12$。与已知条件矛盾。

**例 4.2.4**　$K_7$ 图不是平面图。

证明：因为 $K_7$ 图每个顶点的度均为 6。由定理 4.2.2 即得证。

## 4.3 非平面图

如果图 $G$ 不能嵌入平面，满足任意两边只能在顶点处相交，那么 $G$ 就称为非平面图。例如在某个极大平面图的任意不相邻两点间再添加一条边，就是非平面图; 有的平面图 $G$ 虽然不是极大平面图，但是添加某条确定的边 $e$ 时，$G+e$ 就不能嵌入平面，它也是非平

面图。这样，按平面性进行划分，图 $G$ 分为两大类：可平面图和非平面图。那么是否存在区分它们的准则呢？我们先考察最简单的非平面图。亦即，在顶点数最少的前提下再让边数最少的那些非平面图。

如果图 $G$ 不是简单图，可以首先删去自环和重边，因为它们不影响图的平面性。因此只考虑简单图。我们知道 $K_3$ 和 $K_4$ 是可平面的，如图 4.1 所示。从图 4.3 也可知道，给定一条边 $e$，$K_5 - e$ 是可平面的。

☞启发与思考

当一个包含一定顶点的图边数足够多时，它就不再可平面了。而边数远大于顶点数时，图的非平面性往往是平凡的。因此，边数较少的非平面图更具有研究价值。本节讨论非平面图的相关问题，并引入一个数学上非常重要的定理——库拉图斯基定理，它给出了判断非平面图的充要条件。

**定理 4.3.1** $K_5$ 是非平面图。

**证明：** 在 $K_5$ 中，$n = 5$，$m = 10$。如果它是可平面图，应有 $m \leqslant 3n - 6$。而此时 $3n - 6 = 9$，矛盾。

这样我们得到了一个顶点数最少的非平面图，如图 4.5 所示。当顶点数为 6 时，边数最少的非平面图又将是怎样的呢？

**例 4.3.1** 在图 4.6(a) 中，如果任意去掉一条边，$G$ 将是可平面图。显然任意移去一条对角边，$G$ 将是可平面图；任意移去另外一条边，也将是可平面的，图 4.6(b) 就是它的一个平面嵌入。图 4.6(a) 事实上就是二分图 $K_{3,3}$。

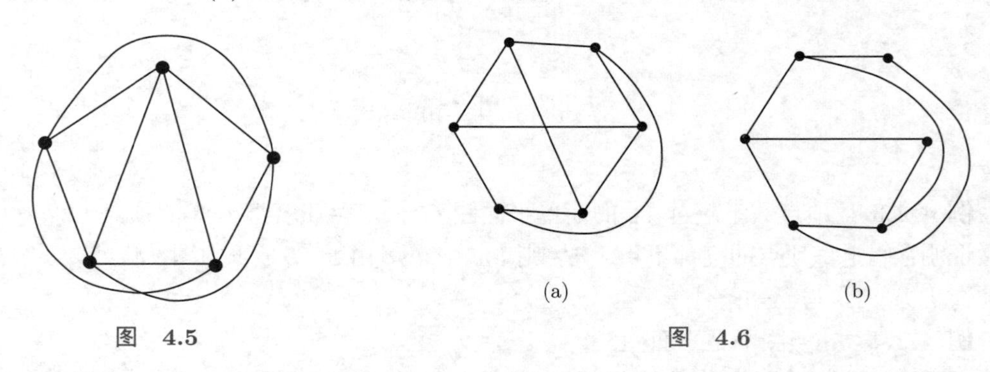


图 4.5　　图 4.6

**定理 4.3.2** $K_{3,3}$ 是非平面图。

**证明：** 假定 $K_{3,3}$ 是可平面图，由于 $n = 6$，$m = 9$。由欧拉公式，$d = 5$。但 $G$ 中没有 $K_3$ 子图，因此 $4d \leqslant 2m$，亦即 $20 \leqslant 18$，矛盾。

$K_5$ 和 $K_{3,3}$ 分别记为 $K^{(1)}$ 和 $K^{(2)}$ 图。

**定义 4.3.1** 在 $K^{(1)}$ 和 $K^{(2)}$ 图上任意增加一些度为 2 的顶点之后得到的图称为$K^{(1)}$ 型图 和 $K^{(2)}$ 型图，统称为$K$ 型图，如图 4.7 所示。

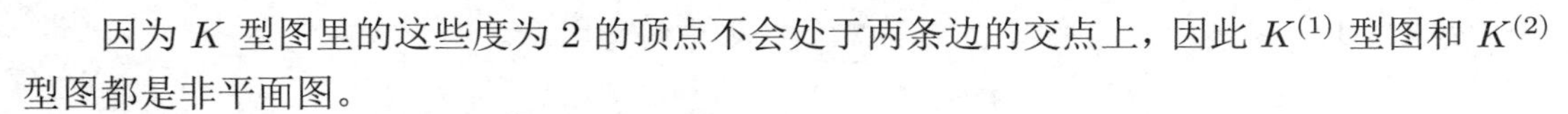

因为 $K$ 型图里的这些度为 2 的顶点不会处于两条边的交点上，因此 $K^{(1)}$ 型图和 $K^{(2)}$ 型图都是非平面图。

库拉图斯基 (Kuratowski) 给出了区分可平面图与非平面图的一个著名定理。

**定理 4.3.3** $G$ 是可平面图的充要条件是 $G$ 不存在 $K$ 型子图。

定理的必要性容易证明。假定 $G$ 存在 $K$ 型子图，因为 $K$ 型子图不可平面，所以 $G$ 是非平面图。其充分性的证明需占较长的篇幅，在此略。

**例 4.3.2** $K_6$ 图既含有 $K^{(1)}$ 型子图，也含有 $K^{(2)}$ 型子图。例如图 4.8 就是它的 $K^{(1)}$ 型子图。

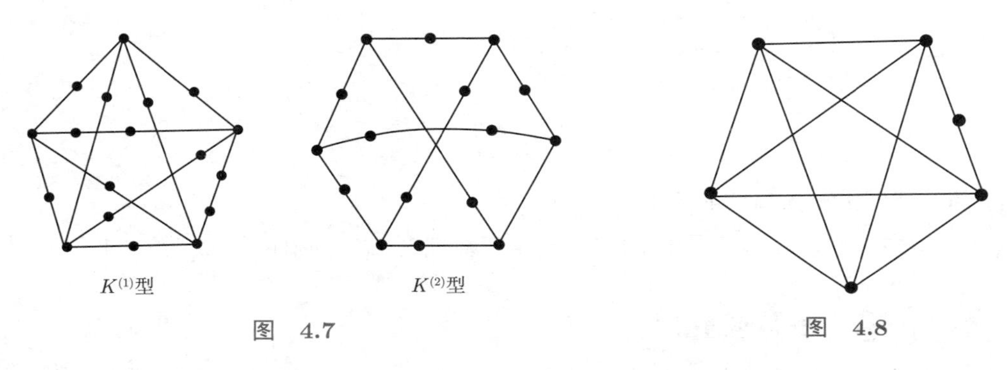


图 4.7 图 4.8

库拉图斯基定理在理论上具有重要价值，但是在实际中，用它确定一个图 $G$ 是否存在 $K$ 型子图将是非常困难的。

## 4.4 对 偶 图

给定一个平面图 $G$，它的每个域的边界便得到了确定。这样，由图 $G$ 可以导出另一个图 $G^*$，称为图 $G$ 的对偶图。

> ☞ 启发与思考
>
> 平面图由于边不会在非节点处相交而产生了域的概念。如果将平面图中的域看作顶点，将域之间的相邻关系看作边，我们会得到另一个图。本节我们将给出对偶图的定义并研究其性质及应用。

**定义 4.4.1** 满足下列条件的图 $G^*$ 称为 $G$ 的对偶图。

(1) $G$ 中每个确定的域 $f_i$ 内设置一个顶点 $v_i^*$。

(2) 对域 $f_i$ 和 $f_j$ 的共同边界 $e_k$，有一条边 $e_k^* = \left(v_i^*,\ v_j^*\right) \in E\left(G^*\right)$，并与 $e_k$ 相交一次。

(3) 若 $e_k$ 处于域 $f_i$ 之内，则 $v_i^*$ 有一自环 $e_k^*$ 与 $e_k$ 相交一次。

很明显，这个定义本身就是求图 $G$ 对偶图 $G^*$ 的方法，它亦称为 $D$(drawing) 过程。

**例 4.4.1** 图 4.9(a) 和图 4.9(b) 的对偶图如虚线边所示。

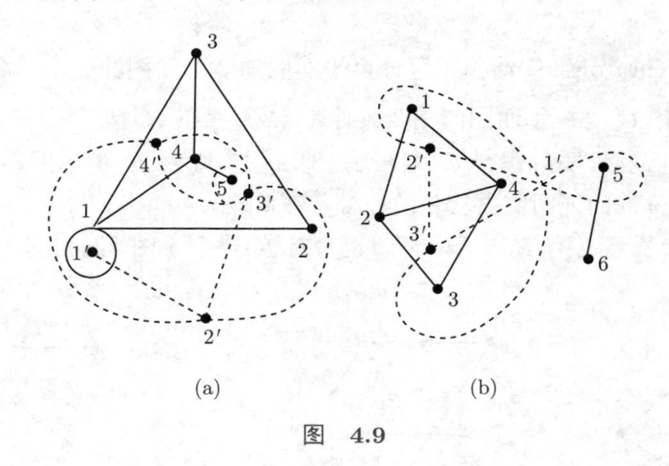


图 4.9

$G$ 的对偶图 $G^*$ 具有如下性质。

**性质 4.4.1** 如果 $G$ 是平面图，$G$ 一定有对偶图 $G^*$，而且 $G^*$ 是唯一的。

由 $D$ 过程即可得证。

**性质 4.4.2** $G^*$ 是连通图。

在平面图 $G$ 里，每个域 $f$ 都存在相邻的域，而且对 $G$ 的任何部分域来说，都存在与它们之中某个域相邻的域。这样由对偶图的定义可知，$G^*$ 连通。

**性质 4.4.3** 若 $G$ 是平面连通图，那么 $(G^*)^* = G$。

**性质 4.4.4** 平面连通图 $G$ 与其对偶图 $G^*$ 的顶点、边和域之间存在如下对应关系：

$$m = m^*, \quad n = d^*, \quad d = n^*$$

**性质 4.4.5** 设 $C$ 是平面图 $G$ 的一个初级回路，$S^*$ 是 $G^*$ 中与 $C$ 的各边 $e_i$ 对应的 $e_i^*$ 的集合，那么 $S^*$ 是 $G^*$ 的一个割集。

**证明：**$C$ 把 $G$ 的域分成了两部分，因此 $E(G^*) - S^*$ 把 $G^*$ 的顶点分成不连通的两部分，由性质 4.4.2，$G^*$ 这两部分分别是连通的，因此 $S^*$ 是 $G^*$ 的一个割集。

**定理 4.4.1** $G$ 有对偶图的充要条件是 $G$ 为平面图。

**证明：**充分性直接由性质 4.4.1 得证。现证其必要性，即非平面图没有对偶图。由库拉图斯基定理，非平面图一定含有 $K^{(1)}$ 或 $K^{(2)}$ 型子图; 而 $K^{(1)}$、$K^{(2)}$ 型子图是 $K^{(1)}$ 和 $K^{(2)}$ 图中增加了一些度为 2 的顶点，因此如果 $K^{(1)}$、$K^{(2)}$ 图没有对偶图，那么 $K^{(1)}$、$K^{(2)}$ 型，进而非平面图也没有对偶图。下面我们分别进行讨论。

(1) 对 $K^{(1)}$ 图 (见图 4.10)，$m = 10$，$n = 5$，$d \geqslant 7$，假定 $K^{(1)}$ 有对偶图，由性质 4.4.4，$m^* = 10$，$n^* \geqslant 7$。由于 $K^{(1)}$ 中没有自环和重边，故 $d(v_i^*) \geqslant 3$，

$$\sum d(v_i^*) \geqslant 3 \times 7 > 2m^*$$

因此，$K^{(1)}$ 没有对偶图。

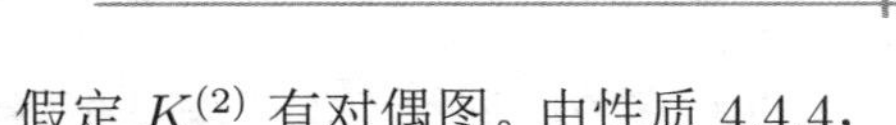

(2) 对 $K^{(2)}$ 图 (见图 4.11)，$m=9$，$n=6$，$d \geqslant 5$。假定 $K^{(2)}$ 有对偶图。由性质 4.4.4，$m^*=9$，$n^* \geqslant 5$。由于 $K^{(2)}$ 中每个域的边界数至少为 4，故 $d(v_i^*) \geqslant 4$，

$$\sum d(v_i^*) \geqslant 4 \times 5 > 2m^*$$

因此，$K^{(2)}$ 没有对偶图。

综上所述，定理得证。

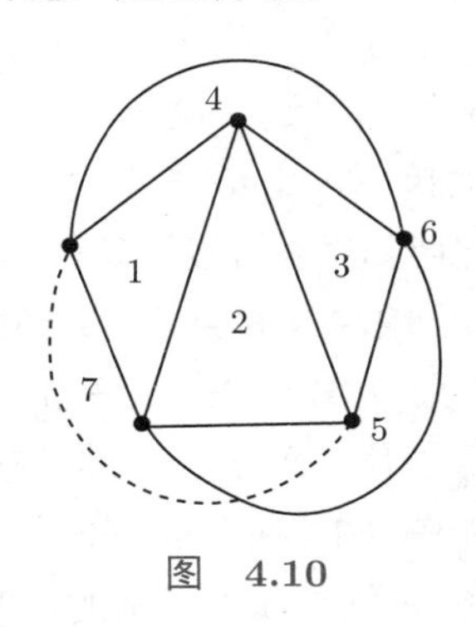


图　4.10

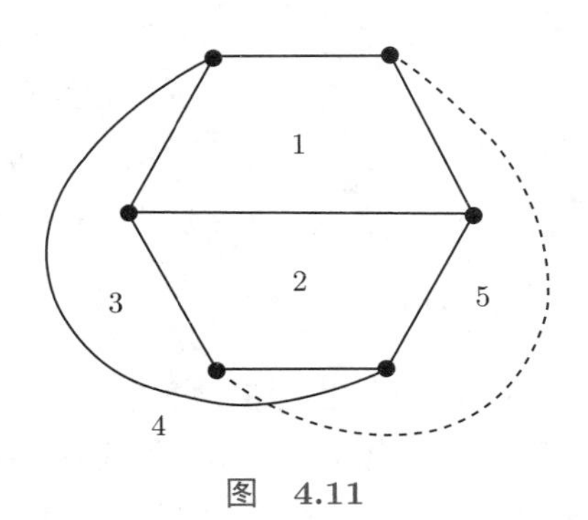


图　4.11

利用对偶原理，有时可以使问题变得十分简单。

**例 4.4.2**　图 4.12 是一所房子的俯视图，设每一面墙都有一个门。问能否从某个房间开始过每扇门一次最后返回。

解：做 $G$ 的对偶图 $G^*$，原问题就转化为 $G^*$ 是否存在欧拉回路。显见与 $G$ 的域 $f_1$ 和 $f_2$ 所对应的 $G^*$ 的顶点 $v_1^*$ 和 $v_2^*$ 的度为奇数，因此不存在欧拉回路。

**例 4.4.3**　设 $i$ 和 $j$ 是平面连通图无限域边界上的两个顶点，求 $G$ 中分离 $i$ 和 $j$ 的所有割集。

解：在无限域中添入边 $(i,\ j)$，得到 $G_1$，如图 4.13 所示，做 $G_1$ 的对偶图 $G_1^*$，则 $G_1^*$ 中除 $(i',\ j')$ 之外的从 $i'$ 到 $j'$ 的初级道路所对应的 $G$ 的诸边都构成了 $G$ 中分离 $i$ 和 $j$ 的割集。

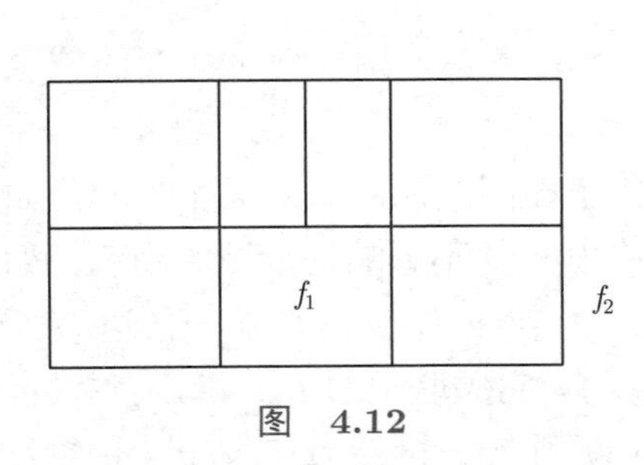


图　4.12

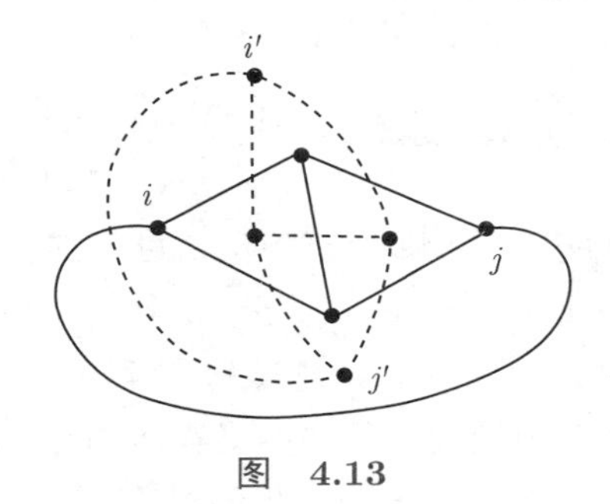


图　4.13

对偶图还广泛用于平面图域的染色上。

一张彩色地图，通常使用 4 种以上的颜色标明各个国家的疆域。人们所熟知的著名的“四色猜想”，就是推断对任何一张地图，或者说任何一个平面图，只需 4 种不同的颜色就

可以对它的域进行染色，满足相邻的域染以不同的颜色。这个猜想至今还没有用数学方法获得证明。但是增加一种颜色，即平面图的域是 5-可着色的却是容易证明的。

**定理 4.4.2** 每一个平面图 $G$ 都是 5-可着色的。

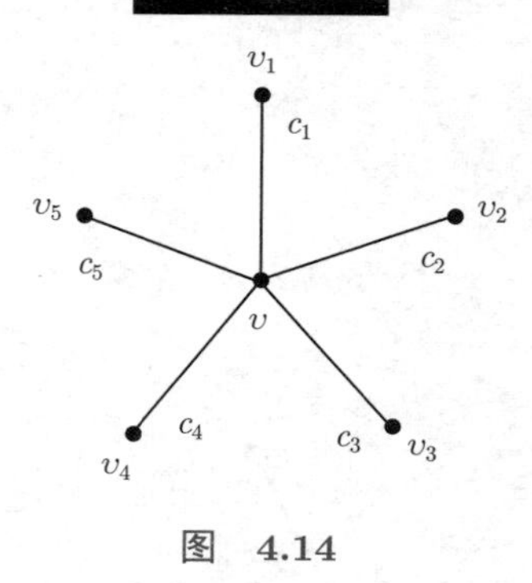


图 4.14

**证明**：做 $G$ 的对偶图 $G^*$，命题转为证 $G^*$ 的顶点 5-可着色。当然，$G^*$ 也是可平面图。由于自环和重边不影响点染色，所以可移去 $G^*$ 中的自环、重边，得到简单图 $G_0$。命题又转化为任意简单平面图 $G_0$ 可以顶点 5-可着色。以下对 $G_0$ 的顶点进行归纳证明，当 $n \leqslant 5$ 时，结论显然；设 $n-1$ 时成立，则顶点数为 $n$ 时，由于 $G_0$ 是简单图，由定理 4.2.2，$G_0$ 中存在顶点 $v$，$d(v) < 6$。移去 $v$ 后得到 $G_0'$，由假设条件，$G_0'$ 的顶点 5-可着色，着好色之后，再把 $v$ 放回。由于 $G_0$ 是平面图，$v$ 一定是在 $G_0'$ 的某个域里面。如果 $d(v) \leqslant 4$，或者 $d(v) = 5$，同时 $v$ 的邻接点没有用完 5 种颜色，那么 $G_0$ 的点可以 5-可着色。而如果 $v$ 的邻接点恰好用了 5 种颜色，例如 $c_1 \sim c_5$，设用 $c_i$ 着色的顶点为 $v_i$，如图 4.14 所示。

令 $G_{13}$ 是 $G_0' = G_0 - v$ 的一个子图，它是由 $c_1$ 和 $c_3$ 着色的顶点导出的，若 $v_1$ 和 $v_3$ 分属于 $G_{13}$ 不同的连通支，则将 $v_1$ 所在连通支各顶点 $c_1$、$c_3$ 颜色对换，$v$ 可着以 $c_1$，得到 $G_0$ 的一个 5-可着色。如果 $v_1$ 和 $v_3$ 属于 $G_{13}$ 同一个连通支，那么一定存在 $v_1$ 到 $v_3$ 的顶点交替着 $c_1$、$c_3$ 颜色的道路 $P$，加上边 $(v, v_1)$，$(v, v_3)$ 构成一个封闭回路，它把 $v_2$ 与 $v_4$、$v_5$ 分隔在不同的区域。这时在任何情况下，都不会存在由 $c_2$ 和 $c_4$ 交替对顶点染色的连接 $v_2$ 和 $v_4$ 的道路 $P'$。否则与 $G_0$ 是平面图矛盾。也就是说，在 $G_0$–$v$ 的子图 $G_{24}$ 中，$v_2$ 和 $v_4$ 分属于不同的支。将 $v_2$ 所在连通支各顶点的 $c_2$、$c_4$ 颜色对换，此时 $v_2$ 着以 $c_4$，于是可令 $v$ 着以 $c_2$，从而证明了 $G_0$ 是 5-可着色的。

采用五色定理的证明方法是无法证明四色猜想的。关于四色问题，下面介绍一些有关的结论。

**定理 4.4.3** 如果平面图 $G$ 有哈密顿回路，则四色猜想成立。

这个结论已在 2.4 节中给出。

**定理 4.4.4** 若任何一个 3-正则平面图的域 4-可着色，则任何平面图的域也可以 4-可着色。

**证明**：3-正则平面图是指每个顶点的度都是 3 的平面图。任何一个平面图 $G$，如果存在度为 1 的顶点 $v$，则它一定处于某个域的内部，移去 $v$ 并不影响这个域的染色。如果存在度为 2 的顶点 $v_i$，删去 $v_i$ 及其关联的边 $(v_i, v_j)$，$(v_i, v_k)$，同时增加一条边 $(v_j, v_k)$，也不会影响域的染色。如果存在顶点 $v$，满足 $d(v) \geqslant 4$。它关联于边 $e_1$，$e_2$，$\cdots$，$e_k$，设这些边依次环绕于 $v$。我们对应每一条 $e_i$ 构造一个新顶点 $v_i$，然后移去 $v$，并加入新的边 $(v_1, v_2)$，$(v_2, v_3)$，$\cdots$，$(v_k, v_1)$，这样新加入的每一个顶点的度也是 3，如图 4.15 所示。这时图 $G$ 转化为 3-正则平面图 $G'$。由已知条件 $G'$ 的域是 4-可着色的，再把由 $v_1$，$v_2$，$\cdots$，$v_k$ 作为边界点的域收缩，最后还原成一个顶点 $v$，那么 $G'$ 的域染色仍然适

用于 $G$。

基于上述两个定理，Tait 曾提出过一个猜想。

猜想：任何一个 3-正则平面图都有哈密顿回路。

显然，如果这个猜想成立，那么四色猜想便也获得了证明。后来托特 (Tutte) 最早给出了一个反例，推翻了这个猜想。托特的反例是这样构思的。

首先构造一个 3-正则平面图 $G_1$，如图 4.16 所示。可以证明 $G_1$ 的 $H$ 回路必不同时过 $a$、$b$ 两边。否则，由对称性，如果 $H$ 回路经过边 (1，2)，则一定过 (2，7)，(7，8)。这样在图的下半部，它一定要经过边 (3，4) 和 (6，10)。这时，若经过顶点 5，就不经过顶点 9，反之亦然。因此，结论得证。

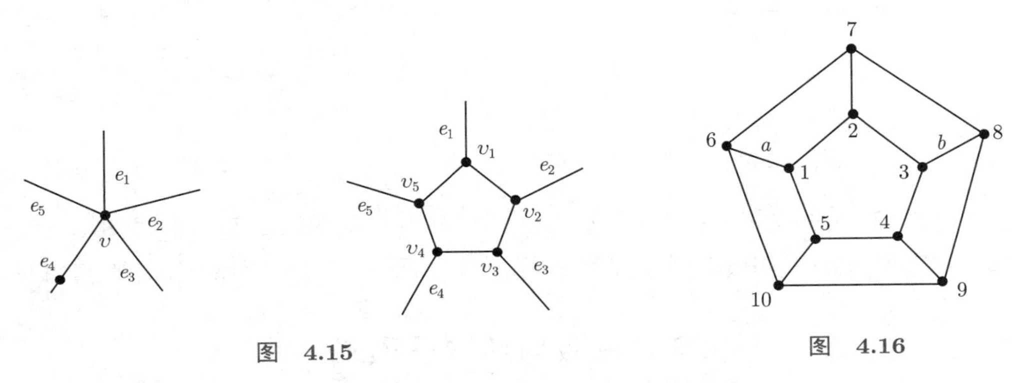


图　4.15　　　　图　4.16

这时再把顶点 6 和 8 放大，分别构成一个域，得到图 $G_2$（见图 4.17），它也是一个 3-正则平面图。同样可证 $G_2$ 的 $H$ 回路必不同时经过边 $c$ 和 $d$。如若不然，它亦必同时经过 $a$ 和 $b$。由前面结论这是不可能的。

这样在 $G_2$ 中再在边 $c$ 和 $d$ 上各增设一个顶点 $u$ 和 $v$，并添加边 $(u，v)$。得到 3- 正则平面图 $G_3$（见图 4.18）。我们又可以断言，如果 $G_3$ 中有 $H$ 回路，则必经过边 $(u，v)$，因为不然的话，它必同时过 $G_2$ 中的 $c$ 和 $d$，因而必同时过 $a$ 和 $b$。矛盾。

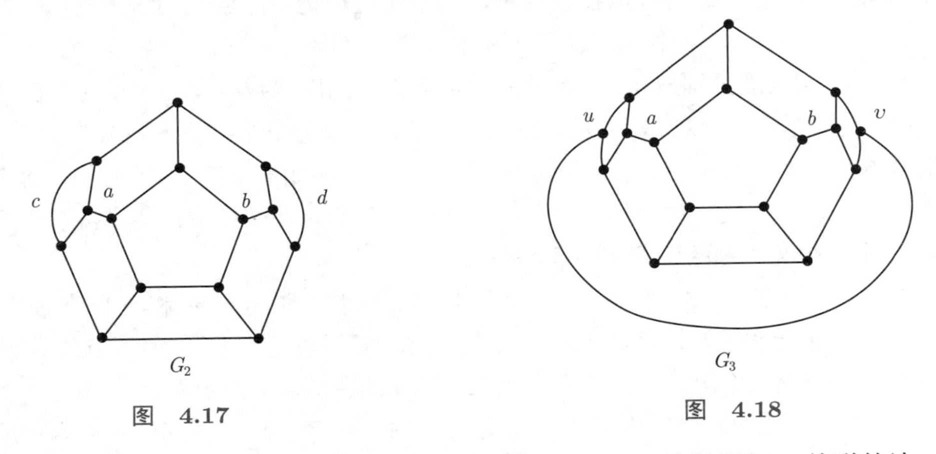


图　4.17　　　　图　4.18

在 $G_3$ 中移去顶点 $v$，增加 3 个度为 1 的顶点 $x$、$y$、$z$，并保留与 $v$ 关联的边，构成 $G_4$（见图 4.19），然后由 3 个与 $G_4$ 同构的平面图搭接，组成一个更大的图，并移去搭接时出现的度为 2 的顶点，得到 $G$，如图 4.20 所示。$G$ 也是 3-正则平面图。如前所证，如果 $G$ 中有 $H$ 回路，它必定经过每一条边 $e$，这样就一定重复通过顶点 $z$，矛盾。因此，$G$ 中不存在 $H$ 回路。

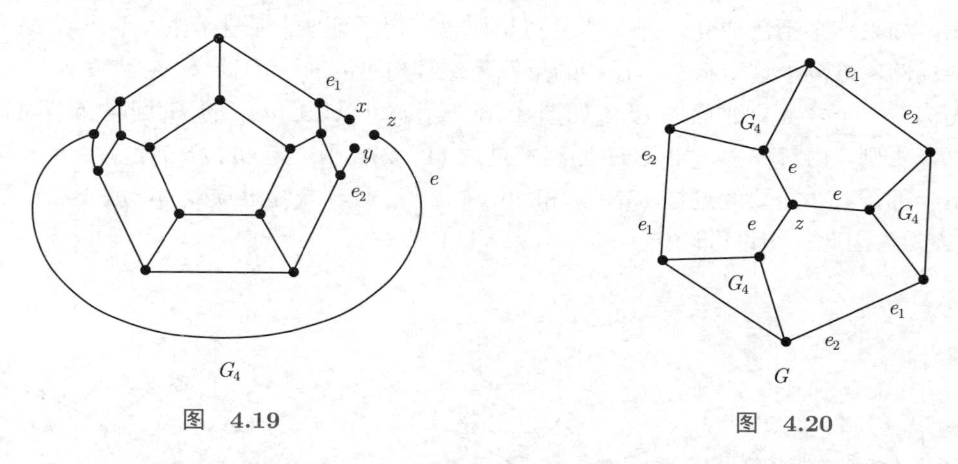


图 4.19　　　　图 4.20

在托特之后，人们又不断提出了一些不满足 Tait 猜想的图例，这些图包含的顶点数和边数比托特的反例更少。由于四色猜想至今没获得数学证明，所以它仍然充满着神秘的色彩。

## 4.5　色数与色数多项式

4.4 节中通过对偶图探讨了平面图的域着色问题，本节主要探讨图的点着色和边着色问题。值得注意的是，虽然本节在平面图这一章中，但大部分题目和定理（实际上是除例 4.5.2 外所有内容）的论域都是所有无向图而不仅仅是平面图。4.4 节讨论了平面图的域着色问题，它是通过对其对偶图的顶点着色来实现的。实际上图 $G$ 同样存在着顶点着色与边着色问题。

**例 4.5.1**　6 种货物要存放在仓库里，其中一些货物不能放在同一个仓库，它们之间的关系如图 4.21 所示，其中 $e=(i,\ j)$ 表示 $i$ 与 $j$ 不能存放在同一库房。如果 $A$ 放在 1 号库，则 $C$、$D$ 只能分别放在 2、3 号库，那么需要的库房数至少是多少呢？在这时，$B$、$E$、$F$ 可以分别放在 1、2、3 号库。也就是说有 3 个库房是能够满足要求的。

**例 4.5.2**　假设我们需要给一些学生安排一些考试(如期末考试)的时间，每个考试需要占用一个单位时间段，每个学生参加的考试是确定的，那么最少需要安排多少个时间段的考试可以让所有学生的考试时间都不冲突呢？

可以将每个考试看成一个顶点，一个学生需要同时参加考试 $u$ 和 $v$ 就在顶点 $u$ 和顶点 $v$ 之间连一条无向边，这样就得到了一个无向图 $G$。对这个图 $G$ 的所有顶点进行着色，使得相邻顶点的颜色不同，所需的最小颜色数就是所求答案。同样的例子还有很多，而这些问题中都可以抽象出一个相同的模型。因此，对这个模型进行研究就可以方便地解决很多实际问题，这也就是下文将要介绍的色数。

使用图论的术语，这就是对图 $G$ 的顶点着色，满足相邻的顶点着以不同的颜色。

**定义 4.5.1**　给定图 $G$，满足相邻顶点着以不同颜色的最少颜色数目称为 $G$ 的色数，记为 $\gamma(G)$。

**定义 4.5.2**　给定图 $G$，满足相邻边着以不同颜色的最少颜色数目称为 $G$ 的边色数，记为 $\beta(G)$。

$G$ 的边着色问题可以通过下述方法转化为对 $G'$ 的顶点着色。在 $G$ 的每条边 $e_i$ 上设置一个顶点 $v_i'$，如果 $e_i$ 与 $e_j$ 关联于同一顶点 $v_k$，则 $G'$ 中有边 $\left(v_i', v_j'\right)$。例如图 4.22 的 $G'$ 如虚线边所示。这样 $G$ 的边着色就等价于 $G'$ 的顶点着色。因此，以下仅讨论 $G$ 的顶点着色问题。

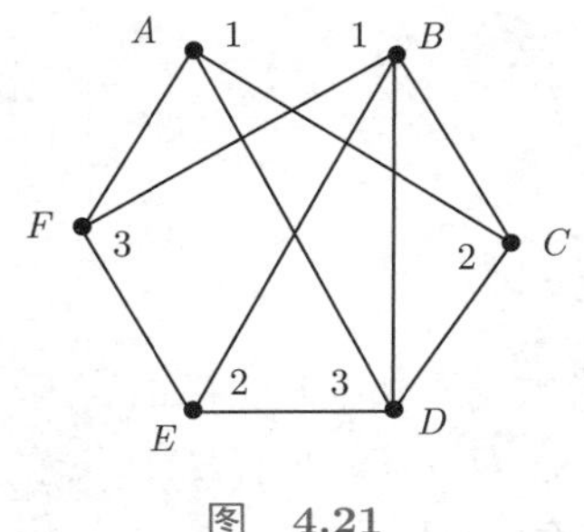

图　4.21

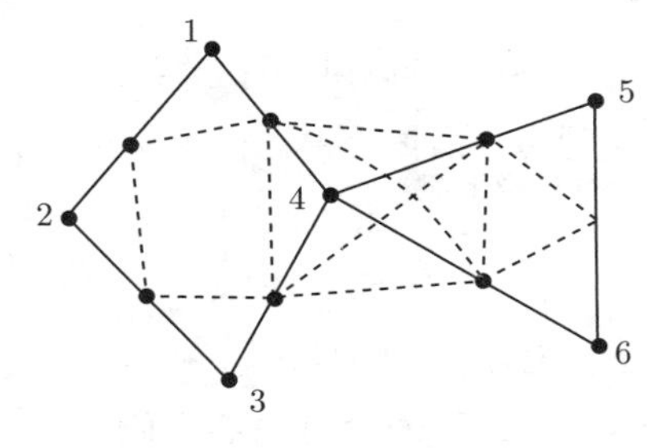

图　4.22

顶点着色问题只需要针对简单图。某些熟悉的图的色数比较容易决定。

(1) 若 $G$ 是空图，则 $\gamma(G)=1$。

(2) 若 $G$ 是 $n$ 个顶点的完全图，则 $\gamma(G)=n$。

(3) $G=K_n-e$，$\gamma(G)=n-1$。

(4) $G$ 是二分图，$\gamma(G)=2$。

(5) $G$ 是 $2n$ 个顶点的回路，$\gamma(G)=2$。

(6) $G$ 是 $2n+1$ 个顶点的回路，$\gamma(G)=3$。

(7) $G$ 是 $n(\geqslant 2)$ 个顶点的树，$\gamma(G)=2$。

**定理 4.5.1**　一个非空图 $G$，$\gamma(G)=2$ 当且仅当它没有奇回路。

**证明**：充分性。在 $G$ 中确定一个林 $T'$，其每个连通子图都是树 $T$，$\gamma(T)=2$。由于每个回路都是偶回路。所以加入每一条余树边都不会使顶点着色发生变化，因此 $\gamma(G)=2$。必要性。如果 $G$ 中有奇回路，则 $\gamma(G)\geqslant 3$，矛盾。

利用此定理，立即得知二分图中的回路都是偶回路。

**例 4.5.3**　平面连通图 $G$ 的域是 2-可着色的当且仅当 $G$ 中存在欧拉回路。

**证明**：$G$ 存在对偶图 $G^*$，原命题变为 $G^*$ 点 2 着色当且仅当连通图 $G$ 有欧拉回路。先证必要性，由定理 4.5.1，$G^*$ 每个回路都是偶回路，即它的每个域的边界都是偶数。由于 $(G^*)^*=G$，$G^*$ 的每个域 $f_i$ 内都有 $G$ 的一个顶点 $v_i$，由 $D$ 过程知，$d\left(v_i\right)$ 是偶数。故 $G$ 有欧拉回路。充分性。由于 $G$ 中每个顶点的度都是偶数，因此 $G^*$ 中包围每个顶点 $v_i$ 的回路都是偶回路，且任意两个偶回路的对称差依然是偶回路。所以 $G^*$ 中没有奇回路，$\gamma\left(G^*\right)=2$。

**定理 4.5.2** 对于任意一个图 $G$:

$$\gamma(G) \leqslant d_0 + 1$$

其中，$d_0 = \max d(v_i)$。

**证明**：对 $G$ 的顶点进行归纳，$n=1$ 时成立。设 $n=k-1$ 时成立，当 $n=k$ 时，从 $G$ 中任意移去一点 $v_i$ 得 $G'$，$V(G')=k-1$。于是 $\gamma(G') \leqslant d_0'+1$，其中，$d_0'$ 是 $G'$ 的顶点最大度，由于 $d_0' \leqslant d_0$，因此 $\gamma(G') \leqslant d_0+1$。即 $d_0+1$ 种颜色可以对 $G'$ 的顶点着色，放回顶点 $v_i$ 恢复成 $G$，由于 $d(v_i) \leqslant d_0$，所以必有一种与 $v_i$ 的邻点都不相同的颜色可对 $v_i$ 着色。

这个定理还可以进一步改进。

**定理 4.5.3** 对于任意一个图 $G$:

$$\gamma(G) \leqslant 1 + \max \delta(G')$$

其中，$\delta(G')$ 是 $G$ 的导出子图 $G'$ 中顶点的最小度，极大是对所有的 $G'$ 而言。

**证明**：当 $G$ 为空时显然正确。设 $\gamma(G)=k \geqslant 2$，令 $H$ 是满足 $\gamma(H)=k$ 的任何一个 $G$ 的最小导出子图，于是 $H$ 对它的所有顶点 $v$ 来说，有 $\gamma(H-v)=k-1$。所以在 $H$ 中顶点 $v$ 至少有 $k-1$ 个邻接点，即 $d(v) \geqslant k-1$，于是 $\delta(H) \geqslant k-1$。而对于 $H$ 的所有导出子图 $\{H'\}$，必有 $\delta(H) \leqslant \max \delta(H')$；同时 $H'$ 也是 $G$ 的某个导出子图。对于 $G$ 的全部导出子图 $\{G'\}$，又有 $\max \delta(H') \leqslant \max \delta(G')$。由上述不等式即得

$$\gamma(G) = k \leqslant 1 + \max \delta(G')$$

具体给定一个图 $G$，又怎样确定它的色数呢？下面我们介绍色数的一种求解方法。

**定义 4.5.3** 设 $i$、$j$ 是简单图 $G$ 不相邻的两个顶点。令 $\overline{G}_{ij} = G + e_{ij}$，$\mathring{G}_{ij}$ 也是一个简单图，其顶点集 $\mathring{V} = V - \{i, j\} + \{ij\}$，边集

$$\mathring{E} = E - \{(k, i) \mid (k, i) \in E\} - \{(k, j) \mid (k, j) \in E\} + \{(k, ij) \mid (k, i) \in E \text{ 或 } (k, j) \in E\}$$

**例 4.5.4** 设顶点 $i$ 和 $j$ 如图 4.23(a) 所示，图 4.23(b) 是 $\overline{G}_{ij}$，图 4.23(c) 是 $\mathring{G}_{ij}$。

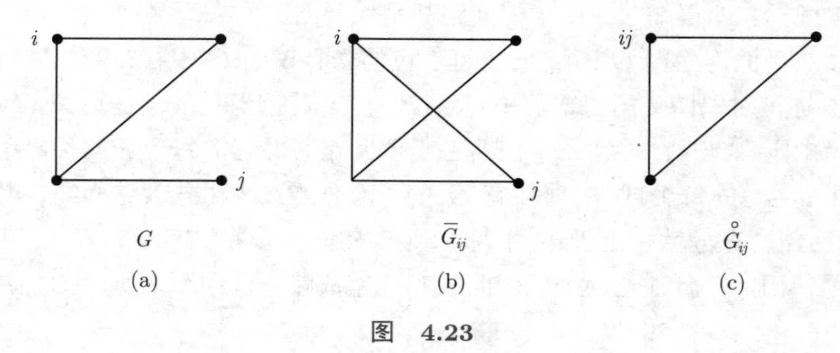


图 4.23

**定理 4.5.4**　设 $i$、$j$ 是简单图 $G$ 不相邻的顶点，则

$$\gamma(G)=\min\left\{\gamma\left(\overline{G}_{ij}\right),\ \gamma\left(\mathring{G}_{ij}\right)\right\}$$

**证明**：对 $G$ 中顶点的任何着色，$i$ 和 $j$ 或者将着以同色，或者异色，二者必居其一。设 $i$、$j$ 着以异色情况下的 $G$ 的最少着色数为 $\gamma(G(i,\ j$ 异色$))$，$i$、$j$ 着以同色情况下的最少着色数是 $\gamma(G(i,\ j$ 同色$))$。这样，

$$\gamma(G)=\min\left\{\gamma\left(G(i,\ j\ \text{异色})\right),\ \gamma(G(i,\ j\ \text{同色}))\right\}$$

显然式中

$$\gamma(G(i,\ j\ \text{异色}))=\gamma(\overline{G}_{ij})$$

$$\gamma(G(i,\ j\ \text{同色}))=\gamma(\mathring{G}_{ij})$$

因此定理得证。

根据这个定理，我们可以递推计算 $\gamma(G)$。

**例 4.5.5**　图 4.24 给出了 $G$ 的色数 $\gamma(G)$ 的计算过程：

因为
$$\gamma(\overline{G}_{ij})=4,\ \gamma\left(\mathring{G}_{ij}\right)=3$$

所以
$$\gamma(G)=3$$

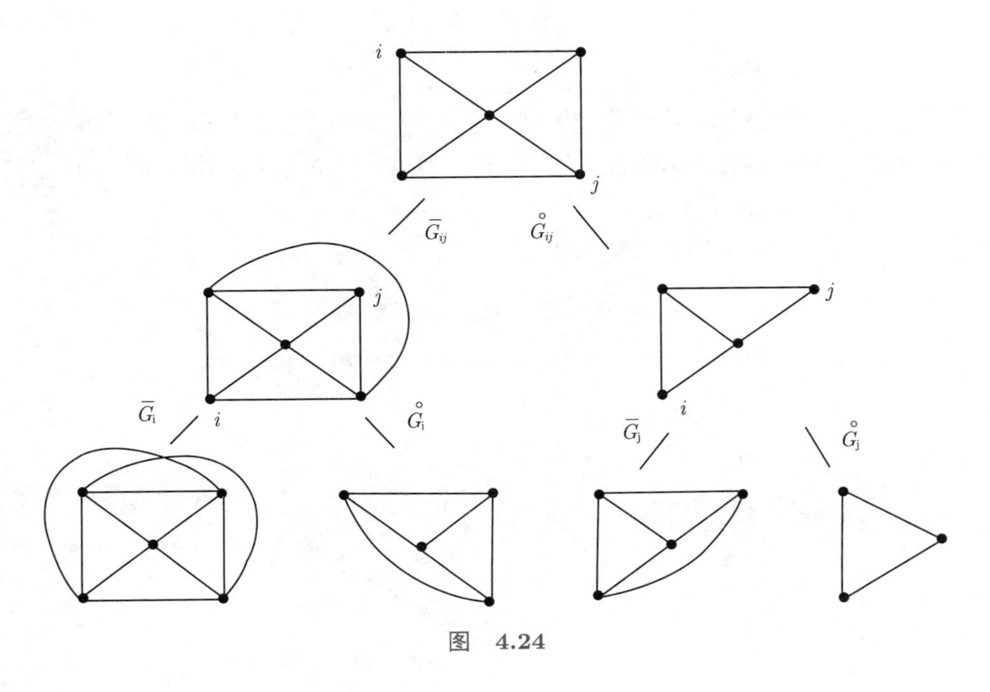


图　4.24

给定一个图 $G$，如果最多使用 $t$ 种颜色对它的顶点进行着色，满足相邻顶点着以不同颜色，那么会有多少种不同的方案呢?

我们用 $f(G，t)$ 表示这种不同的顶点着色数目。当然，若 $t<\gamma(G)$，$f(G，t)=0$。实际上，满足 $f(G，t)>0$ 的最小 $t$ 值就是 $G$ 的色数。这样，五色定理可以表述成：对于每一个可平面图，$f(G，5)>0$。而四色猜想则是 $f(G，4)>0$。

例如，对 $K_3$ 来说有 $t$ 种方法可对其第一个顶点着色，而第 2 个顶点只有 $t-1$ 种方法对其着色，第 3 个顶点有 $t-2$ 种方法对其着色。因此，$f(K_3，t)=t(t-1)(t-2)$。

一般说来，令 $m_i$ 是 $i$ 种颜色对 $G$ 的顶点着色的方案数。那么用 $t$ 种颜色对 $G$ 着色，恰好用上了 $i$ 种的全部着色方案是 $m_iC(t，i)$，这样我们有

$$
\begin{aligned}
f(G，t) &= m_1C(t，1)+m_2C(t，2)+\cdots+m_nC(t，n) \\
&= m_1t+\frac{1}{2!}m_2t(t-1)+\cdots+\frac{1}{n!}m_nt(t-1)\cdots(t-n+1)
\end{aligned}
$$

这就是图 $G$ 的一个最简单的色数多项式，它是 $t$ 的一个 $n$ 次多项式。

**定理 4.5.5** $f(K_n，t)=t(t-1)\cdots(t-n+1)$。

当 $t<n$ 时，$f(K_n，t)=0$，而 $t=n$ 时，$f(K_n，t)=n!$。

**定理 4.5.6** $f(T_n，t)=t(t-1)^{n-1}$。

这由 $\gamma(T_n)=2$ 即可得证。当 $t=2$ 时，$f(T_n，t)=2$。

对于一般的图 $G$，可以通过下述方法计算其色数多项式。

**定理 4.5.7** 设 $i$、$j$ 是 $G$ 的不相邻顶点，则

$$
f(G，t)=f(\overline{G}_{ij}，t)+f\left(\mathring{G}_{ij}，t\right)
$$

其中，$\overline{G}_{ij}$、$\mathring{G}_{ij}$ 由定义 4.5.3 给出。

**证明**：用 $t$ 种颜色对 $G$ 着色的全部 $f(G，t)$ 种方案中，对顶点 $i$ 和 $j$ 的着色只有二类：$i$ 与 $j$ 着以异色，这类的总数目即是 $f(\overline{G}_{ij}，t)$；否则 $i$ 与 $j$ 必着以同色，而这类的总数是 $f\left(\mathring{G}_{ij}，t\right)$，因此定理得证。

**例 4.5.6** 图 4.24 $G$ 的色数多项式是

$$
\begin{aligned}
f(G，t) =& f(K_5，t)+2f(K_4，t)+f(K_3，t) \\
=& t(t-1)(t-2)(t-3)(t-4)+2t(t-1)(t-2)(t-3)+ \\
& t(t-1)(t-2) \\
=& t(t-1)(t-2)\left(t^2-5t+7\right)
\end{aligned}
$$

如果最多用 3 种颜色，那么 $f(G，3)=6$。

**例 4.5.7**　求 $n$ 个顶点回路 $C_n$ 的色数多项式。

**解:** 设 $G$ 是 $n$ 个顶点的一条路，$i$ 和 $j$ 是它的两个端点，则 $\overline{G}_{ij}$ 就是 $n$ 个顶点的回路 $C_n$，$\mathring{G}_{ij}$ 是 $n-1$ 个顶点的回路 $C_{n-1}$。如图 4.25 所示，由定理 4.5.7，

$$f(C_n,\ t) = f(T_n,\ t) - f(C_{n-1},\ t)$$

即

$$f(C_n,\ t) + f(C_{n-1},\ t) = t(t-1)^{n-1}$$

利用此递推公式可得

$$f(C_n,\ t) = (t-1)^n + (-1)^n(t-1)$$

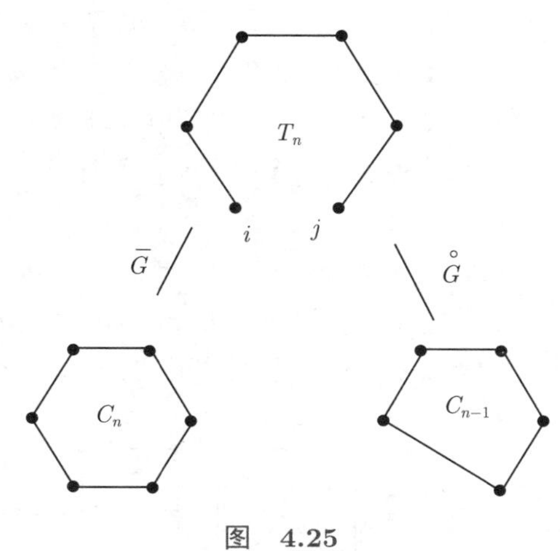


图　4.25

# 习　题　4

1.【★★☆☆】设简单平面图的域的数目 $d<12$，每点的度 $d(v_i)\geqslant 3$，证明至少有一个域的边界数小于 5。

2.【★★☆☆】证明：在 $n\geqslant 4$ 的极大平面图中，每个顶点的度都大于或等于 3。

3.【★☆☆☆】设 $G$ 是顶点数大于 10 的简单图，证明 $G$ 和 $\overline{G}$ 至少有一个是非平面图。

4.【★★★☆】证明：

（1）顶点数 $n<12$ 的平面图的点是 4-可着色的。

（2）顶点数 $n<12$ 的平面图的域是 4-可着色的。

5.【★★☆☆】求所有的正凸多面体。

6.【★☆☆☆】

（1）已知一个连通平面图 $G$ 的顶点数 $V=10$，边数 $E=14$，求它的区域数 $R$。

（2）已知一个连通平面图 $G$ 的顶点数 $V=5$，区域数 $R=3$，求它的边数 $E$。

（3）已知一个连通平面图 $G$ 的边数 $E=6$，区域数 $R=3$，求它的顶点数 $V$。

7.【★☆☆☆】任意画出一个有 6 条边和 3 个域的连通平面图。

8.【★☆☆☆】

（1）在一个有 8 个顶点的简单平面图中，边数最多可能是多少？

（2）一个有 11 条边的简单图最少要有多少个顶点才有可能是平面图？

9.【★☆☆☆】找出使得 $K_{r,\ s}$ 是可平面图的所有有序数对 $(r,\ s)$。

10.【★☆☆☆】设平面连通图 $G$ 的对偶图为 $G^*$，$G$ 有 $k$ 个连通分支，写出 $G^*$ 域个数 $d^*$ 的表达式（用 $n$、$m$、$d$、$k$ 表示）。

11.【★★☆☆】设 $G$ 是 $n$ 个点 $m$ 条边的简单平面图，已知 $m < 30$，证明：$\delta(G) \leqslant 4$。（其中 $\delta(G)$ 定义为 $G$ 中所有顶点度数的最小值）

12.【★★☆☆】设图 $G$ 是 $n$ 个点和 $m$ 条边的简单平面图，且 $G$ 是自对偶图，证明：$m = 2n - 2$。

13.【★★☆☆】假定一个带有 $m$ 条边和 $n$ 个顶点的连通简单平面图不包含长度为 4 或更短的回路。证明：若 $n \geqslant 4$，则 $m \leqslant \dfrac{5n-10}{3}$。

14.【★☆☆☆】画出图 4.26 中各个平面图的对偶图。

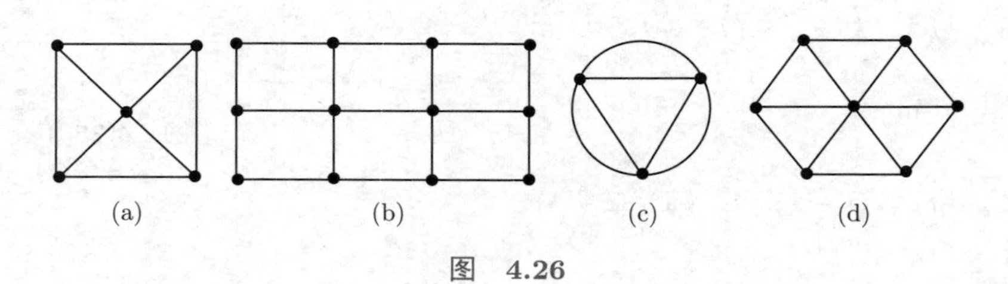


图 4.26

15.【★★☆☆】设 $G$ 是无割边的平面图，且每两个面之间最多有一条公共边，证明：

(1) $G$ 中至少有两个面有相同的边界数。

(2) 若各面最小的边界数是 5，则 $G$ 中至少有 12 个这样的面。

16.【★☆☆☆】试证：不存在这样的平面图，它有 5 个域，且任意两个域之间至少有一条公共边界。

17.【★★☆☆】设简单平面图 $G$ 的顶点数 $n \geqslant 4$，证明 $G$ 中至少有 4 个顶点的度不大于 5。

18.【★☆☆☆】验证轮形图 $W_n$ 的对偶图与自身同构。（满足这个条件的图称为“自对偶图”，这个概念在后面的题目中会用到）

19.【★★☆☆】设 $G$ 是 $n$ 个顶点的极大简单平面图，证明：$G$ 的对偶图是 2 边-连通的 3-正则图。（$k$ 边-连通图的定义为：割集的大小 $\geqslant k$）

20.【★★★☆】证明：若无割边的平面图除一个域外，其余各域的边界数都可以被整数 $d(>1)$ 整除，则 $G$ 的域不能 2-可着色。

21.【★★☆☆】你能在五边形 $ABCDE$ (见图 4.27) 内部画出有限个三角形，保证每个顶点的度是偶数吗？试说明理由。

22.【★★★☆】设简单连通图 $G$ 的顶点数是 15，其中 8 个点的度是 4，6 个点的度是 6，一个点的度是 8，证明 $G$ 是非平面图。

23.【★★★☆】设 $G$ 是每个面都是三角形的平面图，现用 3 种颜色对它的所有顶点任意着色。证明：顶点上恰好得到了这 3 种颜色的面的数目是偶数个。

24.【★☆☆☆】求图 4.28 的色数与色数多项式。

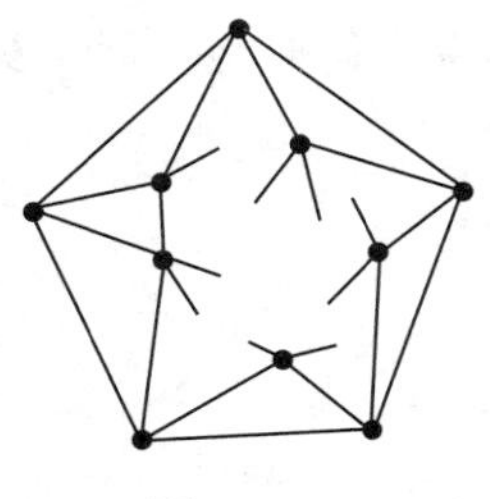

图　4.27

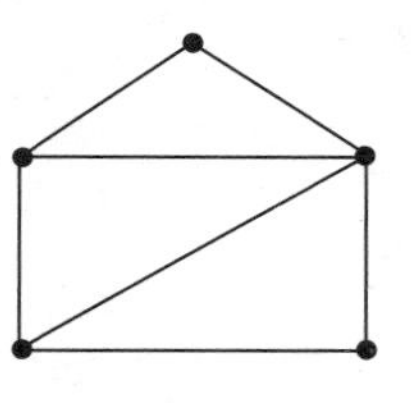

图　4.28

25.【★☆☆☆】求图 4.29 中 $n$ 个顶点轮形图 $W_n$ 的色数与色数多项式。

26.【★☆☆☆】完成例 4.5.6 的计算。

27.【★★☆☆】设 $G$ 如图 4.30 所示，其中 $a$ 是含 $m$ 个顶点的初级回路，$b$ 是含 $n$ 个顶点的初级回路，$(i,\ j)$ 是它们的公共边，求 $G$ 的色数与色数多项式。

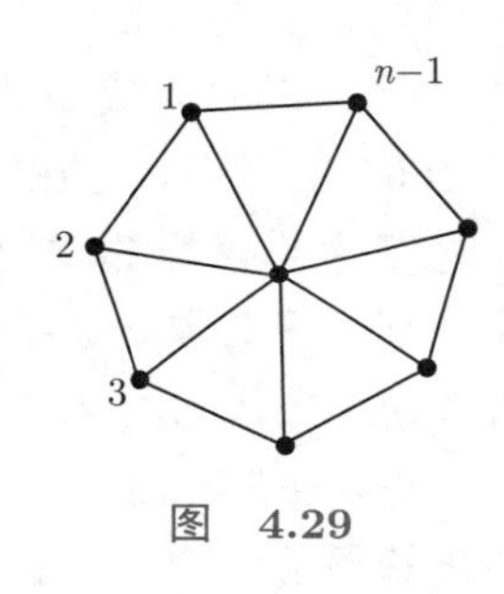


图　4.29

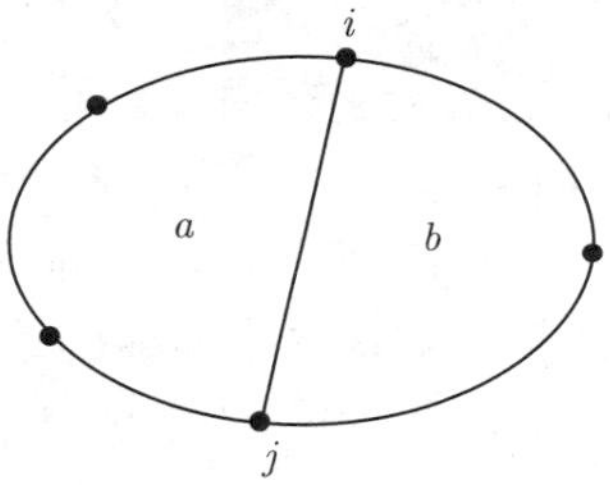

图　4.30

28.【★☆☆☆】证明：对于一个图 $G$，下面的结论是等价的。

（1）$G$ 是 2-可着色的。

（2）$G$ 是二分图。

（3）$G$ 的每个环的边数都是偶数。

29.【★★★☆】证明：边数 $m < 30$ 的简单平面图可以点 4-可着色。

30.【★☆☆☆】证明：树 $T_n(n \geqslant 2)$ 的点色数为 2。

31.【★★★☆】设 $G$ 是有 $n$ 个顶点的 $k$-正则图，证明：$G$ 的点色数小于或等于 $\frac{n}{n-k}$。

32.【★★☆☆】求轮图所对应的地图的面色数。

33.【★☆☆☆】求 $K_{3,\ 3}$ 的边色数并给出一种着色方案。

34.【★☆☆☆】求下列图的边色数。

（1）$K_{m,\ n}$。

（2）$C_n$（其中 $C_n$ 为 $n$ 个顶点的回路）。

（3）$W_n(n \geqslant 4)$（其中 $W_n$ 为 $n$ 个顶点的轮形图）。

35.【★★☆☆】设 $G$ 是非空二分图，对 $G$ 进行 $k$ 重着色最少需要多少种不同的颜色？

36.【★★☆☆】证明：一个图的色数小于或等于 $v-i+1$，其中 $v$ 是这个图的顶点数，$i$ 是这个图的独立数。

37.【★★☆☆】给 5 门课程安排考试时间，要求每人每天只能考一门课，其中课程 1

与 2，1 与 3，1 与 4，2 与 4，2 与 5，3 与 4，3 与 5 均有人同时选，问至少需要几天能考完这 5 门课程？

☞图论知识

## 四 色 问 题

四色问题又称四色猜想、四色定理，是世界近代三大数学难题之一。地图四色定理（Four color theorem）最先是由一位叫格斯里（Francis Guthrie）的英国大学生提出来的。

图 4.31

1852 年，毕业于伦敦大学的格斯里（Francis Guthrie）来到一家科研单位搞地图着色工作时，发现每幅地图都可以只用四种颜色着色（见图 4.31）。这个现象能不能从数学上加以严格证明呢？他和他正在读大学的弟弟决心试一试，但研究工作却是没有任何进展。1852 年 10 月，他的弟弟就这个问题的证明请教了他的老师、著名数学家德摩根，德摩根也没有能找到解决这个问题的途径，于是写信向自己的好友、著名数学家哈密顿爵士请教，但直到 1865 年哈密顿逝世为止，问题也没有能够解决。1872 年，英国当时最著名的数学家凯利正式向伦敦数学学会提出了这个问题，于是四色猜想成了世界数学界关注的问题，世界上许多一流的数学家都纷纷参加了四色猜想的大会战。1878—1880 年，著名的律师兼数学家肯普 (Alfred Kempe) 和泰勒 (Peter Guthrie Tait) 两人分别提交了证明四色猜想的论文，宣布证明了四色定理。大家认为四色猜想从此也就解决了，但其实并没有。11 年后，即 1890 年，在牛津大学就读的年仅 29 岁的赫伍德以自己的精确计算指出了肯普在证明上的漏洞。他指出肯普说没有极小五色地图能有一国具有五个邻国的理由有破绽，不久泰勒的证明也被人们否定了。人们发现他们实际上证明了一个较弱的命题——五色定理。经过这些波折人们发现四色问题证明异常困难，曾经有许多人发表四色问题的证明或反例，但都被证实是错误的。后来，越来越多的数学家虽然对此绞尽脑汁，但一无所获。于是，人们开始认识到，这个貌似容易的题目，其实是一个可与费马猜想相媲美的难题。

高速数字计算机的发明，促使更多数学家对“四色问题”的研究。1976 年 6 月，在美国伊利诺伊大学的两台不同的电子计算机上，用了 1200 个小时，作了 100 亿个判断，结果没有一张地图是需要五色的，最终证明了四色定理，轰动了世界。

一个多世纪以来，数学家们为证明这条定理绞尽脑汁，所引进的概念与方法刺激了拓扑学与图论的发展。在“四色问题”的研究过程中，不少新的数学理论随之产生，也发展了很多数学计算技巧。不仅如此，“四色问题”在有效地设计航空班机日程表，设计计算机的编码程序等方面都起到了推动作用。

# 第5章 匹配

## 5.1 二分图的最大匹配

图的匹配问题有其丰富的实际背景，它涉及了二分图与一般图的最大匹配，二分图与一般图的最佳匹配等，除了一般图的最佳匹配之外，本章都将一一进行讨论。

**例 5.1.1** $m$ 项工作准备分配给 $n$ 个人去做，如图 5.1 所示，其中边 $(x_i, y_j)$ 表示 $x_i$ 可以从事 $y_j$，如果每个人最多从事其中一项，且每项工作只能由一人承担。问怎样才能给尽可能多的人安排上任务。

图 5.1 是二分图，按照要求，如果 $x_i$ 从事了 $y_j$，就不允许再从事 $y_k$，同时 $y_j$ 也不再允许其他人承担。因此，它相当于用一种颜色，例如红色对 $G$ 的边进行着色，保证每个顶点最多只与一条红色边关联。这种红色边的集合记为 $M$，它就称为匹配。原问题就是计算 $G$ 中包含边数最多的一个匹配 $M$。

**例 5.1.2** 第二次世界大战期间，盟军许多飞行人员到英国参加对法西斯德国的空袭行动，当时每架飞机需要领航员和飞行员各 1 人。其中有些人只能领航，一些人只会驾驶，也有人两者均会。加之二人语言要求相通，因此如果以顶点表示人，边表示两者语言相通并且一人可领航另一人可驾驶，就会得到如图 5.2 所示的一个简单图 $G$。那么最多的编队方案就是计算 $G$ 中的一个最大匹配。

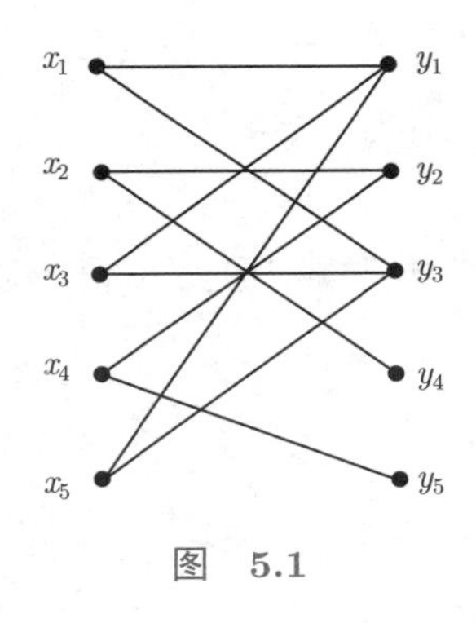


图 5.1

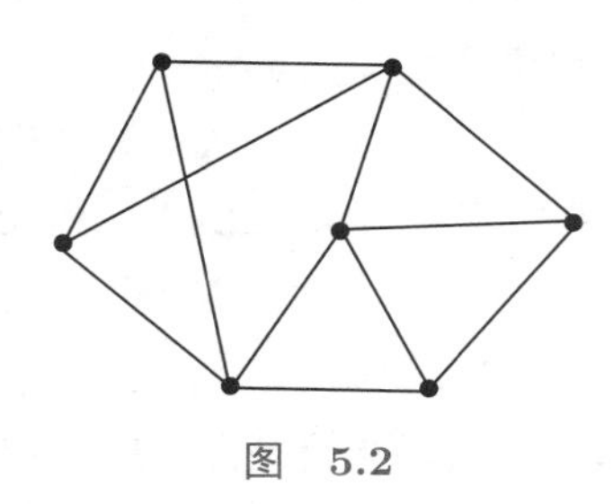

图 5.2

**定义 5.1.1** 令 $M$ 是图 $G$ 的边子集，若 $M$ 中任意两条边都没有共同的顶点，则称 $M$ 是 $G$ 的一个匹配，其中与 $M$ 的边关联的顶点称为**饱和点**，否则称为**非饱和点**。

**定义 5.1.2** 设 $M$ 是 $G=(V, E)$ 中的一个匹配，如果对 $G$ 的任意匹配 $M'$，都有 $|M| \geqslant |M'|$，就说 $M$ 是 $G$ 的一个**最大匹配**。

**☞启发与思考**

如果给出二分图以及一个匹配，如何确定它是不是最大匹配？如果不是，怎么在这个匹配的基础上找到一个更大的匹配？为了解决这些问题，需要相关定义。

**定义 5.1.3** 给定了 $G$ 的一个匹配 $M$，$G$ 中属于 $M$ 与不属于 $M$ 的边交替出现的道路称为**交互道路**。构成回路的交互道路称为交互回路。

有时这种交互道路可能构成交互回路。

**定义 5.1.4** 设 $P$ 是 $G$ 中关于匹配 $M$ 的一条交互道路，如果 $P$ 的两个端点是关于 $M$ 的非饱和点，那么它就称为**可增广道路**。

可增广道路 $P$ 一定包含奇数条边，且其中不属于匹配 $M$ 的边比 $M$ 中的边多一条。同时 $P \oplus M$ 仍然是 $G$ 的一个匹配 $M'$，它使 $P$ 的两个端点变成饱和点，这时 $|M'| = |M| + 1$，即 $M'$ 是比 $M$ 更大的匹配。

**定理 5.1.1** $M$ 是 $G$ 的最大匹配当且仅当 $G$ 中不存在关于 $M$ 的可增广道路。

**证明：** 必要性。若存在 $M$ 的可增广道路 $P$，则 $M \oplus P = M'$ 是 $G$ 的一个新匹配，且 $|M'| > |M|$，与 $M$ 是最大匹配矛盾。充分性。如果匹配 $M$ 不是 $G$ 的最大匹配，则存在一个最大匹配 $M'$，做 $G' = M' \oplus M$，我们逐一分析 $G'$ 中 3 种可能的连通支。

(1) 孤立顶点，当 $(v_i，v_j) \in M' \cap M$ 时会出现孤立点 $v_i$ 和 $v_j$。

(2) 初级回路，该回路中属于 $M'$ 和属于 $M$ 的边数相同。

(3) 初级道路，如果不存在增广道路，那么 $|M'| = |M|$，与假设矛盾。如果存在 $M$ 关于 $M'$ 的增广路，又与 $M'$ 是最大匹配矛盾。由于 $|M'| > |M|$，故必定存在 $M'$ 关于 $M$ 的可增广交互道路，即 $G$ 中存在关于 $M$ 的可增广道路。

定理 5.1.1 是二分图和一般图最大匹配算法的依据。不过由于二分图的所有回路都是偶回路的特点，因此它的最大匹配算法较为简单。

计算二分图最大匹配的一个好算法是匈牙利算法。描述如下。

**匈牙利算法**

（输入为二分图 $G = (X，Y，E)$；顶点标记 0 表示尚未搜索，顶点标记 1 表示是饱和点，顶点标记 2 表示是无法扩大匹配的顶点）。

1. 任给一初始匹配 $M$，给饱和点标记“1”。

2. 判 $X$ 中的各顶点是否都已有非零标记。

   2.1 是。$M$ 是最大匹配，结束。

   2.2 否。找一 0 标记点 $x_0 \in X$，

   令 $U \leftarrow \{x_0\}$，$V \leftarrow \phi$。

3. 判集合 $U$ 的邻接点集 $\Gamma(U) = V$?

   3.1 是，$x_0$ 无法扩大匹配，给 $x_0$ 标记“2”，转 2。

   3.2 否，在 $\Gamma(U) - V$ 中找一点 $y_i$，判 $y_i$ 是否标“1”。

3.2.1　是，则有边 $(y_i, z) \in M$。令

$U \leftarrow U \cup \{z\}$，$V \leftarrow V \cup \{y_i\}$，转 3。

3.2.2　否，存在从 $x_0$ 至 $y_i$ 的可增广路 $P$，

令 $M \leftarrow M \oplus P$，给 $x_0$ 和 $y_i$ 标记“1”，转 2。

> ☞启发与思考
>
> 我们已经学习过如何在有向图中寻找道路（使用深探法或广探法）。能否采用化归的思想，为 $G$ 中的边规定方向，得到一个有向图，使得可增广道路都是其中的道路，从而解决最大匹配问题。实际上，按照边是否在匹配 $M$ 中来规定方向，使得交互道路都是有向图中的道路即可。以此思路，可以尝试以广探法的思想理解上述的匈牙利算法中的步骤 3。

**例 5.1.3**　图 5.3 中，设初始匹配 $M = \{(x_1, y_1), (x_3, y_4), (x_4, y_5)\}$。用匈牙利算法求其最大匹配的过程如下。

(1) $U = \{x_2\}$，$V = \phi$。

$\Gamma(U) = \{y_4, y_6\}$，$y_6 \in \Gamma(U) - V$，且无标记。

所以　增广路$P = (x_2, y_6)$。

$M = \{(x_1, y_1), (x_3, y_4), (x_4, y_5), (x_2, y_6)\}$。

(2) $U = \{x_5\}$，$V = \phi$。

$\Gamma(U) = \{y_5, y_6\}$，$y_5 \in \Gamma(U) - V$。

$U = \{x_5, x_4\}$，$V = \{y_5\}$。

$\Gamma(U) = \{y_5, y_6\}$，$y_6 \in \Gamma(U) - V$。

$U = \{x_5, x_4, x_2\}$，$V = \{y_5, y_6\}$。

$\Gamma(U) = \{y_5, y_6, y_4\}$，$y_4 \in \Gamma(U) - V$。

$U = \{x_5, x_4, x_2, x_3\}$，$V = \{y_5, y_6, y_4\}$。

$\Gamma(U) = \{y_5, y_6, y_4, y_2\}$，$y_2 \in \Gamma(U) - V$ 且无标记。

所以　有增广路$P = (x_5, y_6, x_2, y_4, x_3, y_2)$。

$M = \{(x_1, y_1), (x_4, y_5), (x_5, y_6), (x_2, y_4), (x_3, y_2)\}$。

(3) $U = \{x_6\}$，$V = \phi$。

$\Gamma(U) = \{y_6\}$，$y_6 \in \Gamma(U) - V$。

$U = \{x_6, x_5\}$，$V = \{y_6\}$。

$\Gamma(U) = \{y_6, y_5\}$，$y_5 \in \Gamma(U) - V$。

$U = \{x_6, x_5, x_4\}$，$V = \{y_6, y_5\}$。

$\Gamma(U) = \{y_6, y_5\}$，$\Gamma(U) = V$。给$x_6$ 标记2。结束。

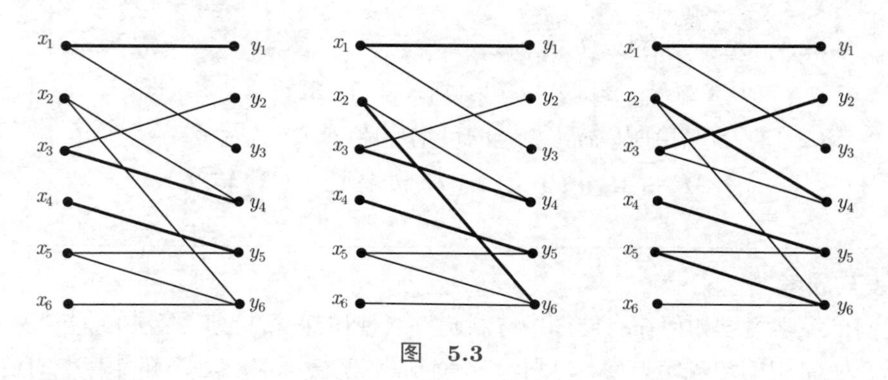


图 5.3

因此，其最大匹配是 $M=\{(x_1, y_1), (x_4, y_5), (x_5, y_6), (x_2, y_4), (x_3, y_2)\}$。

**定理 5.1.2** 最大匹配匈牙利算法的计算复杂性是 $O(mn)$，其中二分图 $G(X, Y, E)$ 中，$n=|X|$，$m=|E|$。

**证明：** 初始匹配可以是空匹配，算法最多找 $n$ 条增广路，每找一条增广路时，最多判断 $m$ 条边，因此其计算复杂性是 $O(mn)$。

## 5.2 完全匹配

二分图 $G=(X, Y, E)$ 的最大匹配 $M$ 包含的边数不会超过 $|X|$，若 $|M|=|X|$，则称 $M$ 是完全匹配。特别地，如果 $|M|=|X|=|Y|$，则称 $M$ 是完美匹配。直观地看，如果每个顶点 $x$ 关联的边愈多，则最大匹配的边数可能愈大。例如图 5.4(a) 有完全匹配，而图 5.4(b) 没有完全匹配。那么满足什么条件 $G$ 中就会有完全匹配呢？霍尔 (Hall) 定理给出了判别的标准。

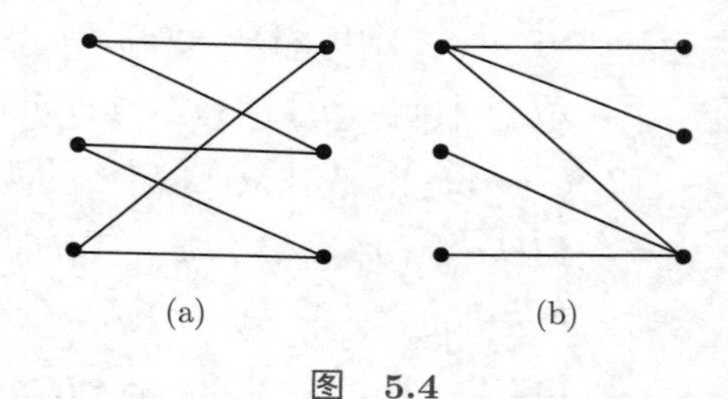


图 5.4

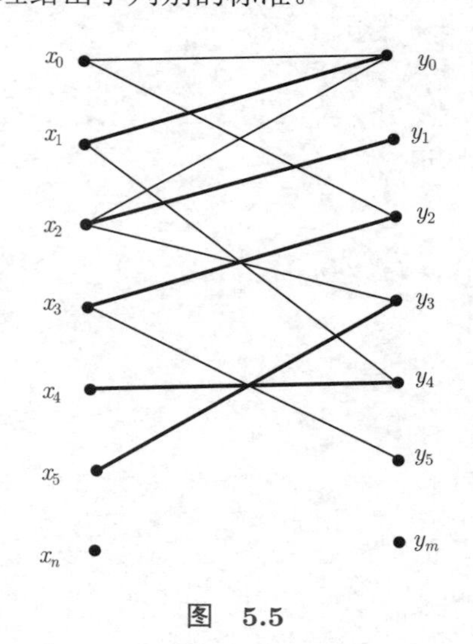


图 5.5

**定理 5.2.1** 在二分图 $G=(X, Y, E)$ 中，$X$ 到 $Y$ 存在完全匹配的充要条件是对于 $X$ 的任意子集 $A$，恒有

$$|\Gamma(A)| \geqslant |A|$$

**证明：** 必要性。若存在子集 $A \subseteq X$，使 $|A| > |\Gamma(A)|$，则 $A$ 中的顶点无法全部匹配。因此，$X$ 到 $Y$ 不可能有完全匹配。充分性。假定 $G$ 的一个最大匹配 $M$ 不是完全匹配，一定存在顶点 $x_0 \in X$ 是关于 $M$ 的非饱和点。如果 $\Gamma(x_0)=\Phi$，则令 $A=\{x_0\}$，于是 $|\Gamma(A)|<|A|$，不满足条件。如果 $\Gamma(x_0) \neq \Phi$，如图 5.5 所示，对某一个 $y_j \in \Gamma(x_0)$，若 $y_j$ 关于 $M$ 为非饱

和点，则存在增广路 $(x_0, y_j)$，与 $M$ 是最大匹配矛盾。因此，$y_j \in \Gamma(x_0)$ 都是关于 $M$ 的饱和点。这样可以寻找以 $x_0$ 为端点的相对于 $M$ 的一切交互道路，记交互道路中顶点 $y_j$ 的集合为 $Y_1$，结点 $x_i$ 的集合为 $X_1$，根据匹配的性质 $Y_1$ 的顶点与 $X_1 - x_0$ 的顶点之间存在一一对应，于是 $|X_1| > |Y_1|$，即 $|X_1| > |\Gamma(X_1)|$。

**推论 5.2.1**　若二分图 $G = (X, Y, E)$ 的每个顶点 $x_i \in X$，都有 $d(x_i) \geqslant k$，每个顶点 $y_i \in Y$，都有 $d(y_j) \leqslant k$，那么 $X$ 到 $Y$ 存在完全匹配。

**证明**：对任意子集 $A \subseteq X$，设它的顶点总共与 $m$ 条边关联，于是有 $m \geqslant k|A|$，这 $m$ 条边又与 $Y$ 中的 $|\Gamma(A)|$ 个顶点相关联，又有 $m \leqslant k|\Gamma(A)|$，因此 $|\Gamma(A)| \geqslant |A|$，由定理 5.2.1 即得。

**例 5.2.1**　在一个舞会上男女各占一半，假定每位男士都认识 $k$ 位女士，每位女士也认识 $k$ 位男士。那么一定可以安排得当，使每位都有认识的人作为舞伴。

**证明**：用顶点 $x_i$ 表示每位男士，$y_j$ 表示每位女士，互相认识者用边连接。于是得到二分图 $G = (X, Y, E)$，图中每个顶点 $x_i$ 有 $d(x_i) = k$，$y_j$ 有 $d(y_j) = k$。满足 $d(x_i) \geqslant k$，$d(y_j) \leqslant k$，由推论 5.2.1，$X$ 到 $Y$ 有完美匹配 $M$。$M$ 就是一种安排方案。

二分图的完全匹配一定是最大匹配，而最大匹配不一定就是完全匹配，那么它们之间有什么内在联系呢?

**定理 5.2.2**　在二分图 $G = (X, Y, E)$ 中，$X$ 到 $Y$ 最大匹配的边数是 $|X| - \delta(G)$，其中 $\delta(G) = \max\limits_{A \subseteq X} \delta(A)$，$\delta(A) = |A| - |\Gamma(A)|$，$\delta(A) \geqslant 0$。

证明略。

**例 5.2.2**　10 个人有 10 件不同的乐器，其中 3 人只会拉小提琴，其余 7 人每件乐器都会，若每人只用一件乐器，则由定理 5.2.2，最多只有 8 人能同时登台演出。

二分图是一个图，当然可以用邻接矩阵表示。由于其全部的边都跨越在 $X$ 和 $Y$ 之间，因此，可以将邻接矩阵进行简化，成为 $|X| \times |Y|$ 的一个矩阵。例如图 5.6 的邻接矩阵是

$$\boldsymbol{A} = \begin{bmatrix} 0 & 0 & 0 & 1 & 0 \\ 0 & 1 & 0 & 0 & 0 \\ 0 & 1 & 0 & 0 & 0 \\ 1 & 1 & 0 & 0 & 1 \\ 0 & 0 & 0 & 1 & 0 \\ 0 & 0 & 1 & 0 & 1 \end{bmatrix}$$

这样 $G$ 中的最大匹配数 $r$ 就是 $\boldsymbol{A}$ 中不在同行同列非零元的最多个数。如果矩阵 $\boldsymbol{A}$ 是 $p \times q$ 的，显然有 $r \leqslant \min(p, q)$。

另外，也可以适当地选取 $\boldsymbol{A}$ 的某些行和列，使这些行和列能盖住 $\boldsymbol{A}$ 中的全部非零元，这称为 $\boldsymbol{A}$ 的覆盖，当然如果盖住 $\boldsymbol{A}$ 的全部 $p$ 行，或全部 $q$ 列，就一定会盖住所有非零元，

但这不一定是最少选取的行与列，例如图 5.6 的矩阵 $\boldsymbol{A}$，如果盖住其第 4、6 行，第 2、4 列，就可以覆盖其全部非零元。因此，在矩阵 $\boldsymbol{A}$ 的全部覆盖中，一定存在最小覆盖，其覆盖数为 $s$，显然 $s \leqslant \min(p,\ q)$。

**定理 5.2.3** 设 $r$ 是二分图 $G$ 的最大匹配数，$s$ 是其邻接矩阵的最小覆盖数，则有 $r=s$。

**证明**：因为每个不在同行同列的非零元需要一行或一列才能盖住，所以 $r$ 个不在同行同列的非零元需要 $r$ 行、列才能盖住，而 $s$ 个不同的行、列盖住了矩阵 $\boldsymbol{A}$ 的全部非零元，自然也盖住了 $r$ 个不在同行同列的非零元。因此 $s \geqslant r$。再证 $r \geqslant s$。不失一般性，设最小覆盖盖住了 $\boldsymbol{A}$ 的 $c$ 行、$d$ 列，即 $s=c+d$。设这 $c$ 行对应的顶点子集是 $X_c$，其余为 $X-X_c$；$d$ 列对应的顶点集是 $Y_d$，其余为 $Y-Y_d$。把矩阵 $\boldsymbol{A}$ 的行、列进行调整，如图 5.7 所示，显然 $A_{11}$ 每行都被覆盖，$A_{22}$ 每列都被覆盖，$A_{12}$ 中每个元素既被行也被列所覆盖，而 $A_{21}=0$。

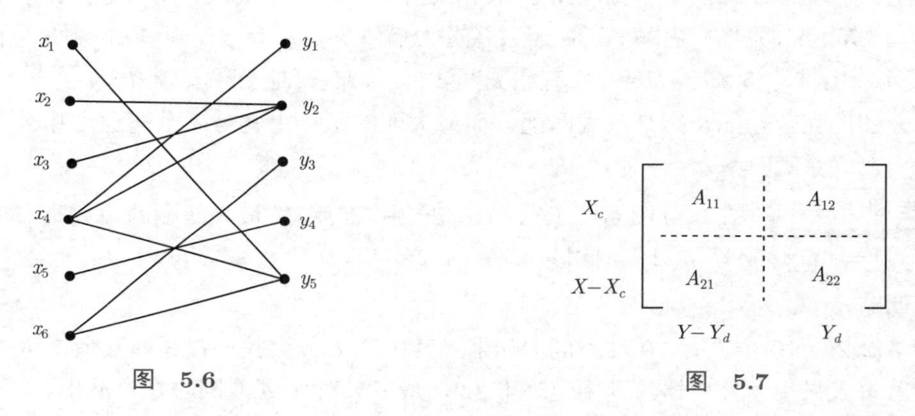


图 5.6　　　图 5.7

现证明 $X_c$ 到 $Y-Y_d$ 存在完全匹配。在 $A_{11}$ 中任取 $|V'|$ 行，这些行中的非零元至少分布在它的 $|V'|$ 个不同列上。否则，不覆盖这 $|V'|$ 行，而覆盖这些更少的列，$\boldsymbol{A}$ 中的所有非零元仍然全部覆盖，这时所用的覆盖数比原先要少，与原来是最小覆盖矛盾。这就是说，对 $X_c$ 的任意子集 $V'$，它在 $Y-Y_d$ 中的邻接点集是 $\Gamma(V')$，总有 $|\Gamma(V')| \geqslant |V'|$。根据定理 5.2.1，$X_c$ 到 $Y-Y_d$ 存在完全匹配 $M_1$，$|M_1|=c$。同理，$Y_d$ 到 $X-X_c$ 也存在完全匹配 $M_2$，$|M_2|=d$，$M_1 \cup M_2$ 仍然是 $G$ 的一个匹配，$|M_1 \cup M_2|=c+d=s$。因此，$G$ 的最大匹配数 $r \geqslant s$。

定理 5.2.3 不但揭示了匹配与覆盖之间的关系，而且也是最佳匹配算法的基本依据之一。

## 5.3 最佳匹配及其算法

5.1 节和 5.2 节讨论的都是边权为 1 的匹配问题，如果边权是非负实数，而且存在多个完全匹配，那么其中权和最大或最小的完全匹配就叫作最佳匹配。

**例 5.3.1**　5 项工作由 5 个人完成，如下所示。

$$C = \begin{bmatrix} 3 & 4 & 6 & 4 & 9 \\ 6 & 4 & 5 & 3 & 8 \\ 7 & 5 & 3 & 4 & 2 \\ 6 & 3 & 2 & 2 & 5 \\ 8 & 4 & 5 & 4 & 7 \end{bmatrix}$$

其中 $c_{ij}$ 表示 $i$ 从事工作 $j$ 的利润，如果每个人只做一项工作，那么最大的利润就应该是 $\max\Sigma c_{ij}$，$c_{ij}$ 不在相同的行与列。

假如 $c_{ij}$ 表示 $i$ 从事工作 $j$ 的成本，那么最小的成本应该是 $\min\Sigma c_{ij}$，$c_{ij}$ 不在相同的行与列。

☞启发与思考

实际问题中的情况一般更为复杂，如工作数与人数可能不等，允许一部分工作不被完成，有的人可能做不了某些工作，或是做某些工作的利润为负（即导致亏损）。该例题实际上已将问题充分简化，使得工作数与人数相等，利润均存在且非负。这样一来，便能找到一个较为简单的算法解决该问题，而将较为复杂的情况化归为该算法能解决的情况也是简单的，如添加一些虚拟的点和边来解决两边点数不同的问题，给所有边权加上一个固定值解决有负权边的问题等。

显然这种最佳匹配就是二分图的最大权或最小权匹配。在讨论最佳匹配时，二分图 $G=(X,Y,E)$ 满足条件 $|X|=|Y|$。

我们先介绍一个利用最小覆盖取代最大匹配的最大权匹配算法。

最大权匹配算法（已知利润矩阵 $\boldsymbol{C}$）。

1. 在矩阵 $\boldsymbol{C}$ 的每行选一最大值作为本行的界值 $l(x_i)$，每列的界值 $l(y_j)=0$。构造矩阵 $\boldsymbol{B}=(b_{ij})_{n\times n}$，其中 $b_{ij}=l(x_i)+l(y_j)-c_{ij}$。
2. 在 $\boldsymbol{B}$ 中对 0 元素进行最小覆盖，覆盖数为 $r$。

   2.1 若 $r=n$，转 4。

   2.2 在未覆盖的元素中选最小非零元，设值为 $\delta$。

   若 $x_i$ 行、$y_j$ 列均已覆盖，则 $b_{ij}\leftarrow b_{ij}+\delta$。

   若 $x_i$ 行、$y_j$ 列均未覆盖，则 $b_{ij}\leftarrow b_{ij}-\delta$。
3. 修改界值

   若 $x_i$ 行没覆盖，令 $l(x_i)\leftarrow l(x_i)-\delta$；

   若 $y_j$ 列已覆盖，令 $l(y_j)\leftarrow l(y_j)+\delta$。

   删除覆盖标记，转 2。
4. $\sum(l(x_i)+l(y_j))$ 即是最大权，结束。

**例 5.3.2**　求例 5.3.1 表中的最大利润。

解：首先得到矩阵 $\boldsymbol{B}$，界值已在表的两旁标出，最小覆盖是 1、5 两列，$\delta=2$。

$$\begin{array}{cccccc}
 & \downarrow & & & & \downarrow \\
9 & 6 & 5 & 3 & 5 & 0 \\
8 & 2 & 4 & 3 & 5 & 0 \\
7 & 0 & 2 & 4 & 3 & 5 \\
6 & 0 & 3 & 4 & 4 & 1 \\
8 & 0 & 4 & 3 & 4 & 1 \\
 & 0 & 0 & 0 & 0 & 0
\end{array}$$

$r<n$，$\boldsymbol{B}$ 中没覆盖的元素均减 $\delta$；修改界值，结果如下。这时一个最小覆盖是第 1、5 列，第 3 行。$\delta=1$。

$$\begin{array}{ccccccc}
 & \downarrow & & & & \downarrow & \\
7 & 6 & 3 & 1 & 3 & 0 & \\
6 & 2 & 2 & 1 & 3 & 0 & \\
5 & 0 & 0 & 2 & 1 & 5 & \leftarrow \\
4 & 0 & 1 & 2 & 2 & 1 & \\
6 & 0 & 2 & 1 & 2 & 1 & \\
 & 2 & 0 & 0 & 0 & 2 &
\end{array}$$

$r<n$，$\boldsymbol{B}$ 中没覆盖元素减 1，双重覆盖元加 1。修改界值，这时一个最小覆盖是第 1、2、3、5 列。$\delta=1$。

$$\begin{array}{cccccc}
 & \downarrow & \downarrow & \downarrow & & \downarrow \\
6 & 6 & 2 & 0 & 2 & 0 \\
5 & 2 & 1 & 0 & 2 & 0 \\
5 & 1 & 0 & 2 & 1 & 6 \\
3 & 0 & 0 & 1 & 1 & 1 \\
5 & 0 & 1 & 0 & 1 & 1 \\
 & 3 & 0 & 0 & 0 & 3
\end{array}$$

$r<n$，$\boldsymbol{B}$ 中没覆盖元素减 1，修改界值，这时一个最小覆盖是第 3、4、5 行，第 3、5 列，最小覆盖数 $r=n$。一个最大权匹配方案是 $\{c_{13}, c_{25}, c_{34}, c_{42}, c_{51}\}$，$\Sigma(l(x_i)+l(y_i))=29$。结束。

$$\begin{array}{ccccccc}
 & & & \downarrow & & \downarrow & \\
5 & 6 & 2 & 0 & 1 & 0 & \\
4 & 2 & 1 & 0 & 1 & 0 & \\
4 & 1 & 0 & 2 & 0 & 6 & \leftarrow \\
2 & 0 & 0 & 1 & 0 & 1 & \leftarrow \\
4 & 0 & 1 & 0 & 0 & 1 & \leftarrow \\
 & 4 & 1 & 1 & 0 & 4 &
\end{array}$$

**定理 5.3.1**　算法的结果是矩阵 $\boldsymbol{C}$ 的最大权匹配。

证明：所选取的矩阵 $\boldsymbol{B}$ 满足

$$b_{ij} = l(x_i) + l(y_j) - c_{ij} \geqslant 0 \tag{5-1}$$

设 $W$ 是 $\boldsymbol{C}$ 的最大权匹配权和，一定有

$$\sum (l(x_i) + l(y_j)) \geqslant \max \sum c_{ij} = W \tag{5-2}$$

如果等式成立，那么一定存在 $n$ 个不在同行同列的 $c_{ij}$，满足 $c_{ij} = l(x_i)+l(y_j)$，或者说 $\boldsymbol{B}$ 中有 $n$ 个不在同行同列的 0 元素，处于这 $n$ 个位置的 $c_{ij}$ 构成了最大权匹配。如果最多存在 $k(< n)$ 个这样的 0 元素，式 (5-2) 就不可能相等，设此时的最小覆盖盖住了 $c$ 行 $d$ 列，其对应的顶点集为 $X_c$ 和 $Y_d$，由定理 5.2.3，$k = c+d < n$。令 $\boldsymbol{B}$ 中没被覆盖的最小元是 $\delta(> 0)$，按照算法在修改界值时，对没覆盖的各行，令 $l^*(x_i) = l(x_i) - \delta$；对覆盖的各列，令 $l^*(y_j) = l(Y_j) + \delta$，其余界值不变。为了保证式 (5-1) 不变，即修改界值后仍需满足

$$b^*_{ij} = l^*(x_i) + l^*(y_j) - c_{ij} \geqslant 0$$

就应该对 $b_{ij}$ 的不同位置分别进行如下处理。

(1) 在覆盖的行和列的交叉点位置，

$$b^*_{ij} = l^*(x_i) + l^*(y_j) - c_{ij} = l(x_i) + l(y_j) + \delta - c_{ij} = b_{ij} + \delta$$

(2) 没被覆盖，$b^*_{ij} = l(x_i) - \delta + l(y_j) - c_{ij} = b_{ij} - \delta$。

(3) 只被行覆盖，$b^*_{ij} = l(x_i) + l(y_j) - c_{ij} = b_{ij}$。

(4) 只被列覆盖，$b^*_{ij} = l(x_i) - \delta + l(y_j) + \delta - c_{ij} = b_{ij}$。

在上述每种情况下，$b^*_{ij} \geqslant 0$ 成立。综上，在对界值和元素 $b_{ij}$ 修改之后，式 (5-1) 和式 (5-2) 继续保持成立。但新的界值之和

$$\sum (l^*(x_i) + l^*(y_j)) = \sum (l(x_i) + l(y_j)) - \delta(n-c) + \delta d$$

而

$$-\delta(n-c) + \delta d = \delta(c+d-n) < 0$$

即界值之和下降。由于 $\delta$ 选值最小，因此它是最小下降。界值以及 $b_{ij}$ 调整后，$\boldsymbol{B}$ 中出现了新的 0 元素，将可能增加最小覆盖数。经过若干次迭代之后，界值之和将恰好等于最大权匹配值。

如果矩阵 $\boldsymbol{C}$ 表示成本矩阵，那么它的最小权匹配或最小成本也就容易计算了。一种方法是确定一个 $n$ 阶矩阵 $\boldsymbol{Q} = (q_{ij})$，其中 $q_{ij}$ 是一个大于或等于 $\max c_{ij}$ 的常数 $a$，令 $\boldsymbol{C}' = \boldsymbol{Q} - \boldsymbol{C}$，则 $c'_{ij} + c_{ij} = a$。这样矩阵 $\boldsymbol{C}$ 的最小成本对应了 $\boldsymbol{C}'$ 的最大利润。对 $\boldsymbol{C}'$ 调用最大权匹配算法就容易计算 $\boldsymbol{C}$ 的最小成本。另一种方法类似于最大权匹配算法的思路。首先选每行的最小元为界值，满足 $b_{ij} = c_{ij} - l(x_i) - l(y_j) \geqslant 0$。然后不断最小地增加界值，直至存在 $n$ 个不在同行同列值为 0 的 $b_{ij}$ 出现。

**例 5.3.3** 求 $\boldsymbol{C}$ 的最小成本。

$$\boldsymbol{C}=\begin{bmatrix}7&6&4&6&1\\4&6&5&7&2\\3&5&7&6&8\\4&7&8&8&5\\2&6&5&6&3\end{bmatrix}$$

解：选用 $a=10$，得到矩阵 $\boldsymbol{C}'=\left(c'_{ij}\right)$，$c'_{ij}=10-c_{ij}$。$\boldsymbol{C}'$ 恰是例 5.3.2 计算的矩阵，因此 $\boldsymbol{C}$ 的最小成本是

$$5\times 10-\max\sum c'_{ij}=21$$

相应的一个最小权匹配方案是 $\{c_{13}，c_{25}，c_{34}，c_{42}，c_{51}\}$。

如果直接对 $\boldsymbol{C}$ 进行计算，过程可以如下。

首先得到矩阵 $\boldsymbol{B}$，界值已标出，满足 $b_{ij}=c_{ij}-l\left(x_i\right)-l\left(y_j\right)$，最小覆盖是第 1、5 列，$\delta=2$。

$$\begin{array}{c}\\1\\2\\3\\4\\2\\\\\end{array}\begin{array}{c}\begin{matrix}\downarrow&&&&\downarrow\end{matrix}\\\begin{bmatrix}6&5&3&5&0\\2&4&3&5&0\\0&2&4&3&5\\0&3&4&4&1\\0&4&3&4&1\end{bmatrix}\\\begin{matrix}0&0&0&0&0\end{matrix}\end{array}$$

$r<n$。$\boldsymbol{B}$ 中没覆盖的元素均减 $\delta$，行、列都覆盖的加 $\delta$，修改界值。没覆盖的行界值加 $\delta$，覆盖的列界值减 $\delta$。这时一个最小覆盖是第 1、5 列，第 3 行，$\delta=1$。

$$\begin{array}{c}\\3\\4\\5\\6\\4\\\\\end{array}\begin{array}{c}\begin{matrix}\downarrow&&&&\downarrow\end{matrix}\\\begin{bmatrix}6&3&1&3&0\\2&2&1&3&0\\0&0&2&1&5\\0&1&2&2&1\\0&2&1&2&1\end{bmatrix}\\\begin{matrix}-2&0&0&0&-2\end{matrix}\end{array}\begin{array}{c}\\\\\\\leftarrow\\\\\\\\\end{array}$$

$r<n$。$\boldsymbol{B}$ 中没覆盖的元素均减 $\delta$，修改界值如下，这时一个最小覆盖是第 1、2、3、5 列，$\delta=1$。

$$
\begin{array}{c}
\\
4 \\ 5 \\ 5 \\ 7 \\ 5 \\
\\
\end{array}
\begin{array}{ccccc}
\downarrow & \downarrow & \downarrow & & \downarrow \\
\left[\begin{matrix} 6 & 2 & 0 & 2 & 0 \\ 2 & 1 & 0 & 2 & 0 \\ 1 & 0 & 2 & 1 & 6 \\ 0 & 0 & 1 & 1 & 1 \\ 0 & 1 & 0 & 1 & 1 \end{matrix}\right] \\
-3 & 0 & 0 & 0 & -3
\end{array}
$$

$r < n$。$\boldsymbol{B}$ 中没覆盖的元素均减 $\delta$，修改界值，这时的一个最小覆盖是第 3、4、5 行，第 3、5 列，最小覆盖数 $r = n$。一个最小权匹配方案是 $\{c_{13}, c_{25}, c_{34}, c_{42}, c_{51}\}$，$\sum(l(x_i) + l(y_j)) = 21$。结束。

$$
\begin{array}{c}
5 \\ 6 \\ 6 \\ 8 \\ 6
\end{array}
\left[\begin{matrix} 6 & 2 & 0 & 1 & 0 \\ 2 & 1 & 0 & 1 & 0 \\ 1 & 0 & 2 & 0 & 6 \\ 0 & 0 & 1 & 0 & 1 \\ 0 & 1 & 0 & 0 & 1 \end{matrix}\right]
\begin{array}{c}
\\ \\ \leftarrow \\ \leftarrow \\ \leftarrow
\end{array}
$$

（第 3、5 列上方标有 $\downarrow$；列界值：$-4\quad -1\quad -1\quad 0\quad -4$）

不论计算最大权匹配还是最小权匹配，算法在计算当前的最大匹配时，都采用了求最小覆盖的办法。这对人工计算较为方便。但由计算机实现，当然要利用最大匹配算法，在这时，怎样决定界值的修改，便是最佳匹配算法的关键。这里介绍一种可行的方案。

对每一个矩阵 $\boldsymbol{B}$，令其中 $b_{ij} = 0$ 的元素集合为 $E$，可以得到相应的二分图 $G = (X, Y, E)$，调用最大匹配的匈牙利算法可以求出它的一个最大匹配。例如例 5.3.2 的第一个矩阵 $\boldsymbol{B}$ 对应的二分图如图 5.8(a) 所示，其最大匹配是 $M = \{(x_1, y_5), (x_3, y_1)\}$。由定理 5.2.3，$r = s$，即其最小覆盖数是 $|M|$ 。换句话说，能够在 $M$ 中找到 $r$ 个 $x_i$ 或 $y_j$，使得每条边都至少与其中某个顶点相关联。不妨先从 $M$ 中取出 $r$ 个 $x_i$ 构成集合 $R$，如果它恰好满足这一条件，那么盖住这 $r$ 个 $x_i$ 所在的行便盖住了 $\boldsymbol{B}$ 的全部零元素，它就是一个最小覆盖。否则一定存在某点 $x_k \notin R$，且它的一个邻点 $y_j \notin R$，由于 $M$ 是最大匹配，所以 $y_j$ 必有一邻点 $x_i \in R$，即 $(y_j, x_i) \in M$。这样，在 $x_k$ 所在的全部交互道路（交互支）$P$ 上，用 $y_j$ 代替 $x_i$，记为 $R = R \oplus P$，它保证了 $R$ 的元素数目不变，而且 $x_k$ 所在的交互支里的每条边都与 $R$ 中的某点关联。如果对每一个 $x_k \in X$ 都进行了上述处理，那么最终得到的 $R$ 就对应了 $G$ 的一个最小覆盖。

以例 5.3.2 为例，我们按上述过程继续处理。

1. $M=\{(x_1,\ y_5),\ (x_3,\ y_1)\}$，

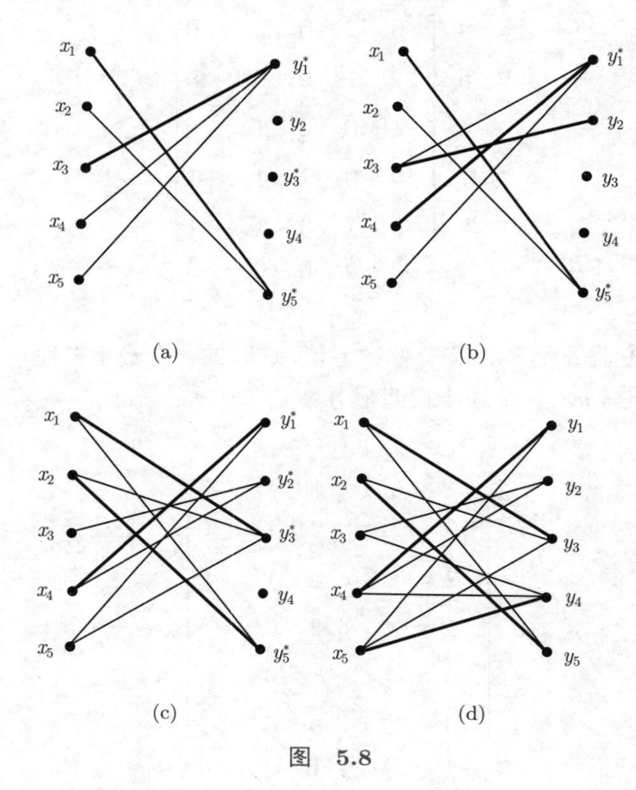


图 5.8

$R=\{x_1,\ x_3\}$，

$x_2\notin R\wedge\Gamma(x_2)\notin R$，

所以　$R=R\oplus P=R+y_5-x_1=\{x_3,\ y_5\}$。

$x_4\notin R\wedge\Gamma(x_4)\notin R$。

所以　$R=R+y_1-x_3=\{y_5,\ y_1\}$。

2. $M=\{(x_1,\ y_5),\ (x_3,\ y_2),\ (x_4,\ y_1)\}$，

$R=\{x_1,\ x_3,\ x_4\}$，

因为　$x_2\notin R\wedge\Gamma(x_2)\notin R$，

所以　$R=R+y_5-x_1=\{x_3,\ x_4,\ y_5\}$。

因为　$x_5\notin R\wedge\Gamma(x_5)\notin R$，

所以　$R=R+y_1-x_4=\{x_3,\ y_5,\ y_1\}$。

3. $M=\{(x_1,\ y_3),\ (x_2,\ y_5),\ (x_4,\ y_1)\}$，

$R=\{x_1,\ x_2,\ x_3,\ x_4\}$，

$x_5\notin R\wedge\Gamma(x_5)\notin R$，

$x_5$ 所在交互支是 $G$，

所以　$R=R\oplus P=\{y_1,\ y_2,\ y_3,\ y_5\}$。

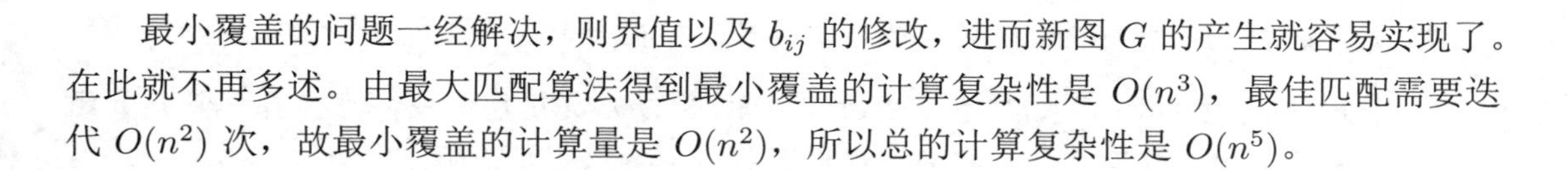

最小覆盖的问题一经解决，则界值以及 $b_{ij}$ 的修改，进而新图 $G$ 的产生就容易实现了。在此就不再多述。由最大匹配算法得到最小覆盖的计算复杂性是 $O(n^3)$，最佳匹配需要迭代 $O(n^2)$ 次，故最小覆盖的计算量是 $O(n^2)$，所以总的计算复杂性是 $O(n^5)$。

> ☞ 启发与思考
>
> 上述算法计算复杂性过高，实际是因为在求解最小覆盖时存在大量的冗余计算，有什么办法减少冗余计算？有兴趣的读者可自行学习 Kuhn-Munkres 算法（KM 算法），它在优化后的计算复杂性为 $O(n^3)$。

## 习　题　5

1.【★☆☆☆】已知二分图如图 5.9 所示，初始匹配是 $M=\{(x_1,\ y_1),\ (x_4,\ y_2)\}$，求最大匹配。

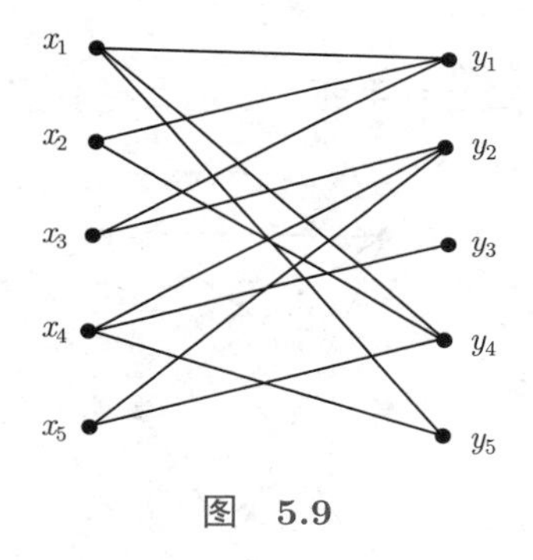


图　5.9

2.【★★☆☆】有 5 个字符串 bc、ed、ac、bd 和 abc，能否用其中的一个字母代表该字符串并且不产生混淆？如果可以，试给出一种方案。

3.【★☆☆☆】在如图 5.10 所示的 5 × 5 棋盘上放（象棋中的）车，使得任意两个车都不互相攻击到对方，并且有标记的格子不能放。求最多能放置多少个车。

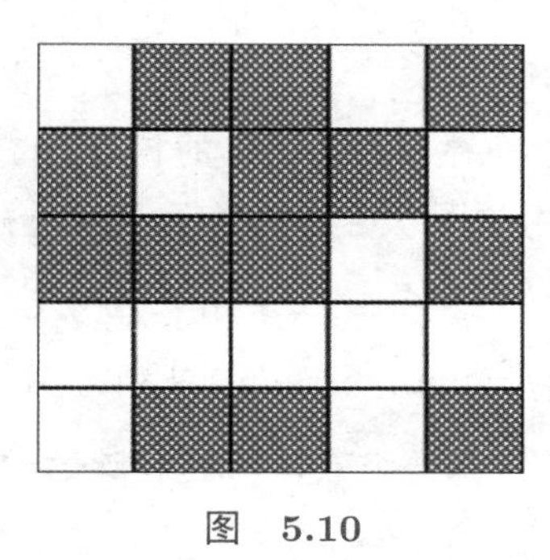

图　5.10

4.【★★☆☆】编写计算二分图最大匹配的程序。

5.【★★☆☆】证明：$2n$ 个顶点的树中最多只存在一个完全匹配。

6.【★☆☆☆】设图 $G$ 的顶点是由所有 0 和 1 的 $k$ 元组所组成，且仅当两个 $k$ 元组有一个坐标不同时，这两个顶点相邻，这种图称为 $k$-方体图。证明：

(1) $k$-方体图是有 $2^k$ 个顶点、$k \cdot 2^{k-1}$ 条边的二分图。

(2) $k$-方体图存在完全匹配。

7.【★★☆☆】证明定理 5.2.2。

8.【★★☆☆】计算：

(1) $k_{2n}$ 中不同的完全匹配数目。

(2) $k_{n,\ n}$ 中不同的完全匹配数目。

9.【★★★☆】由 0、1 元素组成的矩阵 $\boldsymbol{A}$ 每行都有 $k$ 个 1 元素，每列 1 元素的数目不超过 $k$ 个。问能否使 $\boldsymbol{A} = P_1 + P_2 + \cdots + P_k$ 成立，其中 $P_i(i = 1,\ 2,\ \cdots,\ k)$ 的每行都有一个 1 元素，每列最多只有一个 1 元素？

10.【★☆☆☆】计算如图 5.11 所示的二分图共有多少种完美匹配的方案。

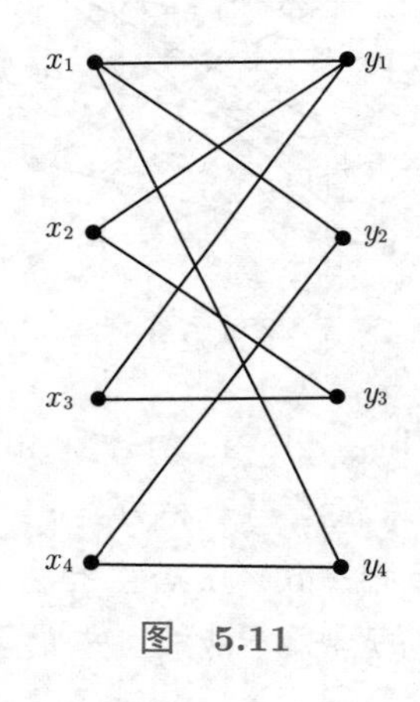


图 5.11

11.【★★★☆】证明：对于一棵 $2n$ 个顶点的树 $T$，有完美匹配当且仅当对于任意顶点 $u$，从 $T$ 中删去 $u$ 得到的导出子图 $T-u$ 的若干个连通分支中，恰有一个连通分支的点数为奇数。

12.【★★☆☆】设二分图 $G = (X,\ Y,\ E)$，$|X| = |Y| = n$，无重边。

已知存在常数 $k$，使得对于任意一个点，与之相连的边都恰有 $k$ 条。

证明：图 $G$ 一定有完美匹配。

13.【★★☆☆】已知利润矩阵，求最大利润。

$$\begin{bmatrix} 5 & 4 & 5 & 3 & 5 & 8 \\ 7 & 3 & 6 & 6 & 6 & 10 \\ 5 & 6 & 8 & 4 & 2 & 9 \\ 11 & 7 & 6 & 8 & 3 & 2 \\ 8 & 9 & 5 & 4 & 6 & 7 \\ 7 & 4 & 3 & 2 & 4 & 5 \end{bmatrix}$$

14.【★★☆☆】已知矩阵 $\boldsymbol{M}=(a_{ij})_{n*n}$。考虑如下问题：

求两个长度为 $n$ 的向量 $\boldsymbol{X}=(x_1，x_2，\cdots，x_n)$ 和 $\boldsymbol{Y}=(y_1，y_2，\cdots，y_n)$，使得对于任意 $1\leqslant i\leqslant n$ 和 $1\leqslant j\leqslant n$，均有 $x_i+y_j\geqslant a_{ij}$，并最小化 $S=\sum\limits_{i=1}^{n}(x_i+y_i)$。

对于如下给出的矩阵 $\boldsymbol{M}$（其中 $n=3$），尝试求解该问题。只需求出 $S$ 的最小值，并给出一组可能的 $\boldsymbol{X}$ 和 $\boldsymbol{Y}$ 即可。

$$\begin{pmatrix} 3 & 0 & 4 \\ 2 & 1 & 3 \\ 0 & 0 & 5 \end{pmatrix}$$

15.【★★★☆】编写计算二分图最佳匹配的程序。

# 第 6 章 网络流

## 6.1 网络流图

网络流问题反映现实中的一类运输问题，例如管道供水、快递物流、网络信息的传递等。如果我们想用图论模型描述管道供水系统，我们自然会想到用点和边以及一些参数来描述管道的结构、粗细以及水流的分布情况。

**定义 6.1.1** 一个运输网络 $N$（或称网络流图）是一个没有自环的有向连通图。它满足：

(1) 只有一个入度为零的顶点 $s$，称为源点。

(2) 只有一个出度为零的顶点 $t$，称为汇点。

(3) 每条边 $(i, j)$ 都有一个非负实数权 $c_{ij}$，称为该边的容量。如果顶点 $i$ 到 $j$ 没有边，则 $c_{ij}=0$。

这种网络可以看成某种产品从产地 $s$ 通过不同的道路可达销地，边的容量表示沿这条边最多能通过的量。图 6.1 就是一个网络流图。

在网络流图 $N$ 中，如果每条边 $e_{ij}$ 都给定一个非负实数 $f_{ij}$，满足：

(1) $f_{ij} \leqslant c_{ij}, \quad e_{ij} \in N$。

(2) $\sum\limits_{j} f_{ij} = \sum\limits_{j} f_{ji}, \quad i \neq s, t$。

(3) $\sum\limits_{j} f_{sj} = \sum\limits_{j} f_{jt} = w$。

那么这一组 $f_{ij}$ 就叫作该网络的可行流，$w$ 称为它的流量。在网络 $N$ 的一个可行流分布 $f$ 里，满足 $f_{ij}=c_{ij}$ 的边称为饱和边，否则是非饱和边。如果一个顶点分布使得网络的流量 $w_0$ 为极大，即

$$w_0 = \max \sum_{j} f_{sj}$$

就说 $w_0$ 是网络的最大流。

对于多产地和多销地的网络，可以再增加一个超发点 $s_0$ 和超收点 $t_0$，增加若干条边 $(s_0, s_i)$ 和 $(t_j, t_0)$，其中 $s_i$、$t_j$ 分别是每个产地和销地，同时边 $(s_0, s_i)$ 的容量是 $s_i$ 的生产能力，$(t_j, t_0)$ 的容量是 $t_j$ 的销售能力。这样就得到了一个网络流图，即单源点单汇点的图，如图 6.2 所示。

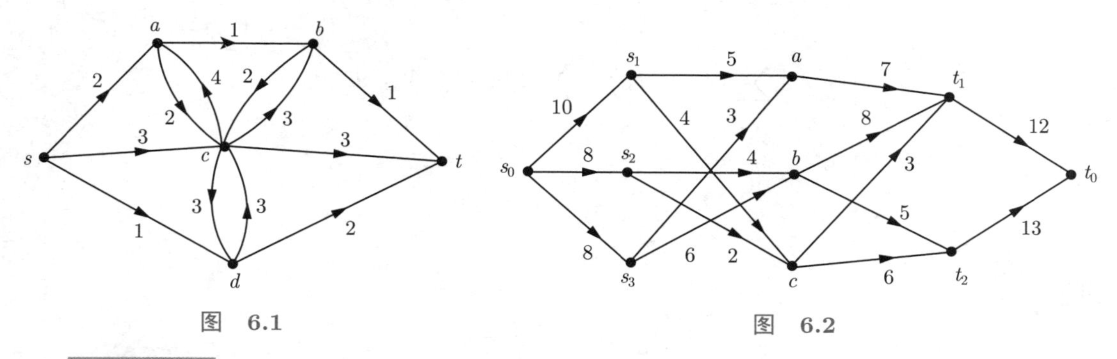


图　6.1　　　　图　6.2

**定义 6.1.2**　设 $S$ 是网络流图 $N=(V,\ E)$ 中的一个顶点集，满足：

(1) $s \in S$。

(2) $t \in \bar{S}$，$\bar{S}=V-S$。

则全部有向边 $(i,\ j)$，$i \in S$，$j \in \bar{S}$ 的集合称为 $N$ 的一个割切，记为 $(S,\ \bar{S})$，$(S,\ \bar{S})$ 中各边的容量之和称为该割切的容量，记为 $C(S,\ \bar{S})$，即

$$C(S,\ \bar{S})=\sum_{(i,\ j)\in(S,\ \bar{S})} c_{ij}$$

一般情况下，不同的割切有不同的割切容量。

**例 6.1.1**　图 6.1 中，令 $S=\{s\}$，则 $(S,\ \bar{S})=\{(s,\ a),\ (s,\ c),\ (s,\ d)\}$，$C(S,\ \bar{S})=6$。令 $S=\{s,\ a,\ c\}$，则 $(S,\ \bar{S})=\{(a,\ b),\ (c,\ b),\ (c,\ d),\ (c,\ t)(s,\ d)\}$，$C(S,\ \bar{S})=11$。

> **☞启发与思考**
>
> 可行流和割切的情况很多且很复杂，我们能否找到它们之间的关系，从而确定下来究竟什么样的可行流是最大流呢？下面的定理给出了解答。

网络的流量与割切容量之间存在下述关系。

**定理 6.1.1**　网络的最大流量小于或等于最小的割切容量，即

$$\max w \leqslant \min C(S,\ \bar{S})$$

证明：设 $f$ 是给定网络的任一可行流分布，由可行流的性质

$$\sum_j f_{sj}=w \tag{6-1}$$

$$\sum_j (f_{ij}-f_{ji})=0。\quad i \neq s 且 i \neq t,\ i,\ j \in V \tag{6-2}$$

任给一个割切 $(S,\ \bar{S})$，满足 $s \in S$，$t \in \bar{S}$ 由式 (6-1) 和式 (6-2)

$$\sum_{\substack{i\in S\\ j\in V}} (f_{ij}-f_{ji})=w$$

亦即

$$\sum_{\substack{i\in S\\ j\in S}}(f_{ij}-f_{ji})+\sum_{\substack{i\in S\\ j\in \bar{S}}}(f_{ij}-f_{ji})=w$$

其中

$$\sum_{\substack{i\in S\\ j\in S}}(f_{ij}-f_{ji})=0$$

因此

$$\sum_{\substack{i\in S\\ j\in \bar{S}}}(f_{ij}-f_{ji})=w$$

由于

$$0\leqslant f_{ij}\leqslant c_{ij}\quad \text{且}\quad f_{ij}-f_{ji}\leqslant f_{ij}$$

所以

$$w=\sum_{\substack{i\in S\\ j\in \bar{S}}}(f_{ij}-f_{ji})\leqslant\sum_{\substack{i\in S\\ j\in \bar{S}}}f_{ij}\leqslant\sum_{\substack{i\in S\\ j\in \bar{S}}}c_{ij}=C(S,\ \bar{S})$$

由于可行流分布与割切 $(S,\ \bar{S})$ 的任意性，因此定理得证。

如果网络的可行流并不是最大流，就一定存在着从 $s$ 到 $t$ 的增流路径。怎样的路径才是增流路径呢?

令 $s$，$i_1$，$i_2$，$\cdots$，$i_k$，$t$ 是一条 $s$ 到 $t$ 的路径 $P_{st}$，其中每条边的方向都是从 $i_j$ 到 $i_{j+1}$，称为向前边。如果这条路径上每条边 $e_{ij}$ 都有 $f_{ij}<c_{ij}$，那么令 $\delta=\min\limits_{e_{ij}\in P_{st}}(c_{ij}-f_{ij})$，这时令 $P_{st}$ 每条边的流都增加 $\delta$，结果仍然是网络的可行流分布，但流量比先前增加了 $\delta$。例如，图 6.3 表示在网络 $N$ 中某个可行流分布下的一条 $P_{st}$ 道路，它全部由向前边组成，其中每条边有两个权值 $(a,\ b)$，$a$ 表示其容量，$b$ 表示它当前的流。显见该道路上 $\delta=1$，即沿这条 $s-t$ 道路网络的流量最多可增加 1。

除了全部由向前边组成的增流路径之外，还可以有包含向后边的增流路径 $P_{st}$，在这种路径中，要求向前边 $e_{ij}$ 满足 $f_{ij}<c_{ij}$，向后边 $e_{ji}$ 满足 $f_{ji}>0$，如图 6.4 所示。设 $P_{st}$ 的全部向前边 $e_{ij}$ 中，$\delta_1=\min(c_{ij}-f_{ij})$；全部向后边 $e_{ji}$ 中，$\delta_2=\min f_{ji}$，再令 $\delta=\min(\delta_1,\ \delta_2)$，那么 $P_{st}$ 中可增加流量 $\delta$。例如图 6.4 的 $\delta=1$，在这条道路上的增流过程是这样的：汇点 $t$ 的流入量增加 1 是从 $i_4$ 获得，$i_4$ 要保持流的守恒，应使 $f_{34}$ 增加 1；而 $i_3$ 的守恒是由 $i_3$ 少供应 $i_2$ 1 个单位流而得到保证，因此增流路径中的向后边 $e_{ji}$ 一定要 $f_{ji}>0$，这时 $i_2$ 由于 $i_3$ 少供应 1，因此只有从 $i_1$ 多索取 1 才能保持守恒。

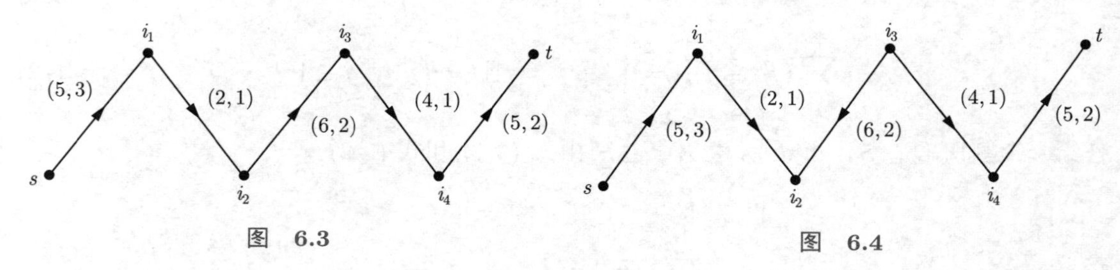


图 6.3　　图 6.4

在网络流图中只存在上述两类增流路径。

**例 6.1.2**　图 6.5 中，如果最初流量 $w=0$，第一条增流路径可以是 $(s,\ c,\ b,\ t)$，它全部由向前边组成，$\delta=2$，因此可增流 2，这时边 $(s,\ c)$，$(c,\ b)$，$(b,\ t)$ 的流都是 2，其余边均为 0，这是一个可行流分布。此时还存在另一条增流路径 $(s,\ a,\ b,\ c,\ d,\ t)$，其中 $(c,\ b)$ 是向后边，$f_{cb}=2$，其余边都是向前边，满足 $f_{ij}<c_{ij}$，这条路上 $\delta=1$，因此增流之后得到图 6.6。其中边 $(c,\ b)$ 的流为 1，这仍然是一个可行流分布。此时网络中已不存在任何增流路径。所以最大流量是 $w_0=3$。

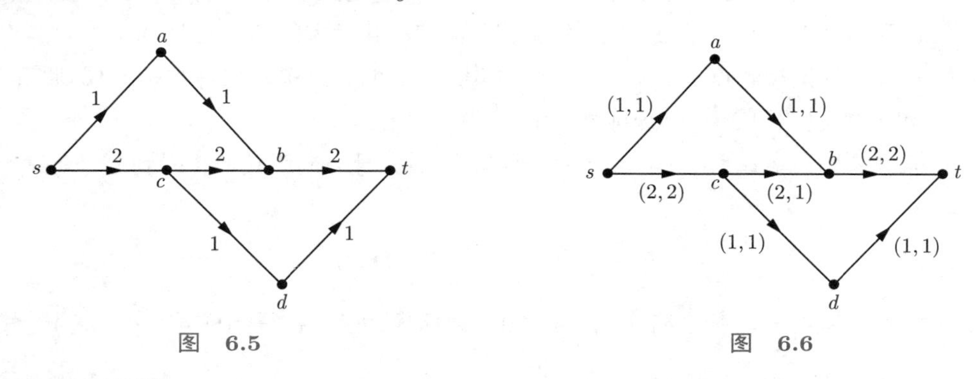


图　6.5　　　　图　6.6

**定理 6.1.2**　网络流图 $N$ 中，其最大流量等于其最小割切的容量，即

$$\max w=\min C(S,\ \bar{S})$$

**证明**：设网络的一个可行流分布 $f$ 已使得该网络的流量达到最大，确定一个割切 $(S,\ \bar{S})$ 如下

(1) $s\in S$。

(2) 若 $x\in S$，$(x,\ y)$ 是向前边且 $f_{xy}<c_{xy}$，则 $y\in S$。若 $x\in S$，$(y,\ x)$ 是向后边且 $f_{yx}>0$，则 $y\in S$。此时，必有 $t\notin S$，否则存在 $s$ 到 $t$ 的一条增流路径，与 $f$ 是最大流分布矛盾。因此 $\bar{S}\neq\varPhi$，根据上述定义，对任意满足 $x\in S$，$y\in\bar{S}$ 的边 $(x,\ y)$，若 $(x,\ y)$ 是向前边，必有 $f_{xy}=c_{xy}$；若 $(y,\ x)$ 是向后边，亦必定 $f_{yx}=0$，由定理 6.1.1，$\max w\leqslant\min C(S,\ \bar{S})$，但此时的流量 $w$ 又满足

$$w=\sum_{\substack{x\in S\\ y\in\bar{S}}}(f_{xy}-f_{yx})=\sum_{\substack{i\in S\\ j\in\bar{S}}}c_{ij}=C(S,\ \bar{S})$$

亦即

$$\max w=\min C(S,\ \bar{S})$$

## 6.2　Ford-Fulkerson 最大流标号算法

福特和富尔克森（Ford and Fulkerson）最先给出了计算运输网络最大流量的标号算法，它以定理 6.1.2 为基础，包含了两个过程。

任意给定了网络的一个可行流分布 $f$ 后，第一个过程称为标号过程，它检查网络中是否存在关于 $f$ 的增流路径。如果不存在，则由定理 6.1.2，此时的 $f$ 是最大流分布，其流量 $w$ 为最大流。否则，在标号过程中最后能标到顶点 $t$，即存在 $s$ 到 $t$ 的增流路径。这时便进入第二个过程：增流过程。在增流过程中，将确定一条 $s$ 到 $t$ 的增流路并修正这条路上的流。得到新的可行流分布 $f'$，再继续执行标号过程。

在标号过程里，每个顶点 $v$ 都有一组标号 $(d_v，\delta_v)$，$d_v$ 表示在标号过程里顶点 $v$ 是因为哪个顶点才得到标号的，它也表示标号的方向，即是正向的还是反向的。如果 $v$ 得到标号，就表明网络里存在一条 $s$ 到 $v$ 的增流路径 $P$，其最大的增流量是 $\delta_v$。

在标号时，首先对源点 $s$ 标以 $(-，\infty)$，其中 $d_s$ 的值无关紧要，则标号规则是：设 $e$ 是连接 $u$ 和 $v$ 的边，假定 $u$ 已经标号，而 $v$ 尚未标号。

正向标号：如果 $e=(u，v)$ 且 $f(e)<c(e)$，则标号方向为正，$v$ 得到标号 $(u^+，\delta_v)$，其中

$$\delta_v=\min(\delta_u，c(e)-f(e))$$

反向标号：如果 $e=(v，u)$ 且 $f(e)>0$，则标号为负，$v$ 得到标号 $(u^-，\delta_v)$，其中

$$\delta_v=\min(\delta_u，f(e))$$

在标号过程中，每个顶点最多进行一次标号，最终顶点 $t$ 或者能得到标号，或者无法得到标号。

如果 $t$ 得到标号，那么由标号规则可以确定一条 $s$ 到 $t$ 的增流路径 $P_{st}$，它可以增流 $\delta_t$。在增流过程里利用 $d_v$ 可以回溯检索这条道路 $P_{st}$，同时修改每条边的流，得到新的可行流分布 $f'$。

Ford-Fulkerson 算法描述如下。

S1. 在给定的网络流图中任选一个可行流分布 $f$,可以令 $N$ 中每条边 $e$,都有 $f(e)=0$。

S2.（标号过程开始）给 $s$ 标号 $(-，\infty)$。

S3. 如果存在一个未标顶点 $v$，它可以通过正向标号或反向标号得到标号，则标之并转 S4，否则转 S7。

S4. 如果 $v=t$ 转 S5，否则转 S3。

S5.（增流过程开始），设 $v$ 的标号是 $(d_v，\delta_v)$。

(1) 若 $d_v=u^+$，则令 $f(u，v)=f(u，v)+\delta_t$。

(2) 若 $d_v=u^-$，则令 $f(v，u)=f(v，u)-\delta_t$。

S6. 如果 $u=s$，删去全部标号并转 S2，否则令 $v=u$，转 S5。

S7.（此时 $f$ 已是最大流分布）结束。

下面举例说明这个算法。

**例 6.2.1** 图 6.7 是一个运输网络 $N$，每条边 $e$ 都有两个权，依次是 $c(e)$ 和 $f(e)$，最初 $N$ 中每条边 $e$ 都是 $f(e)=0$，亦即流量 $w=0$。开始标号时顶点 $s$ 为 $(-，\infty)$，之后

依次给顶点 $a$、$b$、$c$、$d$ 和 $t$ 的标号，结果如图所示。此时标号过程结束。在增流过程中我们将确定增流路径 $P_{st}$ 并修正可行流 $f$。

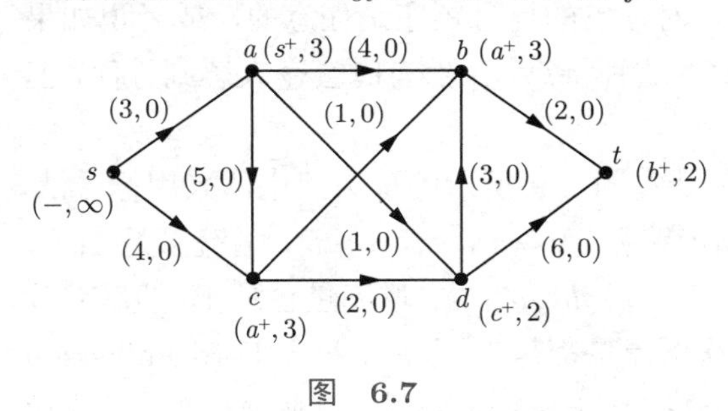


图　6.7

由 $t$ 的标号 $b^+$ 表示这条 $P_{st}$ 路径中 $t$ 的前趋是 $b$，类似地，由 $b$ 的标号 $a^+$ 和 $a$ 的标号 $s^+$ 可知这条路径是

$$s \to a \to b \to t$$

而且所有的边都是向前边，每条边的流都增加 $\delta_t = 2$，这时网络流量 $w = 2$，如图 6.8(a) 所示。

删去所有标号，从 $s$ 开始重新标号如图 6.8(a)，又得到了一条增流路径 $(s，c，d，t)$，可增流 $\delta_t = 2$，此时 $w = 4$。

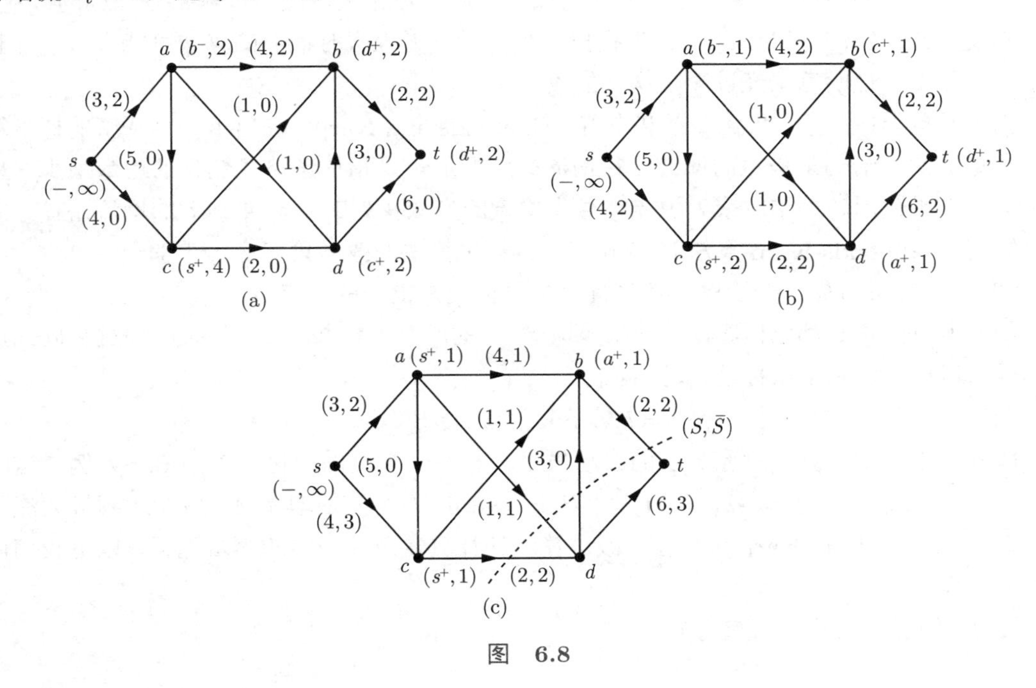


图　6.8

以这时的可行流分布为基础的网络流图如图 6.8(b) 所示，经过标号过程又得到一条增流路径 $(s，c，b，a，d，t)$，此时边 $(a，b)$ 是向后边，其余都是向前边，这时向前边的流增 1 而向后边的流减 1，结果如图 6.8(c) 所示，$w = 5$。

再从 $s$ 开始标号，结果只能标到 $a$、$c$、$b$，而无法标到 $d$ 和 $t$，因此不再存在 $s$ 到 $t$ 的增流路，$w = 5$ 便是网络的最大流。令得到标号的顶点属于 $S$，其余顶点属于 $\bar{S}$，此时 $(S，\bar{S}) = \{(b，t)，(a，d)，(c，d)\}$，$C(S，\bar{S}) = 5$。满足定理 6.1.2。

## 6.3 最大流的 Edmonds-Karp 算法

6.2 节描述的 Ford-Fulkerson 标号算法中，对顶点的标号顺序是任意的，或者说如果存在的话，可以任意选择一条 $s$ 到 $t$ 的增流路径。这种特点，虽然有时会令人感到方便，但同时存在很严重的缺陷。

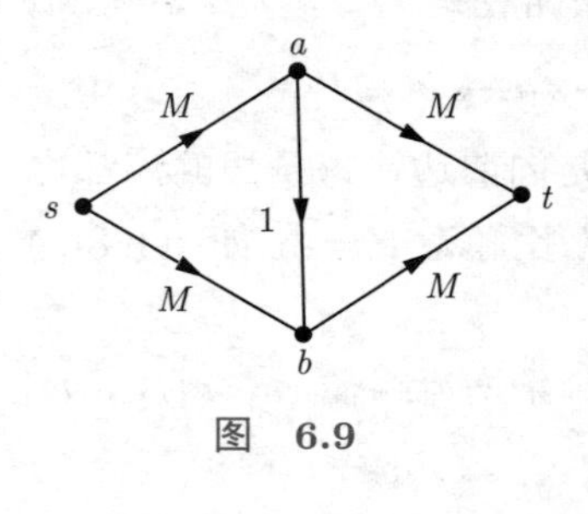


图 6.9

**例 6.3.1** 在计算图 6.9 所示的最大流中，采用标号法，可以先选择一条增流路径 $P_1=(s，a，b，t)$，增流量是 1；再选一条增流路径 $P_2=(s，b，a，t)$，增流量也是 1，然后交替选择 $P_1$ 和 $P_2$，每次增流量都是 1。这完全符合 Ford-Fulkerson 标号算法，但总共要找 $2M$ 条增流路径，其中 $M$ 可以是任意正整数。这说明 Ford-Fulkerson 算法的计算复杂性与问题的规模，即网络的顶点数或边数无关，反而依赖某些任选的参数。

不仅如此，Ford 和 Fulkerson 也指出了当容量是无理数时他们的算法可能失效，并且举了一个例子，说明算法经过无限次才能收敛。

为了避免上述问题，埃德蒙兹和卡普（Edmonds and Karp）提出了一个严密的标号算法：在每一次都沿一条最短的增流路径增流。所谓最短是指这条路径包含的边数最少。显而易见，如果使用广探法，或者说先标号先检查的方法找到的一条 $s$ 到 $t$ 的增流路径一定是最短的。Edmonds-Karp 算法对 Ford-Fulkerson 算法的改动只有 S3 和 S4。

S3′. 按先标号先检查次序，选择标号最早但尚未检查的顶点 $u$。

如果所有的顶点都已检查，转 S7。否则对 $u$ 的所有未标邻点 $v$，如果能通过正向或反向标号给以标号，则依次标之，转 S4′。

S4′. 如果 $t$ 得到标号，令 $v=t$ 转 S5。否则转 S3′。

Edmonds-Karp 算法对原算法的改动虽小，却发生了质的变化。以图 6.9 为例，这时只有 2 条增流路径：$P_1=(s，a，t)$ 和 $P_2=(s，b，t)$，分别增流 $M$ 后即达到最大流分布。而且 Edmonds 和 Karp 证明了：改进算法的计算复杂性与边的容量无关。以下我们证明这一结果。

设 $f$ 是网络 $N$ 中可行流分布

$P$: $s=u_0$ —$e_1$— $u_1$ —$e_2$— $u_2$ ⋯⋯ $u_{i-1}$ —$e_i$— $u_i$ ⋯⋯ $u_{k-1}$ —$e_k$— $u_k=t$

是一条增流路径。并令

$$\delta_i=\begin{cases}c(e_i)-f(e_i), & e_i \text{ 是向前边}\\ f(e_i), & e_i \text{ 是向后边}\end{cases}$$

$$\delta_t=\min\delta_i$$

这时一定存在 $i$，满足 $\delta_i=\delta_t$，我们称 $e_i$ 是该道路的瓶颈。假定标号法从初始流分布 $f_0$ 开始，依照 Edmonds-Karp 算法依次构造可行流 $f_1$，$f_2$，$\cdots$

如果向前边 $e$ 是一条增流路径 $P$ 的瓶颈，那么在增流过程中它将饱和；如果这时 $e$ 是向后边，则 $f(e)$ 将变为 0，显然可导致下述结论。

**引理 6.3.1**　若 $k<p$，且向前（后）边 $e$ 是从 $f_k$ 变为 $f_{k+1}$ 以及 $f_p$ 变为 $f_{p+1}$ 时的瓶预，则存在 $l$，满足 $k<l<p$，向后（前）边 $e$ 是从 $f_t$ 变为 $f_{l+1}$ 时增流路径中的边。

令 $\lambda^i(u，v)$ 表示 $f_i$ 中从 $u$ 到 $v$ 的一条最短非饱和路径长度，这时对其中的一条边 $e$，只有 $f_i(e)<c(e)$，它才能充当向前边；也只有 $f_i(e)>0$ 时它才可用作向后边。

**引理 6.3.2**　对每个顶点 $v$ 及每个 $k=0，1，2\cdots$

$$\lambda^k(s，v)\leqslant\lambda^{k+1}(s，v) \tag{6-3}$$

$$\lambda^k(v，t)\leqslant\lambda^{k+1}(v，t) \tag{6-4}$$

**证明**：首先证明式 (6-3)，若 $f_{k+1}$ 不存在 $s$ 到 $v$ 的非饱和路径，就令 $\lambda^{k+1}(s，v)=\infty$。上式成立。现假定

$$P:\ s=u_0 \xrightarrow{e_1} u_1 \xrightarrow{e_2} u_2 \cdots\cdots u_{p-1} \xrightarrow{e_p} u_p=v$$

是 $f_{k+1}$ 中 $s$ 到 $v$ 的一条最短非饱和路径。

如果 $e_i$ 是 $P$ 中的一条向前边，显然有 $f_{k+1}(e_i)<c(e_i)$，因此或有 ①$f_k(e_i)<c(e_i)$，或有 ②$f_k(e_i)=c(e_i)$，此时 $e_i$ 已在 $f_k$ 变为 $f_{k+1}$ 时充当了增流路径中的向后边。

在情况 ② 中，易见

$$\lambda^k(s，u_i)\leqslant\lambda^k(s，u_{i-1})+1 \tag{6-5}$$

而在情况 ② 里，

$$\lambda^k(s，u_{i-1})=\lambda^k(s，u_i)+1$$

亦满足式 (6-5)。

类似可证，如果 $e_i$ 是 $P$ 中的一条向后边，式 (6-5) 成立。

由于 $\lambda_k(s，u_0)=0$，因此对 $i=1，2，\cdots，P$，式 (6-5) 有

$$\lambda^k(s，u_p)\leqslant p=\lambda^{k+1}(s，v)$$

同理可证式 (6-4)。

**引理 6.3.3**　在采用先标号先检查原则求网络的最大流时，如果边 $e$ 是从 $f_k$ 变为 $f_{k+1}$ 时增流路径中的一条向前（后）边，同时也是 $f_i$ 变为 $f_{l+1}$ 时 $(k<l)$ 增流路径的一条向后（前）边，则有

$$\lambda^l(s，t)\geqslant\lambda^k(s，t)+2$$

**证明**：假定 $e$ 是从 $u$ 到 $v$ 的边。由于 $e$ 是 $f_k$ 中的一条向前边，所以

$$\lambda^k(s，v)=\lambda^k(s，u)+1 \tag{6-6}$$

又由于 $e$ 是 $f_l$ 中的一条向后边，因此

$$\lambda^l(s,\ t) = \lambda^l(s,\ v) + 1 + \lambda^l(u,\ t) \tag{6-7}$$

根据引理 6.3.2，有

$$\lambda^l(s,\ t) \geqslant \lambda^k(s,\ u) + \lambda^k(u,\ t) + 2 = \lambda^k(s,\ t) + 2$$

这样我们可以得到定理 6.3.1。

**定理 6.3.1** 如果在 Edmonds-Karp 标号算法中，每条增流路径都是当前最短的增流路径，则网络中的增流路径不超过 $m(n+2)/2$ 条。

**证明**：设边 $e$ 的方向都是从 $u$ 到 $v$，一个可行流序列是 $f_{k_1}$，$f_{k_2}$，$\cdots$，其中 $k_1 < k_2 < \cdots$，而且边 $e$ 在 $f_{ki}$ 中是向前边瓶颈。由引理 6.3.1，存在另一个序列 $l_1$，$l_2$，$\cdots$，满足

$$k_1 < l_1 < k_2 < l_2 < \cdots$$

且 $e$ 在 $f_{l_i}$ 中充当向后边。

由引理 6.3.3，

$$\lambda^{k_i}(s,\ t) + 2 \leqslant \lambda^{l_i}(s,\ t)$$

同时

$$\lambda^{l_i}(s,\ t) + 2 \leqslant \lambda^{k_{i+1}}(s,\ t)$$

因此

$$\lambda^{k_1}(s,\ t) + 4(j-1) \leqslant \lambda^{k_j}(s,\ t)$$

由于

$$\lambda^{k_j}(s,\ t) \leqslant n-1$$
$$\lambda^{k_1}(s,\ t) \geqslant 1$$

所以

$$j \leqslant \frac{n+2}{4}$$

即 $e$ 作为向前边最多能充当瓶颈 $(n+2)/4$ 次。类似地，它作为向后边也最多只能充当瓶颈 $(n+2)/4$ 次。因此，每条边最多只能充当 $(n+2)/2$ 次瓶颈，由于网络中有 $m$ 条边，故增流路径最多有 $m(n+2)/2$ 条。

**定理 6.3.2** Edmonds-Karp 最大流算法的计算复杂性是 $O(m^2n)$。

**证明**：使用先标号先检查方法，找一条增流路径最多检索 $m$ 条边，由定理 6.3.1 即得证。

**☞启发与思考**

还有更优秀的最大流算法吗？感兴趣的读者可以尝试在 Edmonds-Karp 算法的基础上再进行修改，并搜索相关资料进一步学习。

## 6.4　最大流的 Dinic 算法

Dinic 算法也是网络流最大流的优化算法之一。在讲解 Dinic 算法之前，我们先给出以下定义。

**定义 6.4.1**　给定容量网络 $G(V，E)$ 及可行流 $f$，则边的容量与流量之差称为边的剩余容量。网络中所有顶点和剩余容量大于 0 的边构成的子图，称为**残留网络**。

**定义 6.4.2**　在残留网络中，把从源点到顶点 $u$ 的最短路径长度（该长度仅仅是路径上边的数目，与容量无关），称为顶点 $u$ 的层次，记为 level$(u)$。源点 $s$ 的层次为 0。

例如，对图 6.10(a) 所示的残留网络进行分层后，得到图 6.10(b)，顶点旁的数值表示顶点的层次。为了让读者更清晰地观察顶点的层次，在图 6.10(b) 中还特意将顶点按层次递增的顺序排列。

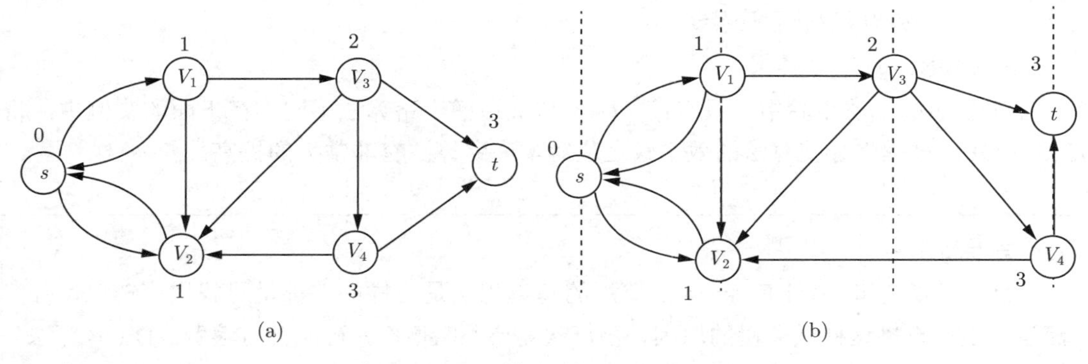


图　6.10

(1) 对残留网络进行分层后，边有 3 种可能的情况。

① 从第 $i$ 层顶点指向第 $i+1$ 层顶点。

② 从第 $i$ 层顶点指向第 $i$ 层顶点。

③ 从第 $i$ 层顶点指向第 $j$ 层顶点 $(j<i)$。

(2) 不存在从第 $i$ 层顶点指向第 $i+k$ 层顶点的弧 $(k \geqslant 2)$。

(3) 并非所有网络都能分层。例如图 6.11 所示的网络就不能分层。

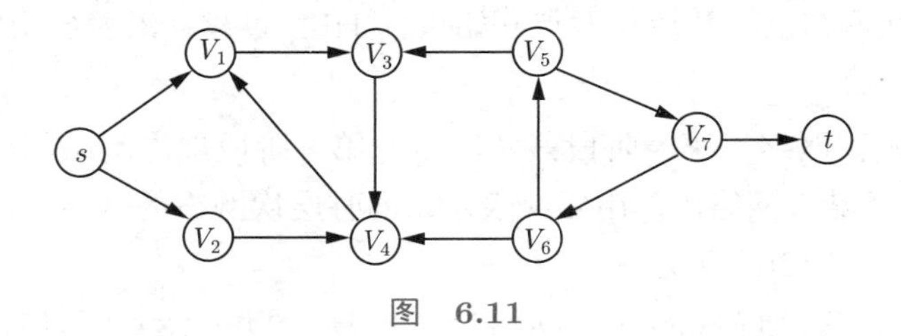


图　6.11

**定义 6.4.3**　对残留网络分层后，删去比汇点 $t$ 层次更高的顶点和与汇点 $t$ 同层的顶点（保留 $t$）、并删去与这些顶点关联的弧，再删去从某层顶点指向同层顶点和低层顶点的弧，所剩的各条弧的容量与残留网络中的容量相同，这样得到的网络是残留网络的子网络，称为**层次网络**。根据层次网络的定义可知，层次网络中任意一条弧 $<u, v>$，都满足 $\text{level}(u) + 1 = \text{level}(v)$ 。这种弧也称为**允许弧**。

**定义 6.4.4** 设容量网络中的一个可行流为 $f$，当该网络的层次网络中不存在增广路（即从源点 $s$ 到汇点 $t$ 的路径）时，称该可行流 $f$ 为层次网络的**阻塞流**。

Dinic 算法的思想是分阶段地在层次网络中增广。它与最短增广路 Edmonds-Karp 算法不同之处是：Edmonds-Karp 算法每个阶段执行完一次 BFS 增广后，要重新启动 BFS 从源点 $s$ 开始寻找另一条增广路；而在 Dinic 算法中，只需一次 DFS 过程就可以实现多次增广，这是 Dinic 算法的巧妙之处。Dinic 算法的具体步骤如下。

(1) 初始化容量网络和网络流。

(2) 构造残留网络和层次网络，若汇点不在层次网络中，则算法结束。

(3) 在层次网络中用一次 DFS 过程进行增广以增加网络流量，构造阻塞流，DFS 执行完毕，该阶段的增广也执行完毕。

(4) 转步骤 (2)。

在 Dinic 的算法步骤中，只有第 (3) 步与最短增广路算法不同。在下面的实例中，将会发现 DFS 过程将会使算法的效率较之最短增广路算法有非常大的提高。

☞启发与思考

Dinic 算法和 Ford-Fulkerson 算法的基本想法是一样的，都是寻找增广链以增加流量。不过直接这样做会慢的原因是，每次需要不断增广，可能会有浪费。Dinic 算法的优化思想是，一次性尽量增广多条路径，显然会加快速度，先用 BFS 遍历所有的点，记录下每个结点的深度。然后通过 DFS，也是从 $s$ 出发，不走同级路径，实现递增序列，重复以上操作（一遍 BFS + DFS），求出最大流。

**例 6.4.1** 以图 6.12 为例分析 Dinic 算法的执行过程。

图 6.12(a)~图 6.12(g) 演示了 Dinic 执行的两个阶段，其过程如下。

(1) 初始容量网络（第一阶段初始的残留网络），如图 6.12(a) 所示。

(2) 构造好层次网络后，然后从源点开始执行 DFS 过程，沿着层次网络寻找最大阻塞流，如图 6.12(b) 所示。

(3) 构造新的残留网络，第一阶段残留容量与第一阶段层次网络的网络流进行差运算，前进方向用网络容量减去网络流，用实线表示；同时层次网络的网络流用反方向虚线表示，作为回退方向，如图 6.12(c) 所示。

(4) 构造第二阶段的层次网络和网络流，重复（2）、（3）的过程，如图 6.12(d)~图 6.12(e) 所示。

(5) 在新的残留网络上构造层次网络，发现汇点 $t$ 不在层次网络中，算法到此结束；用初始容量网络减去最终残留网络中的前向流量得到最大网络流，如图 6.12(g) 所示。

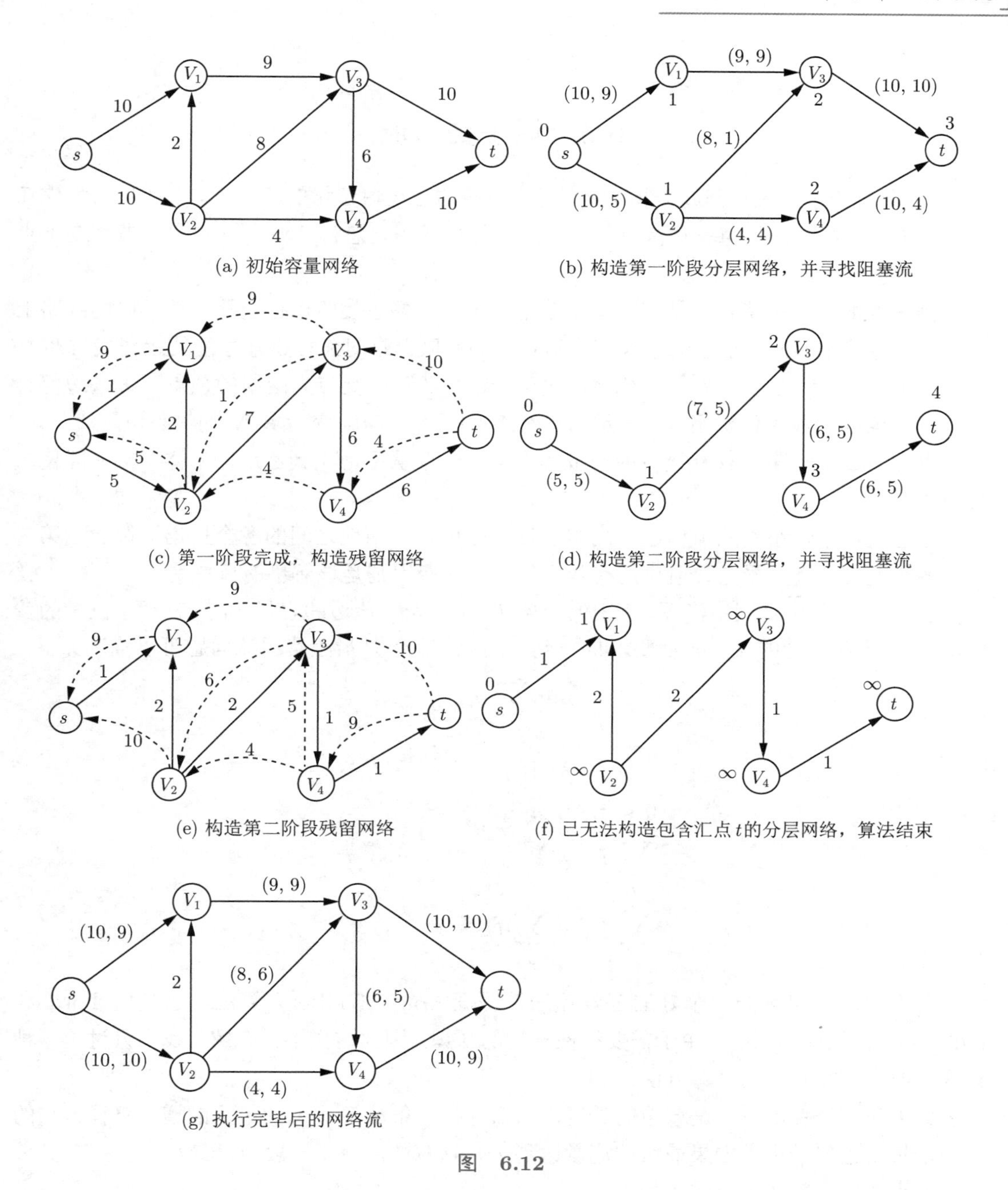


(a) 初始容量网络

(b) 构造第一阶段分层网络，并寻找阻塞流

(c) 第一阶段完成，构造残留网络

(d) 构造第二阶段分层网络，并寻找阻塞流

(e) 构造第二阶段残留网络

(f) 已无法构造包含汇点 $t$ 的分层网络，算法结束

(g) 执行完毕后的网络流

**图　6.12**

因为在 Dinic 的执行过程中，每次重新分层，汇点所在的层次是严格递增的，而 $n$ 个点的层次图最多有 $n$ 层，所以最多重新分层 $n$ 次。在同一个层次图中，因为每条增广路都有一个瓶颈，而两次增广的瓶颈不可能相同，所以增广路最多 $m$ 条。搜索每一条增广路时，前进和回溯都最多 $n$ 次，所以这两者造成的时间复杂度是 $O(nm)$；而沿着同一条边 $(i,\ j)$ 不可能枚举两次，因为第一次枚举时要么这条边的容量已经用尽，要么点 $j$ 到汇点不存在通路从而可将其从这一层次图中删除。综上所述，Dinic 算法时间复杂度的理论上界

是 $O(n^2 * m)$。

## 6.5 最小费用流

6.3 节讨论了最大流问题，当时没有考虑每条边通过单位量的费用。本节我们将考虑在一个运输网络中，如果每条边都有其容量与单位量费用，怎样从源点 $s$ 以最小费用向汇点 $t$ 发送给定的流量 $w$。

**例 6.5.1** 一批货物要从工厂运至车站，可以有多条线路进行选择，在不同的线路上每吨货的运费不相同，而且每条线路的运货能力有限。这时怎样运输才能使运费最省?

用顶点 $s$ 代表工厂，$t$ 表示车站，线路为边，线路的交点为网络的顶点，每条边都有两个权：容量 $c$ 和单位费用 $a$，于是构成网络流图 $N$，问题变为求 $N$ 的最小费用流。

**例 6.5.2** 一个旅行社接待的一批客人第二天要从甲地飞到乙地，怎样安排才能使旅费最省?

这也是一个最小费用流问题，网络的顶点是甲、乙两地之间的各个机场，边表示第二天的各个航班，其容量是该航班的有效座位数，而费用则是该航班的机票费。

设 $e = (i,\ j)$ 是网络流图 $N$ 中的一条边，$c_{ij}$ 表示该边的容量，$a_{ij}$ 表示单位量的费用，$f_{ij}$ 是当前该边的流，$w$ 是要求从 $s$ 到 $t$ 的流量。于是最小费用流问题可以描述如下：

$$\min \sum_{e_{ij}} a_{ij} f_{ij}$$

约束条件

$$\begin{aligned}
&0 \leqslant f_{ij} \leqslant c_{ij}\\
&\sum_j f_{ij} = \sum_j f_{ji}, \quad i \neq s,\ t\\
&\sum_j f_{sj} = \sum_j f_{jt} = w
\end{aligned}$$

最小费用流问题的一个好的有效算法是瑕疵（out of kilter）算法。它是由 Ford 和 Fulkerson 首先提出来的。由于需要线性规划的知识，因此这里不再介绍。我们只讨论一种直观的但常常是有效的计算方法。

如果我们把费用看作是该边的长度，那么寻找一条从 $s$ 到 $t$ 的最短的增流路径，它的费用增长得也就最小。如果最后的流量达到 $w$，这时的总费用一般应是最小。

最小费用流算法简单描述如下。

(1) 初始流分布 $f_0$ 使每条边 $e$ 都为 $f(e) = 0$，亦即 $w_0 = 0$。

(2) 在当前的可行流分布下修改各边 $(i,\ j)$ 的费用 $a^*_{ij}$，

$$\begin{aligned}
a^*_{ij} &= a_{ij}, && 0 \leqslant f_{ij} < c_{ij}\\
a^*_{ij} &= \infty, && f_{ij} = c_{ij}\\
a^*_{ij} &= -a_{ji}, && f_{ji} > 0
\end{aligned}$$

(3) 以 $a_{ij}^*$ 为边长，找一条从 $s$ 到 $t$ 的最短增流路径，得到增流量 $\delta_t$。

(4) 若 $\delta_t + w_0 \geqslant w$，则 $\delta_t \leftarrow w - w_0$，转 (5)，结束。否则转 (5)，转 (2)。

(5) 增流过程。由 $\delta_t$ 修改可行流，返回。

算法中的增流过程与最大流算法是一样的，最短增流路径可以先求其最短路径，然后再计算 $\delta_t$。

**例 6.5.3**　设 $w = 2$，图 6.13(a) 中每边的两个权分别是 $a_{ij}$ 和 $c_{ij}$，求它的最小费用流。

解：初始 $w_0 = 0$，各边的费用 $a_{ij}^* = a_{ij}$，$P = (s, a, b, t)$ 是当前的最短增流路径，$\delta_t = 1$，故 $w_0 = 1$，可行流分布如图 6.13(b)，每边的第 3 个权是当前的可行流分布。注意，当边 $(i, j)(i, j \neq s, t)$ 的 $f_{ij} > 0$ 时，就对应存在一条边 $(j, i)$，并且 $a_{ji} = -a_{ij}$，$c_{ji} = c_{ij}$，$f_{ji} = 0$。这时再求 $s$ 到 $t$ 的最短增流路径：$P = (s, b, a, t)$，$\delta_t = 1$，$w_0 = 2$，满足要求，因此最终的最小费用流分布如图 6.13(c) 所示，最小费用是 $\sum a_{ij} f_{ij} = 16$。

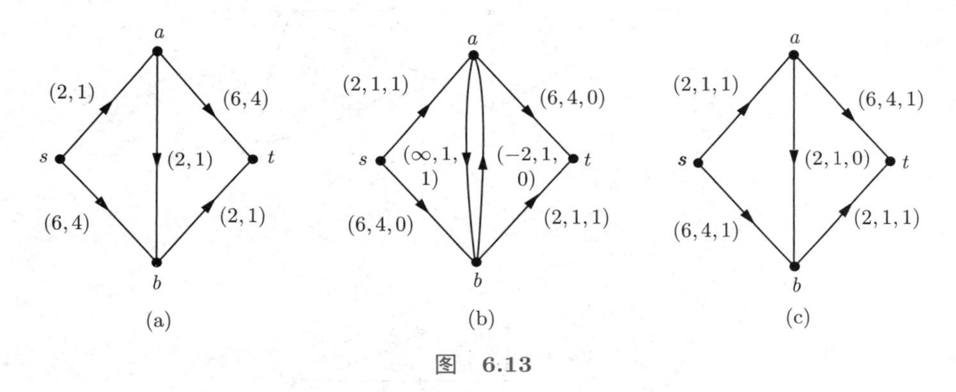


图　6.13

最后再介绍一个多源点多汇点的最小费用流的例子。

**例 6.5.4**　已知网络流图 6.14，发点 $a$、$b$ 均可供应两个单位，收点 $c$ 接收 1 个单位，$e$ 接收 2 个单位，求其最小费用流。

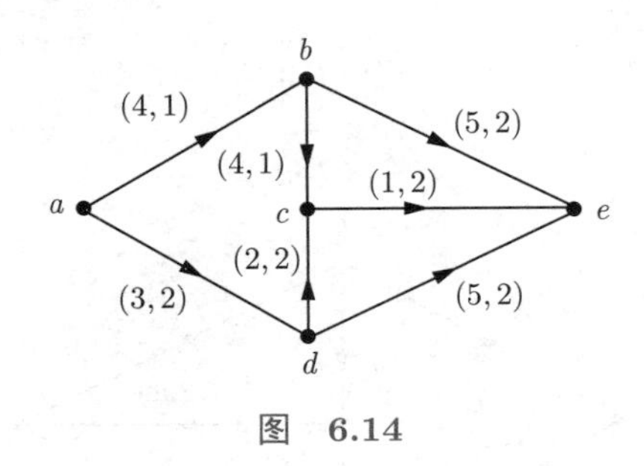


图　6.14

解：增设一个超发点 $s$，最初 $a_{sa} = 0$，$c_{sa} = 2$，$a_{sb} = 0$，$c_{sb} = 2$；增设一个超收点 $t$，初始 $a_{ct} = 0$，$c_{ct} = 1$，$a_{et} = 0$，$c_{et} = 2$。依次求出的最短增流路径是 $P_1 = (s, b, c, t)$，$\delta_t = 1$；$w_0 = 1$；$P_2 = (s, b, e, t)$，$\delta_t = 1$，$w_0 = 2$；$P_3 = (s, a, d, c, e, t)$，$\delta_t = 1$。$w_0 = 3$，分别如图 6.15(a)~图 6.15(c) 所示，最后的流分布如图 6.16 所示，$\sum a_{ij} f_{ij} = 15$。

(a)
s
(0, 2, 1)
b
(0, 2, 0)
(4, 1, 0)
(5, 2, 0)
(∞, 1, 1)
(1, 2, 0)
c
e
a
(2, 2, 0)
(5, 2, 0)
(0, 2, 0)
(3, 2, 0)
d
(∞, 1, 1)
t
(b)
(∞, 2, 2)
(4, 1, 0)
(5, 2, 1)
(−4, 1, 0)
(0, 2, 1)
(c)
(−5, 1, 0)
(0, 2, 1)
(5, 2, 1)
(1, 2, 1)
(2, 2, 1)
(3, 2, 1)
(∞, 2, 2)

图 6.15

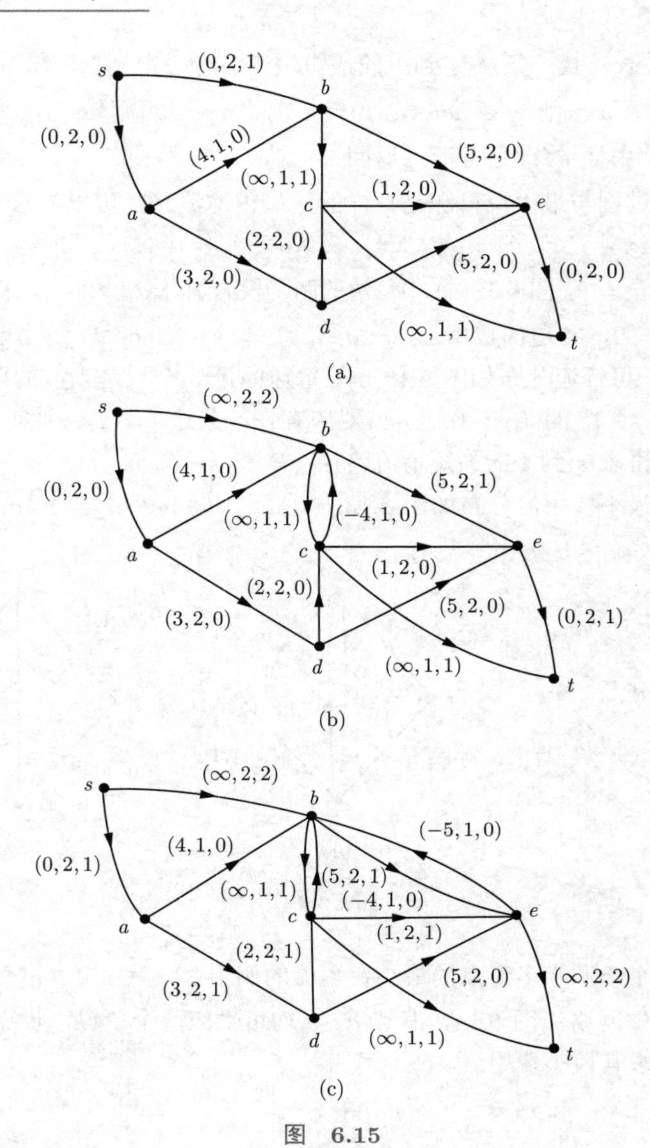

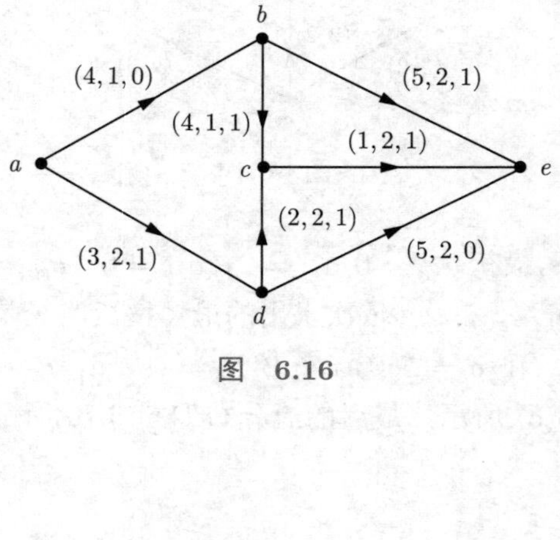

b
(4, 1, 0)
(5, 2, 1)
(4, 1, 1)
(1, 2, 1)
a
c
e
(2, 2, 1)
(3, 2, 1)
(5, 2, 0)
d

图 6.16

启发与思考

我们通过大量的讨论与分析建立起了网络流模型，仅仅只能用于解决如“水流”“人流”“物流”等本身就与“流”相关的问题呢？感兴趣的读者可搜索“网络流模型”，许多问题虽然本身和“流”无关，但经过转化后可以用网络流算法解决。可见，虽然很多算法模型是基于某个实际问题而提出的，但若将其合理应用与适当拓展就可以用来解决更多的实际问题，网络流模型便是如此。这种“从实际出发——建立模型——解决问题——拓展模型——解决更多实际问题”的思路值得大家借鉴。

# 习　题　6

1.【★☆☆☆】求图 6.17 的最大流和最小割切。

2.【★★☆☆】网络流图如图 6.18 所示，发点 $s_1$、$s_2$ 分别可供应 10 和 15 个单位；收点 $t_1$ 和 $t_2$ 可以接收 10 和 25 个单位，求最大流分布。

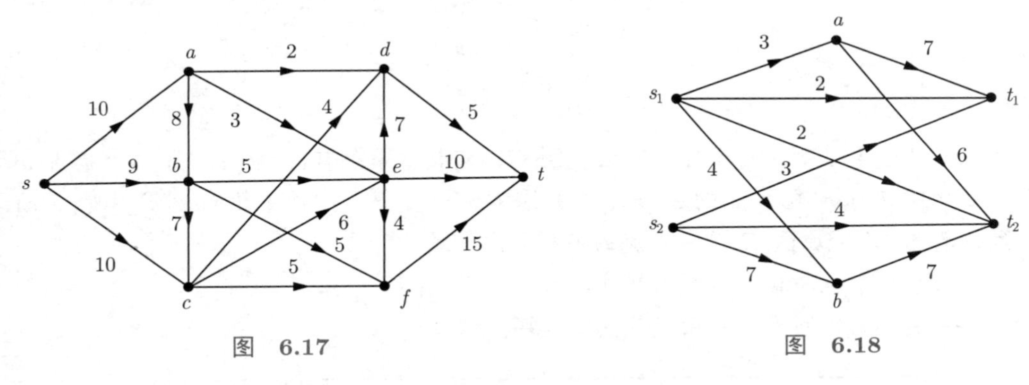


图　6.17　　　　图　6.18

3.【★★★☆】对任意一个网络流图 $N$ 增加一条边 $e_{ts}$，并着以黑色，对 $N$ 中其余边任意着以黑、红、绿 3 种颜色，证明以下两种情况之一必然出现。

(1) 存在一条由黑色或红色边构成的包含 $e_{ts}$ 的回路 $C$，$C$ 中所有黑色边的方向一致。

(2) 存在一个包含 $e_{ts}$ 的由黑色或绿色边构成的边集 $A$，$G-A$ 分成两个顶点集 $V_1$、$V_2$（设其中 $t \in V_1$），满足 $A$ 中全部黑色边都是由 $V_1$ 指向 $V_2$。

4.【★★★☆】由第 3 题结论证明最大流最小割切定理。

5.【★☆☆☆】对于网络流图 $G$，若图中允许存在重边（即两点之间允许存在多条有向边），并将原先流的定义中 $f_{ij}$ 改为 $f_e$，其中 $e \in E$，表示流经边 $e$ 的流量。设存在两条从 $u$ 到 $v$ 的有向边，容量分别为 $w_1$ 和 $w_2$。证明：若用一条从 $u$ 到 $v$，容量为 $w_1+w_2$ 的有向边代替原先的两条有向边，得到的新图 $G'$ 和原图 $G$ 的最大流的值相同。

6.【★★★☆】假设在网络流图 $G=(V, E)$ 中，流经每个点（除源点和汇点外）的流量也有限制，即对于每个点 $u \in (V-s-t)$，有一个非负参数 $c_u$，要求：若 $f$ 是一个流，则必须满足对于任意点 $u \in V$，都有 $\sum\limits_{v \in V} f_{vu} \leqslant c_u$。

请设法建立适当模型，生成无如上限制条件的新图 $G'$，使得图 $G'$ 的最大流等于原图 $G$ 在添加如上限制条件时的最大流，以便用普通的求解最大流的算法求解添加如上限制条件的最大流问题。

7.【★☆☆☆】设网络流图 $G=(V, E)$，$f$ 和 $g$ 是两个可行流。

证明：对于任意实数 $k$ 满足 $0 \leqslant k \leqslant 1$，$h=kf+(1-k)g$ 也是一个可行流。

其中 $h$ 的定义为：对于任意 $u, v \in V$，$h_{uv}=k \times f_{uv}+(1-k) \times g_{uv}$。

8.【★★★☆】对于网络流图 $G$，假设我们需要求出 $G$ 的所有最小割中包含边数最少的割切。请通过重新设置图 $G$ 中每条边的容量，使得在新图中运行求解最小割的算法，求得的答案对应原图中包含边数最少的最小割。

9.【★★☆☆】求图 6.19 的最小费用流，设 $w_0=8$。

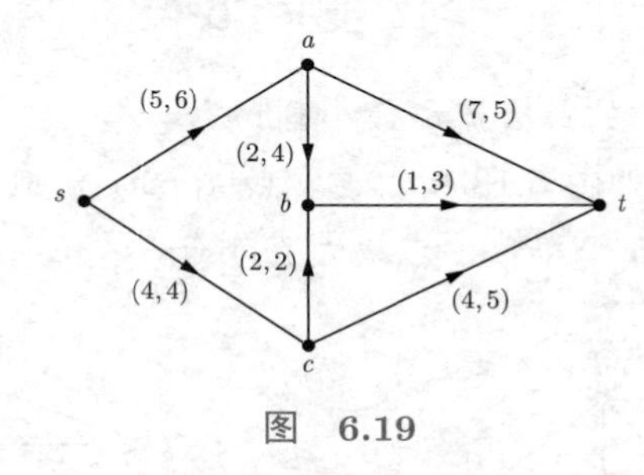


图 6.19

10.【★☆☆☆】证明：对于任意网络流图 $G$，若其中某条有向边 $(u, v)$ 的容量为 $w$，则在图中增加顶点 $x$，删除原先的边 $(u, v)$ 并添加容量均为 $w$ 的两条边 $(u, x)$ 和 $(x, v)$，以此得到的新图 $G'$ 和原图 $G$ 的最大流的值相同。

11.【★★☆☆】编写最大流算法程序。

12.【★★★☆】编写最小费用流算法的程序。

☞图论小知识

**Dinic 算法的由来**

Dinic 算法是由计算机科学家 Yefim A. Dinitz 发明的，当时他还是个大学生，是在完成他的导师 Adelson-Velsky（AVL 树即平衡树的发明人）网络流相关的一个作业时，Dinitz 自己想出了现在的这个 Dinic 算法，并于 1969 年发表。又在 1970 年将其发布在 *Doklady Akademii nauk SSSR* 杂志。在 1974 年，希蒙·埃文和 Alon Itai（他之后的博士学生）在以色列理工学院对 Dinitz 的算法以及亚历山大·卡尔扎诺夫的阻塞流的想法很感兴趣。但是杂志上的文章每篇的篇幅被限制在 4 页以内，很多细节都被忽略，这导致他们很难根据文章还原出算法。但他们没有放弃，通过他们的不断努力，设法了解这两个文件中的分层网络的维护问题。在接下来的几年，埃文由于在讲学中将 Dinitz 念为 Dinic，导致 Dinic 算法反而成为了它的名称。埃文和 Alon Itai 也将算法与 BFS 和 DFS 结合起来，形成了当前版本的算法。

# 第 7 章 代数结构预备知识

## 7.1 集合与映射

本节基于读者已熟知的有关集合的一些基本概念及记号，补充关于集合幂集的概念。

设 $S$ 是任意一个集合，如果元素 $a$ 属于 $S$，记为 $a \in S$，否则记 $a \notin S$。$S$ 中不同元素的个数称为该集合的 基数 ，用 $|S|$ 表示。

当集合 $S$ 确定之后，能相应地得到另一个集合 $\rho(S)$，称为 $S$ 的 幂集 。$\rho(S)$ 是以 $S$ 的全部子集为元素的集合。例如设 $S=\{a，b，c\}$，则

$$\rho(S)=\{\varnothing，\{a\}，\{b\}，\{c\}，\{a，b\}，\{a，c\}，\{b，c\}，S\}$$

如果 $S$ 是有限集，容易证明幂集 $\rho(S)$ 的基数是 $2^{|S|}$，也就是说 $S$ 有 $2^{|S|}$ 个不同的子集。对于其中某一个子集 $A$，可以刻画成

$$A=\{x \in S \mid P(x)\}$$

即是 $S$ 中有性质 $P$ 的全部元素组成的集合。

**例 7.1.1** 设 $S=\{1，2，\cdots，18\}$，则 $A=\{x \in S \mid 3 \mid x\}$ 是 $S$ 中全部能被 3 整除的元素构成的集合。因此，$A$ 也可以表示为

$$A=\{3，6，9，12，15，18\}$$

再如若

$$B=\{x \in S \mid 3 \mid x\text{或}5 \mid x\}$$

那么 $B$ 是 $S$ 中能被 3 或 5 整除的全部元素构成的集合，亦即

$$B=\{3，5，6，9，10，12，15，18\}$$

**例 7.1.2** 设 $\mathbf{Z}$ 表示整数集，则

$$N=\{x \in \mathbf{Z} \mid x \geqslant 0\}$$

定义了 $\mathbf{Z}$ 的非负整数子集。

设 $A$ 和 $B$ 都是 $S$ 的子集。如果 $A$ 是 $B$ 的子集，即 $A$ 的元素也都是 $B$ 的元素，亦即 $a \in A \Rightarrow a \in B$，则记作 $A \subseteq B$。如果 $A \subseteq B$ 且 $B \subseteq A$，则称两个集合是 **相等** 的，记作 $A = B$。由全部既属于 $A$ 又属于 $B$ 的元素组成的集合称为 $A$ 和 $B$ 的 **交集** 。用 $A \cap B$ 表示。若 $A$ 和 $B$ 没有共同的元素，则 $A \cap B = \varnothing$。由全部属于 $A$ 或属于 $B$ 的元素组成的集合称为 $A$ 和 $B$ 的 **并集** ，记作 $A \cup B$。自然，$A \cap B$ 和 $A \cup B$ 仍然是 $S$ 的子集。

实际上，映射 $f$ 是 $A \times A$ 的一个子集，$A \times A$ 为笛卡儿积，定义为 $A \times B = \{\langle a, b\rangle | a \in A, b \in B\}$，其中 $\langle a, b\rangle$ 是有序对。集合的交并运算的一个重要性质是适合 **分配律** ，即

$$A \cap (B \cup C) = (A \cap B) \cup (A \cap C) \tag{7-1}$$

$$A \cup (B \cap C) = (A \cup B) \cap (A \cup C) \tag{7-2}$$

**定义 7.1.1** 设 $S$ 和 $T$ 是给定的两个集合。如果有一个规则 $f$，使对任意一个元素 $x \in S$，在 $T$ 中有唯一的元素 $y$ 与之对应，则称 $f$ 是 $S$ 到 $T$ 的一个映射。记作 $f: S \to T$ 和 $y = f(x)$，$S$ 称为 $f$ 的定义域，$T$ 称为 $f$ 的值域，$y$ 称为 $x$ 的象，$x$ 称为 $y$ 的一个原象。

直观上可以把映射看成是一种输入输出关系。如图 7.1 所示，对每一个输入 $s \in S$，通过映射 $f$ 产生唯一的输出 $t$。

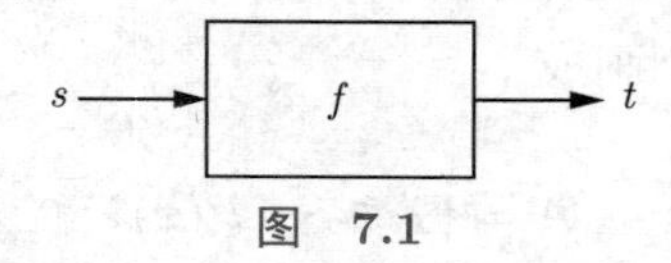


图 7.1

根据定义，$S$ 中任意元素在 $T$ 中都有象，但 $T$ 中的每个元素在 $S$ 中不一定都有原象。习惯上人们将 $S$ 中全部元素的象所构成的集合称为 $f$ 的象，记作 $f(S)$。显然 $f(S) \subseteq T$。

**例 7.1.3** 设 $S = \{a, b, c\}$，$T = \{1, 2, 3\}$。

$$f_1: a \to 1, \ b \to 2, \ c \to 3$$

是 $S$ 到 $T$ 的一个映射。

$$f_2: a \to 1, \ b \to 2, \ c \to 2$$

是 $S$ 到 $T$ 的一个映射。

**例 7.1.4** 设 $A$ 是非负整数集，$B = \{x \mid x \text{ 是非负偶数}\}$，

$$g: \begin{cases} n \to n, & 2 \mid n \\ n \to n+1, & 2 \nmid n \end{cases}$$

是 $A$ 到 $B$ 的一个映射。

**例 7.1.5** 设 $A$ 为一个非空集合。

$$I_A: a \to a, \ \forall a \in A$$

是 $A$ 到 $A$ 的一个映射，称为 $A$ 上的恒等映射或单位映射。

**定义 7.1.2**　两个映射 $f: A_1 \to B_1; g: A_2 \to B_2$。当且仅当 $A_1 = A_2$，$B_1 = B_2$，且对任意 $x \in A_1$，都有 $f(x) = g(x)$ 时，称 $f$ 和 $g$ 是相等的映射，记为 $f = g$。

**定义 7.1.3**　设 $f$ 是 $A$ 到 $B$ 的一个映射。

(1) 若对任意 $a_i \neq a_j$ 且 $a_i$，$a_j \in A$，都有 $f(a_i) \neq f(a_j)$，则称 $f$ 是 $A$ 到 $B$ 的单射。

(2) 若 $f(A) = B$，则称 $f$ 是 $A$ 到 $B$ 的满射。

(3) 若 $f$ 既是单射又是满射，则称它是 $A$ 到 $B$ 的双射。

例 7.1.3 的 $f_2$ 不是单射也不是满射，$f_1$ 是双射。例 7.1.4 的 $g$ 是满射，但不是单射。例 7.1.5 的 $I_A$ 是双射。也就是说，若 $f$ 是 $A$ 到 $B$ 的单射，它一定把 $A$ 中的不同元素映射到 $B$ 中的不同元素，即若 $a_1 \neq a_2$，则 $f(a_1) \neq f(a_2)$；若 $f$ 是满射，那么对于 $B$ 中的每一个元素 $b$，在 $A$ 中至少有一个 $b$ 的原象；若 $f$ 是双射，那么 $A$ 与 $B$ 的元素之间由 $f$ 构成了一一对应，因此双射亦称为一一对应映射。它们的直观意义如图 7.2 所示。

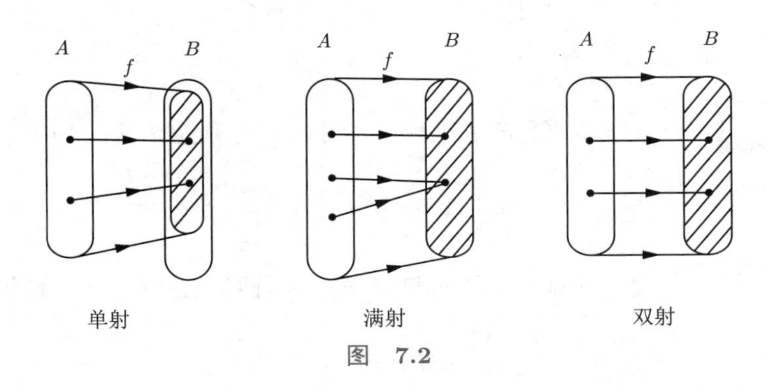


图　7.2

> ☞启发与思考
>
> 映射间可以进行合成，下面我们将其定义为一种运算。第 8 章中，我们将对一种特殊的映射——变换——所构成的集合与其上的运算进行研究。

**定义 7.1.4**　设 $A$、$B$、$C$ 是 3 个集合，有两个映射：$f: A \to B$，$g: B \to C$，则由 $f$ 和 $g$ 可确定一个 $A$ 到 $C$ 的映射 $h$，$h: a \to g(f(a))$，称 $h$ 为 $f$ 与 $g$ 的 合成 ，记作 $h = gf$，亦即

$$h(a) = (gf)(a) = g(f(a))$$

$h$ 可用图 7.3 表示。

映射的合成一般不满足交换律，但满足 结合律 。例如设 $A \to B$，$B \to C$，$C \to D$，

两个合成映射 $\gamma(\beta\alpha)$ 与 $(\gamma\beta)\alpha$ 有同样的定义域 $A$ 和值域 $D$。而且对任意 $a \in A$，有

$$(\gamma(\beta\alpha))(a) = \gamma((\beta\alpha)(a)) = \gamma(\beta(\alpha(a)))$$
$$((\gamma\beta)\alpha)(a) = (\gamma\beta)(\alpha(a)) = \gamma(\beta(\alpha(a)))$$

因此，$\gamma(\beta\alpha) = (\gamma\beta)\alpha$。这也可以用图 7.4 说明。图中三角形 $ABC$ 和 $BCD$ 是传递的，因此

$$\gamma(\beta\alpha) = \gamma\rho = \delta\alpha = (\gamma\beta)\alpha$$

映射图对我们分析映射是有帮助的。

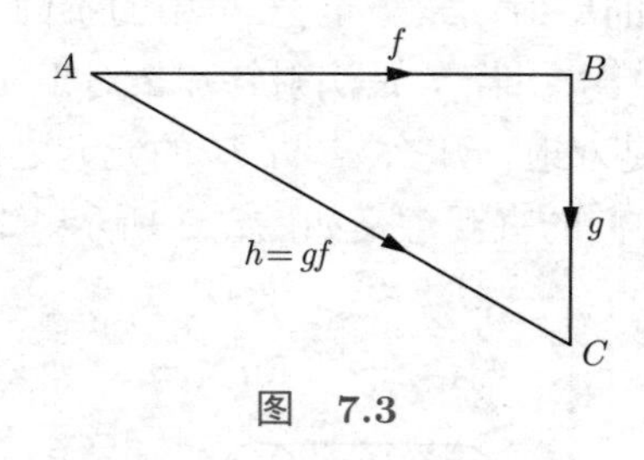


图 7.3

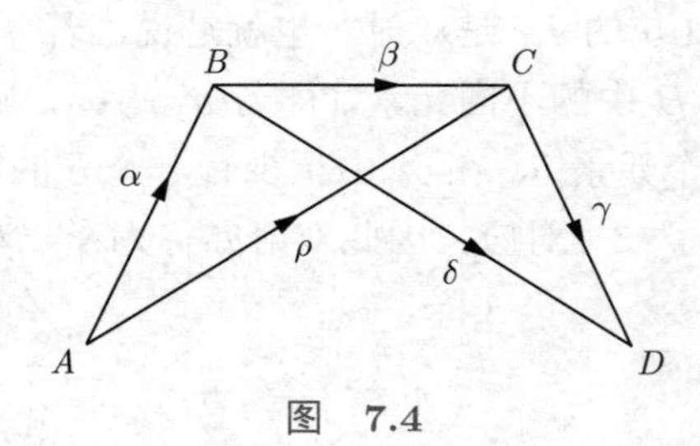


图 7.4

**定理 7.1.1** 设 $f$ 是 $A$ 到 $B$ 的映射，$I_A$ 和 $I_B$ 分别是 $A$ 与 $B$ 中的恒等映射，则

$$I_B f = f, \quad f I_A = f$$

证明：$I_B f$ 和 $f$ 的定义域都是 $A$，值域是 $B$，并且对任意 $a \in A$，都有

$$I_B f(a) = I_B(f(a)) = f(a)$$

故 $I_B f = f$。同理可证 $f I_A = f$。

**定义 7.1.5** 设两个映射 $f : A \to B$，$g : B \to A$，若 $gf = I_A$ 成立，则称 $f$ 是 左可逆映射，$g$ 是 右可逆映射；并称 $g$ 是 $f$ 的一个 左逆映射，$f$ 是 $g$ 的一个右逆映射。又若 $fg = I_B$ 也成立，则称 $f$ 和 $g$ 都是 可逆映射。

**定理 7.1.2** $A$ 到 $B$ 的映射 $f$ 是左可逆映射的充要条件是 $f$ 为单射；$f$ 是右可逆映射的充要条件是 $f$ 为满射。

证明：首先证明必要性。因为 $f$ 左可逆，所以存在 $g : B \to A$，使 $gf = I_A$，如果 $f(a_1) = f(a_2)$，则有

$$\begin{aligned} a_1 &= I_A(a_1) = gf(a_1) = g(f(a_1)) = g(f(a_2)) \\ &= gf(a_2) = I_A(a_2) = a_2 \end{aligned}$$

从而若 $f(a_1) = f(a_2)$，一定有 $a_1 = a_2$，所以 $f$ 是单射。

对于充分性，设 $f:A\to B$ 是单射，定义 $g:B\to A$ 如下：

$$g(b)=\begin{cases} a, & \text{若存在}a\in A,\ \text{使}f(a)=b \\ a_0, & \text{若}b\notin f(A)\text{ 且}a_0\in A \end{cases}$$

这样对任意 $b\in B$，$g(b)$ 都唯一地确定，所以 $g$ 是一个映射，并且对任意 $a\in A$，有

$$gf(a)=g(f(a))=g(b)=a$$

即 $gf=I_A$，因此 $f$ 有左逆映射。

定理的后半部分证明留作练习。

推论　$f:A\to B$ 是可逆映射，当且仅当 $f$ 是双射。

**定理 7.1.3**　设 $f$ 是 $A$ 到 $B$ 的映射，且 $gf=I_A$，$fh=I_B$，则 $g=h$。

证明：

$$g=gI_B=g(fh)=(gf)(h)=I_Ah=h$$

这说明可逆映射 $f$ 的逆映射是唯一的，通常用 $f^{-1}$ 表示。

可以证明，$(f^{-1})^{-1}=f$，证明过程留给读者思考。

**例 7.1.6**　设 $f:A\to B$，$g:B\to C$ 都是双射，则 $gf$ 是 $A$ 到 $C$ 的双射。

证明：由定理 7.1.2 的推论，有逆映射 $f^{-1}:B\to A$，$g^{-1}:C\to B$，因此 $f^{-1}g^{-1}$ 是 $C$ 到 $A$ 的映射，并且

$$(gf)(f^{-1}g^{-1})=((gf)f^{-1})g^{-1}=(g(ff^{-1}))g^{-1}=gg^{-1}=I_C$$

$$(f^{-1}g^{-1})(gf)=f^{-1}(g^{-1}(gf))=f^{-1}((g^{-1}g)f)=f^{-1}f=I_A$$

因此，$gf$ 是可逆映射，$f^{-1}g^{-1}$ 是它的逆。所以 $gf$ 是双射。

由该例和定理 7.1.3 可知 $(gf)^{-1}=f^{-1}g^{-1}$。

## 7.2　等价关系

集合 $A$ 到 $B$ 的任何映射 $f$ 都是定义域为 $A$ 的 $A\times B$ 的子集。可以将映射的概念加以推广，应该是定义域不一定是 $A$ 且 $A$ 中元素的象不唯一，这就是二元关系。

**定义 7.2.1**　集合 $A$ 和 $B$ 的笛卡儿积 $A\times B$ 的任一子集 $R$ 称为 $A$ 与 $B$ 之间的一个 二元关系 ，它的元素是有序对 $(a,\ b)$，记为 $aRb$，其中 $a\in A$，$b\in B$。当 $(a,\ b)\notin R$ 时，说 $a$ 与 $b$ 没有 $R$ 关系，记作 $a\not R b$。

下面着重讨论集合 $A$ 上的等价关系。

**定义 7.2.2**　设 $R$ 是集合上的二元关系，如果

(1) 对所有的 $a \in A$，都有 $aRa$，即 $R$ 具有 **自反性**。

(2) 对所有的 $a$，$b \in A$，若 $aRb$，则 $bRa$，即 $R$ 具有 **对称性**。

(3) 对所有的 $a$，$b$，$c \in A$，若 $aRb$，$bRc$，则 $aRc$，即 $R$ 具有 **传递性**。

则称 $R$ 是 $A$ 上的等价关系。用符号 $\sim$ 表示。

集合中的等价关系与该集合的划分有密切联系。设 $R$ 是 $A$ 上的一个等价关系，则 $A$ 中的任意两个元素 $a$、$b$ 之间或者有 $R$ 关系，或者没有 $R$ 关系，即 $aRb$，或 $a\not{R}b$，二者必居其一。这样，对任一元素 $a \in A$，可以把所有与 $a$ 有 $R$ 关系的元素构成一个集合，称为 $A$ 的一个等价类，记作 $\bar{a}$，即

$$\bar{a} = \{x \in A \mid x \sim a\}$$

其中，$a$ 是该等价类 $\bar{a}$ 的一个代表元。

依据等价关系的定义，等价类 $\bar{a}$ 具有以下性质。

(1) $a \in \bar{a}$。

(2) 若 $b$，$c \in \bar{a}$，则 $b \sim c$。

(3) 若 $b \in \bar{a}$ 且 $b \sim x$，则 $x \in \bar{a}$。

**☞启发与思考**

等价关系可以用图论的方法表示，用顶点代表集合中的元素，在所有具有等价关系的顶点之间连边，可以得到若干连通块，每个连通块都是完全图，其中的顶点集合就代表一个等价类。

**定理 7.2.1** 设 $\sim$ 是 $A$ 上的一个等价关系，对任意元素 $a$，$b \in A$，若非 $\bar{a} = \bar{b}$，则有 $\bar{a} \cap \bar{b} = \varnothing$。

证明从略，由它可以得出定理 7.2.2。

**定义 7.2.3** 对非空集合 $A$，若存在集合 $\pi$ 满足下列条件：

(1) $\forall x \in \pi$，$x \leqslant A$;

(2) $\phi \notin \pi$;

(3) $\bigcup\limits_{x \in \pi} x = A$;

(4) $\forall x$，$y \in \pi$ 且 $x \neq y$，$x \bigcap y = \phi$。则称 $\pi$ 为 $A$ 的一个划分。

**定理 7.2.2** 设 $\bar{a}_1$，$\bar{a}_2$，$\cdots$，$\bar{a}_n$ 是 $A$ 上由等价关系 $\sim$ 确定的全部等价类，那么

$$\bigcup_{i=1}^{n} \bar{a} = A, \quad \bar{a}_i \bigcap_{i \neq j} \bar{a}_j = \varnothing$$

该定理说明等价关系 $\sim$ 确定了集合 $A$ 的一个划分。由 $\sim$ 确定的等价类的集合称为等价类族，用 $\bar{A}$ 表示，即

$$\bar{A}=\{\bar{a}\mid a\in A\}$$

为了表示等价类族是由等价关系 $\sim$ 确定的，有定义 7.2.4。

**定义 7.2.4**　集合 $A$ 关于等价关系 $\sim$ 的商集定义为 $\bar{A}=\{\bar{a}\mid a\in A\}$，记作 $A/\sim$。

**例 7.2.1**　设 $A=\{0,1,2,\cdots\}$ 是非负整数集合，$m$ 是一个正整数，令 $R$ 是 $A$ 中的模 $m$ 同余关系。则

$$\begin{aligned}\overline{1}&=\{1,\ m+1,\ 2m+1,\ \cdots\}\\ \overline{2}&=\{2,\ m+2,\ 2m+2,\ \cdots\}\\ &\vdots\\ \overline{m-1}&=\{m-1,\ 2m-1,\ 3m-1,\ \cdots\}\\ \overline{0}&=\{0,\ m,\ 2m,\ \cdots\}\end{aligned}$$

显然 $R$ 是等价关系，因此

$$A/R=\{\overline{0},\ \overline{1},\ \cdots,\ \overline{m-1}\}$$

商集 $A/\sim$ 确定以后，对每一个 $a\in A$，都对应 $A/\sim$ 中的某个确定元 $\bar{a}$，因此 $\gamma: a\to\bar{a}$ 是 $A$ 到 $A/\sim$ 的一个映射，称它是 $A$ 到 $A/\sim$ 的自然映射。很明显 $\gamma$ 是满射。

**定理 7.2.3**　集合 $A$ 的一个划分可以确定 $A$ 的一个等价关系。

**证明**：设该划分为 $A=\bigcup A_i$，$1\leqslant i\leqslant n$，构造关系 $\sim$ 满足

$$x\sim y\Leftrightarrow \exists A_i,\ x\in A_i\wedge y\in A_i$$

易证 $\sim$ 满足自反性、对称性、传递性，因此，$\sim$ 是等价关系。

☞启发与思考

集合 $A$ 上的等价关系 $\sim$ 可以确定 $A$ 的一个划分，即 $A/\sim$。反之，如果已经知道 $A$ 的某个划分 $B$，是否也能由它来确定 $A$ 的一个等价关系？如果可以，我们即可建立集合 $A$ 上划分与等价关系的一一映射。

**定理 7.2.4**　设 $f$ 是 $A$ 到 $B$ 的一个满射，则 $f$ 可以确定 $A$ 的一个等价关系。

**证明**：任取 $b\in B$，因为 $f$ 是满射，所以 $b$ 的原象 $f^{-1}(b)=\{a\in A\mid f(a)=b\}$ 是 $A$ 的一个非空子集，因此

$$\bigcup_{b\in B}f^{-1}(b)=A$$

同时对 $b_1 \neq b_2$，有 $f^{-1}(b_1) \cap f^{-1}(b_2) = \varnothing$，否则 $f$ 不是映射，因此

$$f^{-1}(b_i) \bigcap_{b_i \neq b_j} f^{-1}(b_j) = \varnothing$$

由上可知 $\{f^{-1}(b) \mid b \in B\}$ 是 $A$ 的一个划分，由定理 7.2.3，即 $f$ 可以确定 $A$ 上的一个等价关系 $\sim$。

**例 7.2.2** 设 $N$ 是非负整数集，$B = \{0, 1, 2, 3, 4, 5\}$，$f: n \to r$，$r$ 是 $n$ 模 6 后的非负余数。显然 $f$ 是 $N$ 到 $B$ 的一个满射。这时 $f$ 决定的 $N$ 的等价关系 $\sim$ 是模 6 同余关系。因此

$$N/\sim = \{\bar{0}, \bar{1}, \bar{2}, \bar{3}, \bar{4}, \bar{5}\}$$

这时 $N$ 到 $N/\sim$ 的自然映射是 $\gamma: n \to \bar{n}$。可由 $f$ 导出映射 $f^*: \bar{n} \to r$，可以验证 $f^*$ 是双射，并且对任意 $n \in N$ 都有

$$(f^*\gamma)(n) = f^*(\gamma(n)) = f^*(\bar{n}) = r = f(n)$$

所以 $f = f^*\gamma$。

## 7.3 代数系统的概念

本节讨论一般的代数系统的基本概念，这些概念在后续章节中讨论特定的代数系统时要反复用到。首先给出代数运算的定义。

**定义 7.3.1** 设 $A$ 是非空集合，$A^2$ 到 $A$ 的一个映射 $f: A^2 \to A$ 称为 $A$ 的一个二元代数运算，简称 **二元运算**。

**定义 7.3.2** 设 $A$ 是非空集合，$n$ 是正整数，$A^n$ 到 $A$ 的一个映射 $f: A^n \to A$ 称为 $A$ 的一个 $n$ 元运算，简称为 **$n$ 元运算**。

对于集合 $A$ 的一个 $n$ 元运算 $f$，若 $\langle a_1, a_2, \cdots, a_n \rangle \in A^n$ 在 $f$ 的作用下的象是 $C$，即 $f: \langle a_1, a_2, \cdots, a_n \rangle \to C$，则记为 $C = o(a_1, a_2, \cdots, a_n)$，当 $n = 2$ 时，常记作 $a = a_1 o a_2$。

**例 7.3.1** 设 $N$ 是非负整数集，$N^2$ 到 $N$ 的映射规定为 $f: \langle i, j \rangle \to i + j$，则 $f$ 是 $A$ 上的一个二元运算，其中 $ioj = i + j$。

**定义 7.3.3** 设 $A$ 是一个非空集合，$f_1, f_2, \cdots, f_s$ 分别是 $A$ 的 $k_1, k_2, \cdots, k_s$ 元运算，$k_i$ 是正整数，$i = 1, 2, \cdots, s$。称集合 $A$ 和运算 $f_1, f_2, \cdots, f_s$ 所组成的系统为一个 **代数系统**（或一个 **代数结构**），简称为一个 **代数**，用记号 $(A, f_1, f_2, \cdots, f_s)$ 表示。当 $A$ 是有限集合时，也称该系统是**有限代数系统**。

**例 7.3.2**　最简单的一个代数系统是 $(\mathbf{N}, S)$，其中 $\mathbf{N}$ 是自然数集，$S$ 是由贝安诺后继函数定义的 $\mathbf{N}$ 上的一元运算，即 $S(n) = n + 1$。

**例 7.3.3**　$(\mathbf{R}, +, \cdot)$ 是一个代数系统，其中 $\mathbf{R}$ 是实数集，$+$ 和 $\cdot$ 是通常的加法和乘法运算。

**例 7.3.4**　设 $A$ 是一个非空集合，$2^A$ 是它的幂集，在 $2^A$ 中定义二元运算 $+$ 和 $\cdot$ 为

$$B + C = B \cup C, \quad B \cdot C = B \cap C$$

对于任意 $B$，$C \in 2^A$，则 $\left(2^A, +, \cdot\right)$ 是一个代数系统。

**例 7.3.5**　设 $M_n(\mathbf{R})$ 是全体 $n \times n$ 实矩阵的集合，$M_n(\mathbf{R})$ 中的二元运算 $\cdot$ 是通常的矩阵乘法，则 $(M_n(\mathbf{R}), \cdot)$ 是一个代数系统。

**例 7.3.6**　设 $A = \{a_1, a_2, \cdots, a_n\}$，$A$ 中的二元运算 $\cdot$ 定义如下：

对任意的 $a_i$，$a_j \in A$，$a_i \cdot a_j = a_i$，则 $(A, \cdot)$ 是一个代数系统。

由代数系统的定义可知，一个代数系统是由一个非空集合和该集合上的若干个代数运算结合而成的。集合和代数运算是一个代数系统的两要素，缺一不可。当然，广义地说，一个代数系统可以由若干个集合和这些集合中的一个或多个 $n$ 元运算所构成，不过在本书中我们主要讨论一个集合，同时重点讨论由一个或两个二元运算构成的代数系统。

在代数系统 $(X, \cdot)$ 中，如果对所有的 $x_i$，$x_j \in X$，

$$x_i \cdot x_j = x_j \cdot x_i$$

成立，则称 $(X, \cdot)$ 对于二元运算 $\cdot$ 适合 交换律。

如果对任意 $x_i$，$x_j$，$x_k \in X$，

$$(x_i \cdot x_j) \cdot x_k = x_i \cdot (x_j \cdot x_k)$$

成立，则称代数系统 $(X, \cdot)$ 对于 $\cdot$ 适合 结合律。

不难看出，例 7.3.3 和例 7.3.4 适合结合律和交换律；例 7.3.5 和例 7.3.6 适合结合律，却不适合交换律。一般说来，一个代数运算并不一定适合交换律，也不一定适合结合律，因此代数运算与传统的加减乘除运算相比，是一种概念更一般的运算。

如果 $(X, \cdot)$ 对于 $\cdot$ 适合结合律，那么也一定适合多个元素的广义结合律，可以在表达式中省略括号，例如

$$(((x_1 \cdot x_2) \cdot x_3) \cdots) \cdot x_n = x_1 \cdot x_2 \cdot x_3 \cdot \cdots \cdot x_n$$

对于这种满足结合律的运算，可以令 $x^n = \underbrace{x \cdot x \cdot \cdots \cdot x}_{n}$，并称为 $x$ 的 $n$ 次幂，亦即 $x^n$ 可定义成

$$x^1 = x,$$

$$x^n = x^{n-1} \cdot x, \quad n = 2，3，\cdots$$

**定理 7.3.1** 若 $(X，\cdot)$ 对二元运算 $\cdot$ 适合结合律，则对于任何正整数 $m$ 和 $n$，有

(1) $x^m \cdot x^n = x^{m+n}$。

(2) $(x^m)^n = x^{mn}$。

证明：对 $n$ 进行归纳。当 $n = 1$ 时，$x^m \cdot x = x^{m+1}$，$(x^m)^1 = x^m$，命题正确；对所有的 $n \leqslant k$，假定 $x^m \cdot x^k = x^{m+k}$，$(x^m)^k = x^{mk}$ 成立，那么当 $n = k+1$ 时，

$$x^m \cdot x^{k+1} = x^m \cdot \left(x^k \cdot x\right) = \left(x^m \cdot x^k\right) \cdot x = x^{m+k} \cdot x = x^{m+(k+1)}$$

$$(x^m)^{k+1} = (x^m)^k \cdot (x^m)^1 = x^{mk} \cdot x^m = x^{mk+m} = x^{m(k+1)}$$

因此定理得证。

**定义 7.3.4** 给定一个代数系统 $V = (X，\cdot)$，如果存在一个元素 $e_{\mathrm{L}}$ (或者 $e_{\mathrm{R}}) \in X$，使得对于任意元素 $x \in X$，有 $e_{\mathrm{L}} \cdot x = x$（或 $x \cdot e_{\mathrm{R}} = x$），称 $e_{\mathrm{L}}$（或 $e_{\mathrm{R}}$）是 $X$ 上关于运算 $\cdot$ 的一个 **左（或右）单位元**。若 $e$ 既是左单位元又是右单位元，则称 $e$ 为 **单位元**。

例如，在例 7.3.1 中 0 是单位元，例 7.3.5 中有单位元 $\boldsymbol{I}$（$n$ 阶单位矩阵），例 7.3.6 中的每个元素都是右单位元，但没有左单位元。

**定理 7.3.2** 若代数系统 $V = (X，\cdot)$ 有左单位元 $e_{\mathrm{L}}$，又有右单位元 $e_{\mathrm{R}}$，则 $e = e_{\mathrm{L}} = e_{\mathrm{R}}$ 是 $X$ 的唯一的单位元。

证明：因为 $e_{\mathrm{L}}$ 是左单位元，故 $e_{\mathrm{L}} \cdot e_{\mathrm{R}} = e_{\mathrm{R}}$，又因为 $e_{\mathrm{R}}$ 是右单位元，故 $e_{\mathrm{L}} \cdot e_{\mathrm{R}} = e_{\mathrm{L}}$，所以 $e_{\mathrm{L}} = e_{\mathrm{R}} = e$ 是单位元，设 $e'$ 是 $X$ 中的任一单位元，则 $e' = e' \cdot e = e$，因此 $e$ 是唯一的单位元。

**定义 7.3.5** 设 $V = (X，\cdot)$ 是有单位元 $e$ 的代数系统，对于 $x \in X$，若存在一个元素 $x'$，使得 $x' \cdot x = e$，则称 $x$ 是左可逆的，并称 $x'$ 是 $x$ 的一个 **左逆元**；若存在 $x'' \in X$，使得 $x \cdot x'' = e$，则称 $x$ 是右可逆的，并称 $x''$ 是 $x$ 的一个 **右逆元**；若 $x$ 既是左可逆又是右可逆的，则说 $x$ 是 **可逆元**。

例如例 7.3.1 中只有 0 是可逆元，例 7.3.5 中的非奇异矩阵都是可逆元。

**定理 7.3.3** 设代数系统 $V = (X，\cdot)$ 具有单位元 $e$，且适合结合律。对于 $x \in X$，$x$ 有左逆元 $x'$，又有右逆元 $x''$，则 $x$ 有唯一逆元 $x^{-1} = x' = x''$，并且 $\left(x^{-1}\right)^{-1} = x$。

证明：因为 $x' \cdot x = e$，$x \cdot x'' = e$，所以

$$x' = x' \cdot e = x' \cdot (x \cdot x'') = (x' \cdot x) \cdot x'' = e \cdot x'' = x''$$

假定 $x$ 有两个逆元 $a$、$b$，则 $x \cdot a = e$，$b \cdot x = e$，于是

$$b = b \cdot e = b \cdot (x \cdot a) = (b \cdot x) \cdot a = e \cdot a = a$$

因此 $x^{-1}$ 是唯一的。又由于 $x^{-1} \in X$ 且有唯一逆元 $x$，而

$$x^{-1} \cdot \left(x^{-1}\right)^{-1} = \left(x^{-1}\right)^{-1} \cdot x^{-1} = e$$

因此 $\left(x^{-1}\right)^{-1} = x$。

**例 7.3.7**　给定代数系统 $V = (\mathbf{Z},\ +,\ \times)$，其中 $\mathbf{Z}$ 是整数集，$+$ 和 $\times$ 分别是通常的加法和乘法运算。它们适合结合律和交换律，对任意 $a$，$b$，$c \in \mathbf{Z}$，

$$(a + b) + c = a + (b + c)$$
$$(a \times b) \times c = a \times (b \times c)$$
$$a + b = b + a$$
$$a \times b = b \times a$$

同时具有单位元

$$a + 0 = 0 + a = a$$
$$a \times 1 = 1 \times a = a$$

即 0 对于加法是单位元，1 对于乘法是单位元。

关于逆元，对任意 $a \in \mathbf{Z}$，

$$a + (-a) = (-a) + a = 0$$

即对于加法，$-a$ 是 $a$ 的逆元；对于乘法，$a\ (\neq \pm 1)$ 不存在逆元。

## 7.4　同构与同态

有些代数系统，它们除了元素的名称和运算符号不同以外，在结构上是没有差别的；还有些代数系统，虽然在结构上不完全相同，但也有许多相似之处。本节研究代数系统间的这种相同或相似。

**定义 7.4.1**　设 $V_1 = (X,\ o_1,\ o_2,\ \cdots,\ o_r)$ 和 $V_2 = (Y,\ \bar{o}_1,\ \bar{o}_2,\ \cdots,\ \bar{o}_r)$ 是两个代数系统，若 $o_i$ 和 $\bar{o}_i$ 都是 $k_i$ 元运算，$k_i$ 是正整数，$i = 1,\ 2,\ \cdots,\ r$，则说代数系统 $V_1$

和 $V_2$ 是 同类型的。

例 7.4.1　设 $A=\{a, b\}$，$B=\{0, 1\}$，$A$ 上的二元运算 $+$ 和 $B$ 上的二元运算 $\times$ 如下：

| $+$ | $a$ | $b$ |
|---|---|---|
| $a$ | $a$ | $b$ |
| $b$ | $b$ | $a$ |

| $\times$ | 0 | 1 |
|---|---|---|
| 0 | 0 | 1 |
| 1 | 1 | 0 |

则代数系统 $(A, +)$ 和 $(B, \times)$ 是同类型的。进一步考察两个运算表，发现若将 $A$ 中的元素 $a$、$b$ 分别用 0、1 替换，运算符号 $+$ 用 $\times$ 替换，就可以得到 $(B, \times)$ 的运算表。这表明只要在 $A$ 和 $B$ 之间建立一个映射 $f$，其中 $f(a)=0$，$f(b)=1$，则对任意 $x$，$y\in A$，

$$f(x+y)=f(x)\times f(y)$$

成立。这时也说映射 $f$ 是保持运算的。

**定义 7.4.2**　设 $(X, \cdot)$ 和 $(Y, *)$ 是两个同类型的代数系统，$f: X\to Y$ 是一个双射。如果对任意元 $a$，$b\in X$，恒有

$$f(a\cdot b)=f(a)*f(b)$$

则称 $f$ 是 $(X, \cdot)$ 到 $(Y, *)$ 的一个 同构映射，并称 $(X, \cdot)$ 与 $(Y, *)$ 同构，用 $X\cong Y$ 表示。

例 7.4.2　$(\mathbf{Z}_4, +)$ 是一个代数系统，其中 $\mathbf{Z}_4=\{\overline{0}, \overline{1}, \overline{2}, \overline{3}\}$ 是整数模 4 同余所确定的等价类集合，$\mathbf{Z}_4$ 上的运算 $+$ 定义如下：

$$\overline{i}+\overline{j}=\overline{i+j}(\text{mod } 4)$$

其运算表是

| $+$ | $\overline{0}$ | $\overline{1}$ | $\overline{2}$ | $\overline{3}$ |
|---|---|---|---|---|
| $\overline{0}$ | $\overline{0}$ | $\overline{1}$ | $\overline{2}$ | $\overline{3}$ |
| $\overline{1}$ | $\overline{1}$ | $\overline{2}$ | $\overline{3}$ | $\overline{0}$ |
| $\overline{2}$ | $\overline{2}$ | $\overline{3}$ | $\overline{0}$ | $\overline{1}$ |
| $\overline{3}$ | $\overline{3}$ | $\overline{0}$ | $\overline{1}$ | $\overline{2}$ |

另外设 $Y=\{a, b, c, d\}$，并定义 $Y$ 上的运算 $\cdot$ 如下：

| $\cdot$ | $a$ | $b$ | $c$ | $d$ |
|---|---|---|---|---|
| $a$ | $a$ | $b$ | $c$ | $d$ |
| $b$ | $b$ | $c$ | $d$ | $a$ |
| $c$ | $c$ | $d$ | $a$ | $b$ |
| $d$ | $d$ | $a$ | $b$ | $c$ |

$(Y，\cdot)$ 与 $(\mathbf{Z}_4，+)$ 是同类型的代数系统。现定义 $f:\mathbf{Z}_4\to Y$ 如下：

$$f:\overline{0}\to a，\overline{1}\to b，\overline{2}\to c，\overline{3}\to d$$

可以判断 $f$ 是同构映射，因此 $\mathbf{Z}_4\cong Y$。

注意，定义 7.4.2 中的 $f$ 是双射，如果 $f$ 是 $X$ 到 $Y$ 的映射，就相应得到同态的定义。

**定义 7.4.3**　设 $(X，\cdot)$ 和 $(Y，*)$ 是两个同类型的代数系统，$f$ 是 $X$ 到 $Y$ 的一个映射。如果对任意的 $a，b\in X$，都有 $f(a\cdot b)=f(a)*f(b)$，则称 $f$ 是 $(X，\cdot)$ 到 $(Y，*)$ 的一个 同态映射，简称 同态。

根据定义可知 $f(X)\subseteq Y$，例如图 7.5 表示一个同态 $f$。其中 $f(x_1)=f(x_3)=y_1$，$f(x_2)=y_2$，$y_1 * y_2=y_3$。

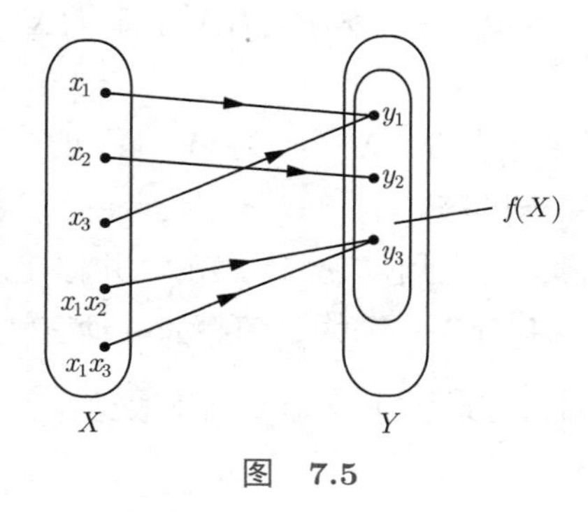


图　7.5

**例 7.4.3**　一个代数系统 $V_1=(\mathbf{Z}，+，\times)$，其中 $\mathbf{Z}$ 是整数集合，$+$ 和 $\times$ 分别是一般的加法和乘法运算；另一个代数系统 $V_2=(\mathbf{Z}_m，+_m，\times_m)$ 中，$\mathbf{Z}_m=\{\overline{0}，\overline{1}，\cdots，\overline{m-1}\}$，$+_m$ 和 $\times_m$ 分别是模 $m$ 的加法和乘法运算，即

$$\bar{x}_1 +_m \bar{x}_2=\overline{x_1+x_2}$$
$$\bar{x}_1 \times_m \bar{x}_2=\overline{x_1\times x_2}$$

这样对任意整数 $i$ 和正整数 $m$，可定义映射 $f:\mathbf{Z}\to\mathbf{Z}_m$ 如下：

$$f(i)=\bar{i}$$

则 $f$ 是 $V_1$ 到 $V_2$ 的一个同态，因为对任意的 $i，j\in\mathbf{Z}$，恒有

$$f(i+j)=\overline{(i+j)}=\bar{i}+_m\bar{j}=f(i)+_m f(j)$$
$$f(i\times j)=\overline{(i\times j)}=\bar{i}\times_m\bar{j}=f(i)\times_m f(j)$$

☞启发与思考

我们会自然地想到，如果 $f: X \to Y$ 是从 $(X, \cdot)$ 到 $(Y, *)$ 的一个同态，那么 $(f(X), *)$ 是不是一个代数系统呢？答案是肯定的，下面将看到其证明。

**定义 7.4.4** 设 $(S, \cdot)$ 是一个代数系统，$R$ 是 $S$ 的一个非空子集，如果 $R$ 在运算 $\cdot$ 下是封闭的，则称 $(R, \cdot)$ 是 $(S, \cdot)$ 的一个 子代数系统 或 子代数 。

**定理 7.4.1** 设映射 $f: X \to Y$ 是从代数系统 $(X, \cdot)$ 到 $(Y, *)$ 的一个同态，则 $(f(X), *)$ 是 $(Y, *)$ 的一个子代数，并称它是在 $f$ 的作用下 $(X, \cdot)$ 的 同态象。

证明：由于 $f$ 是 $X$ 到 $Y$ 的映射，故 $f(X) \subseteq Y$。设任意元 $y_1, y_2 \in f(X)$，则一定存在 $x_1, x_2 \in X$，使 $f(x_1) = y_1$，$f(x_2) = y_2$。而且 $x_1 \cdot x_2 = x_3 \in X$。因此，$y_1 * y_2 = f(x_1) * f(x_2) = f(x_1 \cdot x_2) = f(x_3) \in f(X)$，即 $f(X)$ 对于运算 $*$ 是封闭的。定理得证。

**定义 7.4.5** 设 $f: X \to Y$ 是从 $(X, \cdot)$ 到 $(Y, *)$ 的一个同态，如果

(1) $f$ 是单射，称 $f$ 是 单一同态。

(2) $f$ 是满射，称 $f$ 是 满同态，用 $X \sim Y$ 表示，并称 $Y$ 是 $X$ 的一个 同态象。

当然如果 $f$ 是双射，它就是同构。同构是同态的一种更特殊的情况。

**例 7.4.4** 设 $B = \{0, 1\}$，$B$ 上的 $+$ 运算由下表给出：

| + | 0 | 1 |
|---|---|---|
| 0 | 0 | 1 |
| 1 | 1 | 0 |

则对 $(\mathbf{Z}_4, +_4)$ 和 $(B, +)$ 两个代数系统而言，设映射 $\varphi: \mathbf{Z}_4 \to B$ 是由

$$\varphi(x) = \begin{cases} 0, & x = \overline{0}, \overline{2} \\ 1, & x = \overline{1}, \overline{3} \end{cases}$$

给出，易见 $\varphi$ 是 $(\mathbf{Z}_4, +_4)$ 到 $(B, +)$ 的一个满同态。

**定理 7.4.2** 给定代数系统 $(X, \cdot)$ 和 $(Y, *)$，其中 $\cdot$ 和 $*$ 都是二元运算。设 $f: X \to Y$ 是 $(X, \cdot)$ 到 $(Y, *)$ 的满同态，则

(1) 如果 $\cdot$ 是可交换的或可结合的运算，则 $*$ 也是可交换的或可结合的运算。

(2) 若 $(X, \cdot)$ 中运算 $\cdot$ 具有单位元 $e$，则 $(Y, *)$ 中运算 $*$ 具有单位元 $f(e)$。

(3) 对运算 $\cdot$，如果每一个元素 $x \in X$ 都有逆元 $x^{-1}$；则对运算 $*$，每一个元素 $f(x) \in Y$ 都具有逆元 $f(x^{-1})$。

证明：(1) 因为 $f: X \to Y$ 是满同态，所以能把 $Y$ 中的每个元写成 $f(x)$ 的形式。如果运算 · 是可交换的或可结合的，则对任意 $f(x_1)$，$f(x_2)$，$f(x_3) \in Y$，有

$$f(x_1) * f(x_2) = f(x_1 \cdot x_2) = f(x_2 \cdot x_1) = f(x_2) * f(x_1)$$

$$\begin{aligned}(f(x_1) * f(x_2)) * f(x_3) &= f(x_1 \cdot x_2) * f(x_3) \\ &= f((x_1 \cdot x_2) \cdot x_3) \\ &= f(x_1 \cdot (x_2 \cdot x_3)) \\ &= f(x_1) * f(x_2 \cdot x_3) \\ &= f(x_1) * (f(x_2) * f(x_3))\end{aligned}$$

因此，运算 $*$ 也是可交换的和可结合的。

(2) 对运算 · 来说，设 $e$ 是单位元，$e \in X$，则对任意 $f(x) \in Y$，

$$\begin{aligned}f(x) * f(e) &= f(x \cdot e) = f(x) \\ f(e) * f(x) &= f(e \cdot x) = f(x)\end{aligned}$$

因此，运算 $*$ 具有单位元 $f(e)$。

(3) 同理，设 $x$ 是 $X$ 中的任意元，$x^{-1}$ 是 $x$ 关于运算 · 的逆元，显然 $x^{-1} \in X$，则对任意 $f(x) \in Y$，有

$$\begin{aligned}f(x) * f(x^{-1}) &= f(x \cdot x^{-1}) = f(e) \\ f(x^{-1}) * f(x) &= f(x^{-1} \cdot x) = f(e)\end{aligned}$$

因此，$f(x^{-1})$ 是 $f(x)$ 的逆元。

☞启发与思考

定理说明代数系统 $(X, \cdot)$ 所适合的一些运算性质，如结合律、交换律、可逆律等，在该系统的任何满同态象中，特别是同构象中都能完整地保持下来。因此，如果已经获知某代数系统的运算性质，同时证明了另一系统 $Y$ 是它的同态象，就能立刻获知系统 $Y$ 同样具有这些运算性质，而无须逐一论证。

以下再给出自同态和自同构的定义。

**定义 7.4.6**　代数系统 $(X, \cdot)$ 上的同态映射 $f: X \to X$ 称为 自同态。若 $f$ 是同构映射，则称为 自同构。

**例 7.4.5**　已知代数系统 $V = (\mathbf{Z}^+, +)$，$\mathbf{Z}^+$ 是正整数集合，$+$ 是普通加法运算。设 $\varphi$ 是恒等映射，即对任意 $a \in \mathbf{Z}^+$，$\varphi(a) = a$，显然 $\varphi$ 是一个双射。这样对于任意的 $b, c \in \mathbf{Z}^+$，

有

$$\varphi(b+c)=b+c=\varphi(b)+\varphi(c)$$

因此，$\varphi$ 是代数系统 $V$ 的一个自同构。

**例 7.4.6** 设 $A=\{1，2，3\}$，代数运算 $*$ 定义如下：

| $*$ | 1 | 2 | 3 |
|---|---|---|---|
| 1 | 1 | 2 | 1 |
| 2 | 1 | 2 | 2 |
| 3 | 1 | 2 | 3 |

那么，$f:1\to 2，2\to 1，3\to 3$ 是 $(A，*)$ 上的自同构。

## 习 题 7

1. 【★☆☆☆】设 $f:A\to B$，其中 $|A|=m$，$|B|=n$，当 (1)$m<n$，(2)$m=n$，(3)$m>n$ 时，分别有多少个不同的单射和双射?

2. 【★☆☆☆】证明：若 $f:A\to B$，$g:B\to C$，则

(1) 当 $f$、$g$ 都是单射时，$gf$ 也是单射。

(2) 当 $f$、$g$ 都是满射时，$gf$ 也是满射。

(3) 当 $f$、$g$ 都是双射时，$gf$ 也是双射。

3. 【★☆☆☆】设 $A$、$B$ 是两个有限集，且 $|A|=|B|$，证明 $f:A\to B$ 是单射当且仅当 $f$ 是满射。

4. 【★★☆☆】令 $A=\{1，2，\cdots\}$ 为正整数集合，$f$、$g$ 是 $A$ 上的两个映射，是否可能 $gf=I_A$ 而 $fg\neq I_A$？试举一例说明。如果 $f$ 是双射，结果又是怎样呢?

5. 【★☆☆☆】令 $f:S\to T$，且 $A$、$B$ 是 $S$ 的子集。证明 $f(A\cup B)=f(A)\cup f(B)$，$f(A\cap B)=f(A)\cap f(B)$。并举例说明之。

6. 【★☆☆☆】已知 $\sim$ 是 $A$ 上的一个等价关系，$A/\sim$ 是 $A$ 的子集还是 $2^A$ 的子集?

7. 【★☆☆☆】证明：自然数集上的模 $m$ 同余关系是等价关系。

8. 【★★☆☆】证明：若 $R$ 和 $S$ 是集合 $A$ 上的等价关系，则 $R\cap S$ 也是等价关系。

9. 【★☆☆☆】设 $A=\{1，2，3，4\}$，在 $2^A$ 中规定二元关系 $\sim$，$S\sim T\Leftrightarrow S$、$T$ 含有相同的元素个数，证明 $\sim$ 是一个等价关系，写出商集 $2^A/\sim$。

10. 【★☆☆☆】令 $\mathbf{N}$ 是自然数集，$\mathbf{N}^2=\mathbf{N}\times\mathbf{N}$，在 $\mathbf{N}^2$ 上定义 $(a，b)\sim(c，d)$，若 $a+d=b+c$，证明 $\sim$ 是等价关系。

11. 【★☆☆☆】代数系统 $V=(\mathbf{R}，*)$ 中，$\mathbf{R}$ 是实数集，二元运算 $*$ 分别定义如下：

(1) $a_1*a_2=|a_1-a_2|$。

(2) $a_1*a_2=\dfrac{1}{2}(a_1+a_2)$。

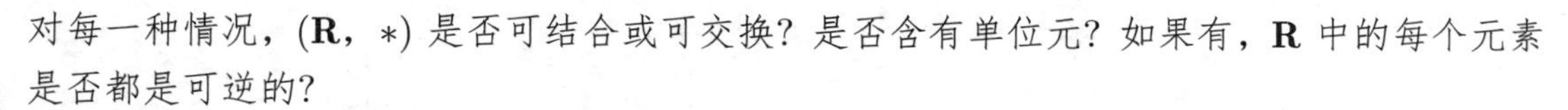

对每一种情况，($\mathbf{R}$，$*$) 是否可结合或可交换？是否含有单位元？如果有，$\mathbf{R}$ 中的每个元素是否都是可逆的？

12. 【★☆☆☆】设 $K=\{e, a, b, c\}$，定义二元运算 $\cdot$ 如下：

| $\cdot$ | $e$ | $a$ | $b$ | $c$ |
|---|---|---|---|---|
| $e$ | $e$ | $a$ | $b$ | $c$ |
| $a$ | $a$ | $e$ | $c$ | $b$ |
| $b$ | $b$ | $c$ | $e$ | $a$ |
| $c$ | $c$ | $b$ | $a$ | $e$ |

($K$，$\cdot$) 是否可结合的？有无单位元？每一个元是否可逆？

13. 【★☆☆☆】设代数系统 $V=(X, \cdot)$ 并具有单位元 $e$，且适合结合律，若 $a, b\in X$ 且可逆，证明 $a\cdot b$ 也是可逆的，并且 $(a\cdot b)^{-1}=b^{-1}\cdot a^{-1}$。

14. 【★★☆☆】两个代数系统 ($\mathbf{N}$，$*$) 和 ($\{0, 1\}$，$*$)，其中 $\mathbf{N}$ 是自然数集，$*$ 是一般的乘法运算，给定映射 $f:\mathbf{N}\rightarrow\{0, 1\}$，其中

$$f(n)=\begin{cases}1, & 若\ n=2^k(k=0,\ 1,\ 2,\ \cdots)\\ 0, & 其他\end{cases}$$

试证 $f$ 是 ($\mathbf{N}$，$*$) 到 ($\{0, 1\}$，$*$) 的一个同态。

15. 【★☆☆☆】已知代数系统 ($S$，$*$) 和 ($P$，$\cdot$)，其中 $S=\{a, b, c\}$，$P=\{1, 2, 3\}$，二元运算分别定义为

| $*$ | $a$ | $b$ | $c$ |
|---|---|---|---|
| $a$ | $a$ | $b$ | $c$ |
| $b$ | $b$ | $b$ | $c$ |
| $c$ | $c$ | $b$ | $c$ |

| $\cdot$ | 1 | 2 | 3 |
|---|---|---|---|
| 1 | 1 | 2 | 1 |
| 2 | 1 | 2 | 2 |
| 3 | 1 | 2 | 3 |

试证它们是同构的。

16. 【★☆☆☆】若 $f:A\rightarrow B$ 是代数系统 ($A$，$\cdot$) 到 ($B$，$*$) 的一个同态，而 ($A_1$，$\cdot$) 是 ($A$，$\cdot$) 的一个子代数，证明 $A_1$ 在 $f$ 下的象是 ($B$，$*$) 的一个子代数。

# 第8章 群

代数系统中最简单的是只具有一个二元运算的系统，本章将要介绍的半群、幺群和群都是这样的代数系统。群是抽象代数的重要分支，在许多自然科学，包括计算机科学中都得到了广泛的应用，例如在形式语言、自动机理论以及编码理论中都使用了半群、幺群和群的概念。

## 8.1 半　　群

☞启发与思考

由代数系统的定义可知，其二元运算一定是封闭的。有些代数系统满足特定运算规律，我们将得到半群、幺群、交换幺群、群、循环群、交换群等代数系统。二元运算服从结合律的代数系统称为半群。

**例 8.1.1**　代数系统 $(\mathbf{Z}^+，+)$ 中，$\mathbf{Z}^+$ 是正整数的集合，$+$ 是普通的加法运算，则对任意的 $a，b，c \in \mathbf{Z}^+$，$(a+b)+c = a+(b+c) \in \mathbf{Z}^+$。

**例 8.1.2**　设 $A$ 是一个非空集，对任意的 $a，b \in A$，规定 $a \cdot b = b$，则 $\cdot$ 是 $A$ 上的一个二元运算，并且 $(a \cdot b) \cdot c = b \cdot c = c = a \cdot c = a \cdot (b \cdot c)$，即运算 $\cdot$ 满足结合律。

**例 8.1.3**　$(\mathbf{R}^*，\div)$ 是一个代数系统，其中 $\mathbf{R}^*$ 是非零实数集，$\div$ 是除法运算，任取 $a，b，c \in \mathbf{R}^*$，$a \div (b \div c) \neq (a \div b) \div c$，它不满足结合律。

**定义 8.1.1**　设 $S$ 是非空集合，$\cdot$ 是 $S$ 上的一个二元运算，如果 $\cdot$ 满足结合律，则代数系统 $(S，\cdot)$ 称为**半群**。换句话说，如果对于任意的 $a，b，c \in S$，若 $(a \cdot b) \cdot c = a \cdot (b \cdot c)$ 成立，则称 $(S，\cdot)$ 为**半群**。

**例 8.1.4**　设 $S = \{1，2\}$，$S$ 到自身的变换集合 $M(S)$ 包含以下 4 个变换：

$$\alpha = \begin{bmatrix} 1 & 2 \\ 1 & 2 \end{bmatrix} \quad \beta = \begin{bmatrix} 1 & 2 \\ 2 & 1 \end{bmatrix} \quad \gamma = \begin{bmatrix} 1 & 2 \\ 1 & 1 \end{bmatrix} \quad \sigma = \begin{bmatrix} 1 & 2 \\ 2 & 2 \end{bmatrix}$$

其中，$\alpha$ 是恒等变换。可以验证 $M(S)$ 中的乘法表如下：

| $\cdot$ | $\alpha$ | $\beta$ | $\gamma$ | $\sigma$ |
|---|---|---|---|---|
| $\alpha$ | $\alpha$ | $\beta$ | $\gamma$ | $\sigma$ |
| $\beta$ | $\beta$ | $\alpha$ | $\sigma$ | $\gamma$ |
| $\gamma$ | $\gamma$ | $\gamma$ | $\gamma$ | $\gamma$ |
| $\sigma$ | $\sigma$ | $\sigma$ | $\sigma$ | $\sigma$ |

运算 $\cdot$ 满足结合律。例如 $(\beta\cdot\sigma)\cdot\gamma=\gamma\cdot\gamma=\gamma$，$\beta\cdot(\sigma\cdot\gamma)=\beta\cdot\sigma=\gamma$。

例 8.1.1 和例 8.1.2 是半群，例 8.1.3 不是半群。例 8.1.4 是半群，进一步观察发现 $\alpha$ 是其中的单位元。

**定义 8.1.2**　若半群 $(M,\ \cdot)$ 中有单位元 $e$ 存在，则称 $(M,\ \cdot)$ 是一个 含幺半群 或简称 幺群 。

幺群有时也用三元组 $(M,\ \cdot,\ e)$ 表示，$M$ 表示非空集合，$\cdot$ 是 $M$ 上的二元运算，且适合结合律，$e$ 表示 $M$ 中关于运算 $\cdot$ 的单位元，即 $a\cdot e=e\cdot a=a$。为方便起见，可以直接称 $M$ 为幺群，同时经常用 $ab$ 表示 $a\cdot b$，并称为 $a$ 与 $b$ 的乘积。

**例 8.1.5**　$(\mathbf{N},\ +,\ 0)$ 是幺群，其中 $\mathbf{N}$ 是非负整数集。

**例 8.1.6**　$(\mathbf{N},\ \times,\ 1)$ 是幺群。

**例 8.1.7**　$(\mathbf{Z},\ +,\ 0)$ 和 $(\mathbf{Z},\ \times,\ 1)$ 是幺群，其中 $\mathbf{Z}$ 是整数集。

**例 8.1.8**　设 $M=\{1,\ 2,\ \cdots,\ 10\}$，MAX 和 MIN 都是 $M$ 上的二元运算，$M$ 对这两个运算都是封闭的。而且 $\mathrm{MAX}(a,\ \mathrm{MAX}(b,\ c))=\mathrm{MAX}(\mathrm{MAX}(a,\ b),\ c)$；$\mathrm{MIN}(a,\ \mathrm{MIN}(b,\ c))=\mathrm{MIN}(\mathrm{MIN}(a,\ b),\ c)$。因此，$(M,\ \mathrm{MAX},\ 1)$ 和 $(M,\ \mathrm{MIN},\ 10)$ 都是幺群。

**例 8.1.9**　设 $2^A$ 是 $A$ 的全部子集的集合，则 $(2^A,\ \cup,\ \varnothing)$ 和 $(2^A,\ \cap,\ A)$ 都是幺群。

**例 8.1.10**　设 $(\mathbf{Z})_n$ 表示一切元素为整数的 $n$ 阶方阵的集合，则 $(\mathbf{Z})_n$ 对于矩阵乘法做成一个幺群，其中单位元是 $n$ 阶单位矩阵 $\boldsymbol{I}$。

**例 8.1.11**　设 $\mathbf{Z}_m=\{\overline{0},\ \overline{1},\ \cdots,\ \overline{m-1}\}$ 是模 $m$ 同余的等价类集合，$\cdot$ 是 $\mathbf{Z}_m$ 上的模 $m$ 加法运算，它有单位元 $\overline{0}$。因此，$(\mathbf{Z}_m,\ \cdot,\ \overline{0})$ 是一个幺群。

**定义 8.1.3**　设 $(M,\ \cdot,\ e)$ 是一个幺群，若 $\cdot$ 适合交换律，则称 $M$ 是 交换幺群。

例 8.1.5 ~ 例 8.1.11 中，除例 8.1.10 以外都是交换幺群。由于矩阵乘法不适合交换律，因此例 8.1.10 不是交换幺群。

令 $a_1,\ a_2,\ \cdots,\ a_n$ 是幺群 $M$ 中的一个元素序列，如果不改变元素的次序，那么可

以确定多种二元运算的合成，例如 $n=4$，可以有

$$((a_1a_2)\,a_3)\,a_4，\ (a_1\,(a_2a_3))\,a_4，\ (a_1a_2)\,(a_3a_4)，\ a_1\,((a_2a_3)\,a_4)，\ a_1\,(a_2\,(a_3a_4))$$

不失一般性，可以把该序列分为两个子序列 $a_1$，$a_2$，$\cdots$，$a_m$ 和 $a_{m+1}$，$\cdots$，$a_n(1\leqslant m<n)$ 来得到 $a_1$，$a_2$，$\cdots$，$a_n$ 的乘积。假定我们已经分别知道 $a_1$，$a_2$，$\cdots$，$a_m$，和 $a_{m+1}$，$a_{m+2}$，$\cdots$，$a_n$ 的乘积，那么它们之间运算合成的结果就是次序为 $a_1$，$a_2$，$\cdots$，$a_n$ 的 $M$ 中的一个元素。由于二元运算适合结合律，所以当 $m$ 的取值范围在 $1\sim n-1$ 时，使用归纳法可以证明这些结果都是相同的。

显然当 $n=2$ 时，结论为真。

设小于 $n$ 时结论为真，当等于 $n$ 时，设最后一次计算是在 $\prod\limits_{i=1}^{m}a_i$ 和 $\prod\limits_{i=1}^{n-m}a_{m+i}$ 之间进行的，因此

$$\begin{aligned}\prod_{i=1}^{m}a_i\prod_{j=1}^{n-m}a_{m+j}&=\prod_{i=1}^{m}a_i\left(\left(\prod_{j=1}^{n-m-1}a_{m+j}\right)a_n\right)\\&=\left(\prod_{i=1}^{m}a_i\cdot\prod_{j=1}^{n-m-1}a_{m+j}\right)a_n\\&=\prod_{i=1}^{n-1}a_i\cdot a_n=\prod_{i=1}^{n}a_i\end{aligned}$$

于是我们有定理 8.1.1。

**定理 8.1.1** 如果二元运算 $\cdot$ 适合结合律，那么也适合广义结合律。

如果所有的 $a_i=a$，可以记 $a_1a_2\cdots a_n$ 为 $a^n$，并称为 $a$ 的 $n$ 次幂。由定理 8.1.1 显见

$$a^ma^n=a^{m+n},\qquad (a^m)^n=a^{mn},\qquad m,\ n\in\mathbf{N}$$

其中定义 $a^0=e$，即 $M$ 中的单位元。

如果 $a$ 是 $M$ 中的一个可逆元，那么一定有 $a^{-1}\in M$，于是 $a^{-1}a^{-1}\cdots a^{-1}$($n$ 个) 可以表示为 $\left(a^{-1}\right)^n=a^{-n}$。当然 $a^{-n}=(a^n)^{-1}$ 也是成立的，因此，上式中的 $m$、$n$ 在整数范围内取值都是成立的。

**定义 8.1.4** 设 $(M,\ \cdot,\ e)$ 是一个幺群，若存在一个元素 $g\in M$，使得对任意 $a\in M$，$a$ 都可以写成 $g$ 的方幂形式，即 $a=g^m$($m$ 是非负整数)，则称 $(M,\ \cdot,\ e)$ 是一个 **循环幺群**，并且称 $g$ 是 $M$ 的一个 **生成元**。

例 8.1.11 中，令 $g=\overline{1}$，则 $\overline{2}=\overline{1}\cdot\overline{1}=(\overline{1})^2$，$\overline{0}=(\overline{1})^0$，$\cdots$。因此，$(\mathbf{Z}_m,\ \cdot,\ \overline{0})$ 是循环幺群，$\overline{1}$ 是一个生成元。

**定理 8.1.2**　循环幺群是可交换幺群。

**证明：** 设 $g$ 是循环幺群中的一个生成元，则对任意 $a$，$b \in M$，有 $a = g^m$，$b = g^n$，$(m，n \geqslant 0)$，由于

$$ab = g^m g^n = g^{m+n} = g^{n+m} = g^n g^m = ba$$

从而说明二元运算 $\cdot$ 适合交换律，因此，循环幺群是可交换的。

☞启发与思考

取半群或幺群中集合的子集与运算结合，是否仍然会保留半群和幺群的性质？仔细思考后我们应当看出任取的子集缺乏对运算的封闭性。如果满足了封闭性，那么这个子集也是一个半群，由此引出子半群的概念。子幺群的概念与此类似。

**定义 8.1.5**　设 $(S，\cdot)$ 是一个半群，$T \subseteq S$，在运算 $\cdot$ 的作用下如果 $T$ 是封闭的，则称 $(T，\cdot)$ 是 $(S，\cdot)$ 的 **子半群**。

**定义 8.1.6**　设 $(M，\cdot，e)$ 是一个幺群，$T \subseteq M$，在运算 $\cdot$ 的作用下如果 $T$ 是封闭的，且 $e \in T$，则称 $(T，\cdot，e)$ 是 $(M，\cdot，e)$ 的 **子幺群**。

例如在例 8.1.1 的半群 $(\mathbf{Z}^+，+)$ 中，$m \in \mathbf{Z}^+$，设 $T$ 是 $m$ 的正整数倍的集合，则 $(T，+)$ 是 $(\mathbf{Z}^+，+)$ 的子半群；又如幺群 $(\mathbf{N}，\times，1)$ 中，$m \in \mathbf{N}$，设 $T$ 是 $m$ 的非负整数倍的集合。如果 $m \neq 1$，则 $T$ 中不含元素 1，故 $(T，\times)$ 不是 $\mathbf{N}$ 的子幺群，而是其子半群；但当 $m = 1$ 时，$T = \mathbf{N}$，因此 $(T，\cdot，1)$ 是 $\mathbf{N}$ 的子幺群。

**例 8.1.12**　设 $(M，\cdot，e)$ 是一个幺群，则 $(\{e\}，\cdot，e)$ 和 $(M，\cdot，e)$ 都是 $M$ 的子幺群，称为 **平凡子幺群**。$M$ 中除了自身以外的子幺群称为 **真子幺群**。

**例 8.1.13**　设 $\Sigma = \{a，b，c\}$，$\Sigma^+$ 是非空字符串的集合，$\Sigma^* = \{\varnothing\} \cup \Sigma^+$，$\cdot$ 是字符的连接运算，则 $(\Sigma^+，\cdot)$ 是一个半群，$(\Sigma^*，\cdot，\varnothing)$ 是幺群。若 $\Sigma'$ 是 $\Sigma^+$ 中所有不含字母 $a$ 的字符串集合，则 $(\Sigma'，\cdot)$ 是 $\Sigma^+$ 的子半群，$(\Sigma' \cup \{\varnothing\}，\cdot，\varnothing)$ 是 $\Sigma^*$ 的子幺群。

**例 8.1.14**　设 $(A)_n$ 表示一切元素为有理数的 $n$ 阶方阵集合，则集合 $(A)_n$ 对于矩阵乘法作成一个幺群，其中单位矩阵 $\boldsymbol{I}$ 是单位元。例 8.1.10 的 $(\mathbf{Z})_n$ 是它的一个子幺群。令 $T = \{(a_{ij}) \in (\mathbf{Z})_n \mid 若\ i \leqslant j，则\ a_{ij} = 0\}$，即 $T$ 是元素为整数且对角线元素为 0 的下三角矩阵的集合，则 $T$ 对于矩阵乘法封闭。但由于 $\boldsymbol{I} \notin T$，所以 $T$ 是 $(\mathbf{Z})_n$ 的一个子半群，而不是子幺群。

由于幺群 $M$ 中的单位元 $e$ 是唯一的，因此仅当其子半群 $T$ 中含有 $e$ 时，$T$ 才是子幺群。

将一般代数系统的同态、同构概念应用在半群和幺群上，可以得到定义 8.1.7。

**定义 8.1.7** 设 $(A, \cdot)$，$(B, *)$ 是两个半群（幺群），$f$ 是 $A$ 到 $B$ 的一个映射，对于任意 $a, b \in A$，若 $f(a \cdot b) = f(a) * f(b)$ 成立，则称 $f$ 是从半群（幺群）$A$ 到半群（幺群）$B$ 的 同态映射 ，简称 同态。若 $f$ 分别是单射、满射和双射时，分别称 $f$ 是 单同态 、满同态 和 同构 。

例 8.1.15 $(\mathbf{R}, +, 0)$ 和 $(\mathbf{C}^*, \cdot, 1)$ 是两个幺群。其中 $\mathbf{R}$ 是实数集，$\mathbf{C}^*$ 是非 0 复数集，令 $f: \theta \to e^{i\theta}$，则对任意的 $a, b \in \mathbf{R}$，有

$$f(a+b) = e^{i(a+b)} = e^{ia+ib} = e^{ia} * e^{ib} = f(a) * f(b)$$

因此，$f$ 是 $\mathbf{R}$ 到 $\mathbf{C}^*$ 的同态。

**定理 8.1.3** 设 $f$ 是从代数系统 $(A, \cdot)$ 到 $(B, *)$ 的同态，$S$ 是 $A$ 的非空子集。$f(S)$ 表示 $S$ 中的元素在 $f$ 下的象的集合，即 $f(S) = \{f(a) \mid a \in S\}$，那么

(1) 若 $(S, \cdot)$ 是半群，则 $(f(S), *)$ 也是半群。

(2) 若 $(S, \cdot)$ 是幺群，则 $(f(S), *)$ 也是幺群。

证明：显然 $f(S)$ 是非空集合。要证明 $(f(S), *)$ 是半群，只要证明 $f(S)$ 对运算 $*$ 是封闭的，且 $*$ 在 $f(S)$ 上适合结合律。对于任意 $a', b', c' \in f(S)$，必有 $a, b, c \in S$，使 $f(a) = a'$，$f(b) = b'$，$f(c) = c'$，由于 $f$ 是同态，因此

$$a' * b' = f(a) * f(b) = f(a \cdot b)$$

由于 $S$ 是半群，所以 $ab \in S$，即 $f(ab) \in f(S)$，可知 $f(S)$ 对于运算 $*$ 是封闭的。再者，因为

$$\begin{aligned} a' * (b' * c') &= f(a) * (f(b) * f(c)) = f(a) * f(b \cdot c) \\ &= f(a \cdot (b \cdot c)) \\ (a' * b') * c' &= (f(a) * f(b)) * f(c) = f(a \cdot b) * f(c) \\ &= f((a \cdot b) \cdot c) \end{aligned}$$

由于 $S$ 是半群，易知 $a \cdot (b \cdot c) = (a \cdot b) \cdot c$，因此，$a' * (b' * c') = (a' * b') * c'$，即 $*$ 在 $f(S)$ 上适合结合律，故 $(f(S), *)$ 是半群。

对第二部分，只需再证明 $(f(S), *)$ 也有单位元。因为 $(S, \cdot)$ 是幺群，故 $(S, \cdot)$ 中有单位元 $e$，令 $f(e) = e'$，$f(e) \in f(S)$，因此，对任意 $a' \in f(S)$

$$e' * a' = f(e) * f(a) = f(ea) = f(a) = a'$$

$$a' * e' = f(a) * f(e) = f(ae) = f(a) = a'$$

所以 $e'$ 是 $(f(S), *)$ 中的单位元，故 $(f(S), *)$ 是幺群。

作为定理 8.1.3 的特例，可以得到以下推论。

推论　设 $f$ 是从半群（幺群）$(A, \cdot)$ 到代数系统 $(B, *)$ 的满同态，$(S, \cdot)$ 是 $(A, \cdot)$ 的子半群（子幺群），则有

(1) $(B, *)$ 是半群（幺群）。

(2) $(f(S), *)$ 是 $(B, *)$ 的子半群（子幺群）。

它说明一个半群或幺群的同态象仍然是半群或幺群。

## 8.2　群、群的基本性质

**定义 8.2.1**　设 $G$ 是非空集合，$\cdot$ 是 $G$ 上的二元运算，若代数系统 $(G, \cdot)$ 满足

(1) 适合结合律，即对任意的 $a$，$b$，$c \in G$，有

$$(ab)c = a(bc)$$

(2) 存在单位元 $e \in G$，即对任意 $a \in G$，$ae = ea = a$。

(3) $G$ 中的元素都是可逆元，即对任意 $a \in G$，都存在 $a^{-1} \in G$，使得

$$a^{-1}a = aa^{-1} = e$$

则称代数系统 $(G, \cdot)$ 是一个 群，或记为 $(G, \cdot, e)$。

> ☞启发与思考
>
> 群和幺群、半群，从名字上看非常接近。二者的联系与区别是啥呢？从下面的定义中，我们可以看到，群是满足特定条件的含幺半群；或者说，含幺半群是只满足一部分性质的群。

为方便起见，常用 $G$ 表示群 $(G, \cdot)$。由定义可知群也必定是幺群。因此，也可以将群定义如下。

**定义 8.2.2**　设 $(G, \cdot, e)$ 是含幺半群，$e$ 是其单位元，如果对任意 $a \in G$，都存在逆元 $a^{-1} \in G$，使得

$$a^{-1}a = aa^{-1} = e$$

成立，则称 $G$ 是一个群。换言之，群是所有元素都可逆的含幺半群。

**定义 8.2.3** 若群 $G$ 的二元运算 $\cdot$ 满足交换律，即对任意的 $a$，$b\in G$，都有 $ab=ba$，则称 $G$ 是 **交换群**，或 **阿贝尔（Abel）群**。

规定集合 $G$ 的基数就是群 $(G,\ \cdot)$ 的阶，当阶为某一整数时，称该群是 **有限群**，否则为 **无限群**。

**例 8.2.1** $(\mathbf{Q},\ +,\ 0)$ 是群，其中 $\mathbf{Q}$ 是有理数集，对任意元 $a\in\mathbf{Q}$，都有 $-a\in\mathbf{Q}$，使 $a+(-a)=(-a)+a=0$。

**例 8.2.2** $(\mathbf{Q}^*,\ \cdot,\ 1)$，其中 $\mathbf{Q}^*$ 是非 0 有理数集，对任意元 $a\in\mathbf{Q}^*$，都有 $\dfrac{1}{a}\in\mathbf{Q}^*$，使 $a\cdot\dfrac{1}{a}=\dfrac{1}{a}\cdot a=1$，因此 $(\mathbf{Q}^*,\ \cdot,\ 1)$ 是无限群。

**例 8.2.3** $(\mathbf{Z}_n,\ +,\ \overline{0})$ 是一个群，称为剩余类加群，对 $\mathbf{Z}_n$ 中的任意元 $\overline{i}$，都有逆元 $\overline{n-i}$。

**例 8.2.4** 设 $M$ 是平面上关于原点 $O$ 的旋转的集合，旋转的合成运算如常，旋转一个角度 $\theta$ 可以用解析方法表示成从 $(x,\ y)$ 到 $(x',\ y')$ 的一个映射 $\rho_\theta$，其中

$$x'=x\cos\theta-y\sin\theta,\ y'=x\sin\theta+y\cos\theta$$

恒等映射是 $\rho_{\theta=0}$。对每一个旋转角度 $\theta$ 所对应的映射 $\rho_\theta$，都有它的逆 $\rho_{-\theta}$，因此，$M$ 是一个群。

**例 8.2.5** $\left(R^{(3)},\ +,\ 0\right)$ 中，$R^{(3)}$ 是三维欧几里得空间，$+$ 是通常的向量加法运算，其中 $0=(0,\ 0,\ 0)$。对于任意 $(x,\ y,\ z)\in R^{(3)}$，都有 $(-x,\ -y,\ -z)\in R^{(3)}$，使得 $(x,\ y,\ z)+(-x,\ -y,\ -z)=(-x,\ -y,\ -z)+(x,\ y,\ z)=(0,\ 0,\ 0)$，因此，$\left(R^{(3)},\ +,\ 0\right)$ 是群。

有时 $M$ 上二元运算的结果并非很有规律性，这时我们经常依据乘法表判断 $M$ 是否为一个代数系统，如果是，还可以判断它是否为半群、幺群，还是群。

**例 8.2.6** 设 $M=\{a,\ b,\ c\}$，$M$ 上的运算 $\cdot$ 的乘法表如下：

| $\cdot$ | $a$ | $b$ | $c$ |
|---|---|---|---|
| $a$ | $a$ | $b$ | $c$ |
| $b$ | $b$ | $c$ | $a$ |
| $c$ | $c$ | $a$ | $b$ |

试对 $(M,\ \cdot)$ 加以判断。

首先，$\cdot$ 的确是 $M$ 上的二元运算。其次，考察结合律是否成立。从表中可见，对任意 $x\in M$，$xa=ax=x$。所以 $x$、$y$、$z$ 中只要有一个元是 $a$，它必满足结合律，若 $x$、$y$、$z$

是 $b$ 和 $c$ 时，只有

$$bbb，bbc，bcb，bcc，cbb，cbc，ccb，ccc$$

8 种情况，经一一考察，它们也都适合结合律。例如 $(bc)c = ac = c$，$b(cc) = bb = c$。因此，$(M，\cdot)$ 是半群，同时因为 $a$ 是单位元，所以 $(M，\cdot)$ 是幺群。

再次，由于 $aa = a$，$bc = cb = a$，所以 $a^{-1} = a$，$b^{-1} = c$，$c^{-1} = b$，即每一个元都有逆元，故 $(M，\cdot)$ 是一个群，而且是阿贝尔群。

**例 8.2.7**　设 $K_4 = \{e，a，b，c\}$，$K_4$ 中的乘法表如下：

| $\cdot$ | $e$ | $a$ | $b$ | $c$ |
|---|---|---|---|---|
| $e$ | $e$ | $a$ | $b$ | $c$ |
| $a$ | $a$ | $e$ | $c$ | $b$ |
| $b$ | $b$ | $c$ | $e$ | $a$ |
| $c$ | $c$ | $b$ | $a$ | $e$ |

可以验证该运算适合结合律，$e$ 是单位元，对任意 $x \in K_4$，$x^{-1} = x$，所以 $(K_4，\cdot)$ 是群，而且是交换群，该群被称为 Klein 四元群。

如前所述，如果幺群 $M$ 中的所有元都可逆，则 $M$ 是群。但是有的幺群 $M$ 中只有一部分元素可逆，那么 $M$ 中所有可逆元构成的子集 $G$ 是不是一个群呢？回答是肯定的。因为 $e \in M$，$e \cdot e = e$，所以 $e$ 是可逆元，即 $G$ 是非空集。设任意的 $x$，$y \in G$，有

$$\begin{aligned}(xy)\left(y^{-1}x^{-1}\right) &= x\left(y\left(y^{-1}x^{-1}\right)\right) = x\left(\left(yy^{-1}\right)x^{-1}\right)\\ &= x\left(ex^{-1}\right) = xx^{-1} = e\\ \left(y^{-1}x^{-1}\right)(xy) &= y^{-1}\left(x^{-1}(xy)\right) = y^{-1}\left(\left(x^{-1}x\right)y\right)\\ &= y^{-1}(ey) = y^{-1}y = e\end{aligned}$$

因此 $xy \in G$，故 $G$ 关于二元运算是封闭的。同时也说明，若 $a \in G$，则 $a^{-1} \in G$。因此，$G$ 是一个群。

**例 8.2.8**　$((\mathbf{R})_n，\cdot，I)$ 中，$(\mathbf{R})_n$ 是所有 $n \times n$ 阶的实矩阵的集合，则 $(\mathbf{R})_n$ 是幺群；设 $G$ 是全体 $n \times n$ 阶实可逆矩阵的集合，则 $G$ 是 $(\mathbf{R})_n$ 的子集，且构成群。

**例 8.2.9**　例 8.1.4 中 $M(S)$ 是一个幺群，它有单位元：恒等变换 $\alpha$，但 $M(S)$ 不是群，因为 $\gamma$ 和 $\delta$ 没有逆元。令 $G = \{\alpha，\beta\}$，则 $G$ 构成群。

由于群是特殊的幺群，所以它有幺群的一切性质。

**定理 8.2.1**　设 $G$ 是一个群，则

(1) $G$ 中的单位元唯一。

(2) $G$ 中每个元素都有唯一的逆元。

(3) 指数律成立，即对于任意 $a \in G$，设 $m$、$n$ 是任意整数，有

$$a^m a^n = a^{m+n}，\ (a^m)^n = a^{nm}$$

(4) 若 $ab = ba$，则 $(ab)^n = a^n b^n$。

**定理 8.2.2** 设半群 $(G，\cdot)$ 有一个左单位元 $e$，且对每一个元 $a \in G$，都有左逆元 $a^{-1} \in G$，使 $a^{-1}a = e$ 成立，则 $G$ 是群。

**证明**：因为

$$\begin{aligned} ae = eae &= ((a^{-1})^{-1}a^{-1})a\left(a^{-1}a\right) = \left(a^{-1}\right)^{-1}\left(a^{-1}a\right)\left(a^{-1}a\right) \\ &= \left(a^{-1}\right)^{-1}\left(ea^{-1}\right)a = ((a^{-1})^{-1}a^{-1})a = ea = a \end{aligned}$$

所以 $e$ 也是右单位元。同理可证 $a^{-1}$ 也是 $a$ 的右逆元，设 $a'$ 是 $a^{-1}$ 的左逆元，于是有

$$\begin{aligned} aa^{-1} = eaa^{-1} &= \left(a'a^{-1}\right)aa^{-1} = a'\left(a^{-1}a\right)a^{-1} \\ &= (a'e)\,a^{-1} = a'a^{-1} = e \end{aligned}$$

因此，$G$ 是群。

**定理 8.2.3** 设 $(G，\cdot)$ 是半群，如果对 $G$ 中任意两个元素 $a$、$b$，方程 $ax = b$ 和 $ya = b$ 在 $G$ 中都有解，则 $G$ 是一个群。

**证明**：因为 $ya = b$，且 $b$ 任意，所以 $ya = a$ 在 $G$ 中有解，设 $e$ 是 $ya = a$ 的一个解。对方程 $ax = b$，设 $x'$ 是其中的一个解，那么对任意的 $b$，

$$eb = e\,(ax') = (ea)x' = ax' = b$$

所以 $e$ 是左单位元；再者因为对任意的 $a \in G$，$ya = e$ 有解 $y'$，所以 $y'$ 是 $a$ 的左逆元。由定理 8.2.2，$G$ 是群。

如果 $(G，\cdot，e)$ 是一个群，由于每个元都有逆元，所以左、右消去律对于群的运算是成立的。也就是说，对任意的 $a$，$b$，$c \in G$，

$$ab = ac \Rightarrow b = c$$

$$ba = ca \Rightarrow b = c$$

这是因为由 $ab = ac$ 两边左乘 $a^{-1}$ 得 $b = c$。类似可证第二式。

**定理 8.2.4**　设 $G$ 是一个群，对 $G$ 中的任意元素 $a$、$b$ 恒有：

$$\left(a^{-1}\right)^{-1}=a，(ab)^{-1}=b^{-1}a^{-1}$$

证明：因为 $a^{-1}a=e$，

所以 $\left(a^{-1}\right)^{-1}=a$。

因为 $(ab)b^{-1}a^{-1}=e$，

所以 $(ab)^{-1}=b^{-1}a^{-1}$。

设 $a$ 是有限群 $G$ 中的一个非单位元，构造序列 $a^0$，$a^1$，$a^2$，$a^3$，$\cdots$，它们都在有限群 $G$ 中，因此一定存在重复的元素。设 $a^q$ 是第一次重复，它等于序列中的 $a^p$，其中 $0\leqslant p<q$，这里 $q$ 满足什么条件呢？由消去律，一定有 $a^{q-p}=e$，由于是第一次重复，$q$ 已经是最小的了，所以有 $q\leqslant q-p$，因此 $p=0$，那么第一次重复的序列元素 $a^q=e$。可以看出来，这个无限循环序列以 $q$ 为周期不断地循环。如果 $G$ 不是有限群，取某些单位元 $a$ 构造的如上无穷序列未必有重复元素，如果有，那么满足上述性质的周期 $q$ 仍然存在。从而引出定义 8.2.4。

**定义 8.2.4**　设 $a$ 是 $G$ 中的一个元素，若有正整数 $k$ 存在，使 $a^k=e$，则满足 $a^k=e$ 的最小正整数 $k$ 称为元素 $a$ 的 **阶** （或 **周期** ），记为 $O\langle a\rangle$，并称 $a$ 是 **有限阶元素** 。

例如在 $(\mathbf{Z}_{10}，+，\overline{0})$ 中，元素 $(\overline{1})^{10}=\overline{0}$，所以 $O\langle\overline{1}\rangle=10$，虽然 $(\overline{2})^{10}=\overline{0}$，但 $(\overline{2})^5$ 也为 $\overline{0}$，因此 $O\langle\overline{2}\rangle=5$。

**定理 8.2.5**　设 $a$ 是群 $G$ 中的一个 $r$ 阶元素，$k$ 是正整数，则

(1) $a^k=e$，当且仅当 $r\mid k$。

(2) $O\langle a\rangle=O\left\langle a^{-1}\right\rangle$。

(3) $r\leqslant|G|$。

证明：先证第一部分。

充分性：因为 $r\mid k$，所以存在整数 $m$，使 $k=rm$，于是

$$a^k=a^{rm}=\left(a^r\right)^m=e^m=e$$

必要性：若 $a^k=e$，由带余除法一定存在整数 $p$ 和 $q$，使 $k=pr+q$，$(0\leqslant q<r)$，于是

$$a^k=a^{pr+q}=a^{pr}a^q=\left(a^r\right)^p a^q=a^q=e$$

因为 $r$ 是 $a$ 的阶，所以 $q=0$，故 $r\mid k$。

再证第二部分。

设 $O\langle a\rangle=r$，$O\langle a^{-1}\rangle=r'$，由定理 8.2.1 中的 (3)，$\left(a^{-1}\right)^r=\left(a^r\right)^{-1}=e$，所以 $r'\mid r$，

类似可证 $r \mid r'$，故 $r = r'$。

最后，证第三部分。

设 $e = a^0$，$a$，$\cdots$，$a^{r-1}$ 中如果有两个元素是相同的，例如 $a^i = a^j$，其中 $0 \leqslant i < j \leqslant r$，则有 $a^{j-i} = e$，即 $0 < j-i < r$，与 $a$ 的阶是 $r$ 相矛盾。因此，$e$，$a$，$\cdots$，$a^{r-1}$ 是 $G$ 中 $r$ 个不同的元素，故 $r \leqslant |G|$。

前面我们曾经定义过子半群和子幺群，类似地可以定义子群。

**定义 8.2.5** 设 $H$ 是群 $G$ 的一个非空子集，若 $H$ 对于 $G$ 的运算仍然构成群，则称 $H$ 是 $G$ 的一个子群，记为 $H \leqslant G$。

根据定义，$G \leqslant G$，$\{e\} \leqslant G$，它们称为 $G$ 的平凡子群，若 $G$ 的子群 $H \neq G$，则称 $H$ 是 $G$ 的真子群，可用 $H < G$ 表示。

**例 8.2.10** $(\mathbf{Z}, +, 0)$ 是一个群，设 $T$ 是正整数 $m$ 整倍数的集合，则 $(T, +, 0)$ 是 $(\mathbf{Z}, +, 0)$ 的一个子群。

**例 8.2.11** 设 $G$ 是全体 $n \times n$ 阶实可逆矩阵的集合，它对矩阵乘法构成群。令 $H$ 是行列式值为 1 的矩阵集合，则 $H < G$，即 $H$ 是 $G$ 的一个真子群。

作为群，子群一定具有群的性质；作为某个群 $G$ 的子群，它应该与 $G$ 有一定的联系。

**定理 8.2.6** $H$ 是 $G$ 的子群的充要条件如下。

(1) $H$ 对 $G$ 的乘法运算是封闭的，即对任意的 $a$，$b \in H$，都有 $ab \in H$。

(2) $H$ 中有单位元 $e'$，且 $e' = e$。

(3) 对任意的 $a \in H$，都有 $a^{-1} \in H$，且 $a^{-1}$ 是 $a$ 在 $G$ 中的逆元。

**证明**：(1) 由子群和群的定义可知，$H$ 对 $G$ 的运算是封闭的。

(2) 由子群和群的定义可知，$H$ 中有单位元 $e'$，且对任意 $a \in H$，都有 $a^{-1} \in H$，即消去律成立。

因为在 $G$ 中，$e'e = e'$，在 $H$ 中，$e'e' = e'$，所以 $e'e = e'e'$。由消去律得到 $e' = e$。

(3) 再设 $a$ 在 $H$ 中的逆元是 $a'$，在 $G$ 中的逆元是 $a^{-1}$，则 $aa^{-1} = e = e' = aa'$，故 $a^{-1} = a'$。

这就证明了必要性。而充分性是显然的。因此定理得证。

我们可以将定理 8.2.6 中的 3 个条件加以合并，得到定理 8.2.7。

**定理 8.2.7** $G$ 的非空子集 $H$ 是 $G$ 的子群的充要条件是：对任意的 $a$，$b \in H$，都有 $ab^{-1} \in H$。

**证明**：必要性。因为 $a$，$b \in H$，且 $H$ 是子群，所以 $b^{-1} \in H$，由于 $H$ 对乘法封闭，故 $ab^{-1} \in H$。

充分性。只要证明 $H$ 满足群的条件即可。令 $b = a$，则 $aa^{-1} = e \in H$，即 $H$ 中有单位元 $e$；对于任意的 $h \in H$，有 $eh^{-1} = h^{-1} \in H$，即 $H$ 中任意元素的逆元也在 $H$ 中；最后，对任意 $a$，$b \in H$，因为 $b^{-1} \in H$，所以 $a\left(b^{-1}\right)^{-1} \in H$，即 $ab \in H$，故 $H$ 是封闭的。因此 $H$ 是 $G$ 的子群。

这些定理对判断 $G$ 的子集是否为子群有时是十分方便的。

**例 8.2.12** 设 $G=(\mathbf{Z},\ +,\ 0)$，$H=\{nk \mid k\in\mathbf{Z}\}$，$n$ 是某个自然数，则 $H$ 是 $G$ 的一个子群。

**证明**：设 $a$，$b\in H$，$a=nk_1$，$b=nk_2$，则 $a+b=n(k_1+k_2)\in H$，故 $H$ 是封闭的；又因为 $-a=-nk_1=n(-k_1)\in H$ 且 $(-a)+a=a+(-a)=0\in H$，所以 $H$ 中有单位元 0；每个元 $a$ 都有逆元 $-a\in H$。由定理 8.2.6 得证 $H\leqslant G$。

**例 8.2.13** 设 $H_1$、$H_2$ 是 $G$ 的两个子群，则 $H=H_1\cap H_2$ 也是 $G$ 的子群。

**证明**：因为 $G$ 的单位元 $e\in H_1$，$H_2$，故 $e\in H_1\cap H_2=H$，即 $H$ 是 $G$ 的非空子集。任设 $a$，$b\in H$，则 $a$，$b\in H_1$，$a$，$b\in H_2$，由定理 8.2.7 有 $ab^{-1}\in H_1$，$ab^{-1}\in H_2$，因此 $ab^{-1}\in H$，所以 $H$ 是 $G$ 的子群。

**例 8.2.14** 设 $a$ 是群 $G$ 中的任一元素，则 $\langle a\rangle=\left\{a^k \mid k\in\mathbf{Z}\right\}$ 是 $G$ 的子群。

**证明**：因为 $a^0=e\in\langle a\rangle$，所以 $\langle a\rangle$ 非空。对任意 $a^m$，$a^n\in\langle a\rangle$，由于

$$a^m\left(a^n\right)^{-1}=a^m a^{-n}=a^{m-n}\in\langle a\rangle$$

由定理 8.2.7，$\langle a\rangle\leqslant G$。

**例 8.2.15** 设 $a$ 是群 $G$ 中的任一元素，令 $c(a)$ 是 $G$ 中与 $a$ 可交换元素的集合，则 $c(a)$ 是 $G$ 的一个子群。

**证明**：首先 $e\in c(a)$，因为 $ea=ae$；设 $b_1$，$b_2\in c(a)$，则 $(b_1b_2)\,a=b_1\,(b_2a)=b_1\,(ab_2)=(b_1a)\,b_2=(ab_1)\,b_2=a\,(b_1b_2)$，所以 $b_1b_2\in c(a)$，即 $c(a)$ 是封闭的。另外若 $b\in c(a)$，因为 $ab=ba$，且 $b$ 是 $G$ 中的元素，故 $a=bab^{-1}$，亦即 $b^{-1}a=ab^{-1}$，因此 $b^{-1}\in c(a)$。由定理 8.2.6，$c(a)$ 是 $G$ 的子群。

## 8.3 循环群和群的同构

给定群 $G$ 的一个非空子集 $S$，有时需要考虑包含 $S$ 的 $G$ 的最小子群。令 $\{H(S)\}$ 是 $G$ 中包含 $S$ 的子群的集合，则所有这些 $H(S)$ 的交集 $\langle S\rangle$ 仍然是 $G$ 的子群，而且它就是包含 $S$ 的 $G$ 的最小子群。称 $\langle S\rangle$ 为由子集 $S$ 生成的 **子群**，$S$ 是群 $\langle S\rangle$ 的 **生成元集**。

如果 $S$ 是一个有限集,不妨设 $S=\{s_1,\ s_2,\ \cdots,\ s_r\}$,我们可以记 $\langle S\rangle=\langle s_1,\ s_2,\ \cdots,\ s_r\rangle$，并且可以构造 $\langle S\rangle$ 如下：

$$\langle S\rangle=\{s_1^{\varepsilon_1}s_2^{\varepsilon_2}\cdots s_r^{\varepsilon_r} \mid s_i\in S,\ \varepsilon_i\in\mathbf{Z}\}$$

即 $\langle S\rangle$ 中包含单位元 $e$ 以及任何元素及它们的逆的乘积。

**定义 8.3.1** 若群 $G$ 中存在一个元素 $a$，使得 $G$ 中的任意元素都可以表示成 $a$ 的幂的形式，即

$$G=\left\{a^k \mid k\in\mathbf{Z}\right\}$$

则称 $G$ 是 **循环群**，记作 $\langle a\rangle$，$a$ 称为 $G$ 的 **生成元**。

**例 8.3.1** 设 $G=\left(\mathbf{Z}_{10},\ +,\ \overline{0}\right)$，$S=\{\overline{2},\ \overline{4}\}$，则 $\langle S\rangle=\{\overline{0},\ \overline{2},\ \overline{4},\ \overline{6},\ \overline{8}\}$；如果 $S=\{\overline{2},\ \overline{3}\}$，则 $\langle S\rangle=G$；若 $S=\{\overline{1}\}$，则 $\langle S\rangle=G$。

当 $\langle S\rangle=G$ 时，称 $S$ 是群 $G$ 的 **生成元集**，即 $G$ 没有真子群包含 $S$。特别当 $\langle S\rangle=G$ 而且 $S$ 中只有一个元素 $a$ 时，有 $G=\langle a\rangle$，此时 $G$ 就是以 $a$ 为生成元的循环群。循环群是构造最简单也是最基本的一类群。

循环子群 $H$ 是循环群的子群，可以验证 $H$ 自身也是一个循环群。

**例 8.3.2** $(\mathbf{Z},\ +,\ 0)$ 是无限循环群，生成元只有 1 和 $-1$。

**例 8.3.3** $x^n-1=0$ 在复数域中有 $n$ 个不同的根

$$x_k=e^{\frac{2k\pi}{n}i},\ k=0,\ 1,\ 2,\ \cdots,\ n-1$$

称为 $n$ 次单位根，则

$$U_n=\left\{e^{\frac{2k\pi}{n}i}\mid k=0,\ 1,\ 2,\ \cdots,\ n-1\right\}$$

关于乘法运算作成群。令 $a=e^{\frac{2\pi}{n}i}$，则 $U_n=\langle a\rangle$，即 $U_n$ 是生成元为 $a$ 的循环群。

**例 8.3.4** 设 $G=\left\{a^i\mid i\in\mathbf{Z}\right\}$，$\cdot$ 是一般乘法运算，则若 $O\langle a\rangle=\infty$，$G$ 是 **无限循环群**，$a$ 是其生成元；若 $O\langle a\rangle=n$，则 $G=\left\{a^i\mid 0\leqslant i<n\right\}$，$\langle a\rangle$ 是 **有限循环群**，由于其周期为 $n$，所以也称为 **$n$ 阶循环群**。

因此，当 $G=\langle a\rangle$ 是循环群时，$G$ 的阶与生成元 $a$ 的阶是一致的，由 $a$ 的阶的特点可以将循环群分为两类。

(1) 当 $a$ 的阶无限时，$\langle a\rangle$ 是无限循环群，这时有 $O\langle a\rangle=\infty$，

$$\langle a\rangle=\left\{a^k\mid k\in\mathbf{Z},\ a^k\neq e,\ k\neq 0\right\}$$

(2) 当 $a$ 是有限阶元（$n$ 阶）时，$\langle a\rangle$ 是有限循环群，这时 $O\langle a\rangle=n$，

$$\langle a\rangle=\left\{a^0=e,\ a,\ a^2,\ \cdots,\ a^{n-1}\right\}$$

**定理 8.3.1** 设 $G=\langle a\rangle$，则

(1) 若 $O\langle a\rangle=\infty$，则 $G$ 中只有生成元 $a$ 或 $a^{-1}$。

(2) 若 $O\langle a\rangle=n$，则 $G$ 中有 $\varphi(n)$ 个生成元，其中 $\varphi(n)$ 是欧拉函数，它表示小于 $n$ 且与 $n$ 互素的正整数个数。

**证明：**

先证明第一部分。

对于 $O\langle a\rangle=\infty$，即 $G$ 是无限循环群时，显见 $a$ 是生成元，由于 $a=\left(a^{-1}\right)^{-1}$，故对任意 $a^k\in G$，$a^k=\left(a^{-1}\right)^{-k}$，$-k\in\mathbf{Z}$，所以 $a^{-1}$ 也是 $G$ 的一个生成元。

设 $G\subset\langle a^m\rangle$，则因为 $a\in G$，存在 $n$ 使 $(a^m)^n=a$，即 $a^{mn-1}=e$，由于 $O(a)=\infty$，所以必有 $mn-1=0$，又因为 $m$ 和 $n$ 都是整数，故 $m=1$ 或 $-1$。也就是说，$\langle a\rangle$ 中只有两个生成元 $a$ 和 $a^{-1}$。

下面证明第二部分。

若 $G=\langle a^r\rangle$，则存在 $p$ 使 $(a^r)^p=a$，即 $a^{pr-1}=e$，故 $n\mid(pr-1)$，因而存在 $q\in\mathbf{Z}$ 使 $pr-1=qn$，由此得 $(r，n)=1$，而与 $n$ 互素且小于 $n$ 的正整数个数为 $\varphi(n)$。

**例 8.3.5**　剩余加群 $(\mathbf{Z}_m，+，0)$ 中，所有满足 $(k，m)=1$ 的元素 $k$ 都是 $\mathbf{Z}_m$ 的生成元，即 $G=\langle\bar{k}\rangle$，$(k，m)=1$。

☞启发与思考

在循环群 $\langle a\rangle$ 中任取一个元素 $a^k$，$a^k$ 并不一定是生成元，但是由 $a^k$ 可以生成 $\langle a\rangle$ 的一个子群 $\langle a^k\rangle$。那么 $\langle a^k\rangle$ 是不是循环群呢？定理 8.3.2 给出了答案。

**定理 8.3.2**　设 $G=\langle a\rangle$ 是循环群，则

(1) $G$ 的子群 $H$ 都是循环群。

(2) 若 $G$ 是无限群，则 $H(H\neq\{e\})$ 也是无限群；若 $G$ 是有限群时，设 $|G|=n$，且 $a^k$ 是 $H$ 中 $a$ 的最小正幂，则 $|H|=n/k$。

**证明：**

(1) 设 $H$ 是循环群 $G=\langle a\rangle$ 的任一子群，由于 $a$ 是生成元，因此 $H$ 中的每个元素都可表示为 $a$ 的方幂形式，设 $a^k$ 是 $H$ 中 $a$ 的最小正幂，则对任意 $a^s\in H$，有 $s=pk+r$ $(0\leqslant r<k)$，所以

$$a^r=a^{s-pk}=a^sa^{-pk}=a^s\left(a^k\right)^{-p}$$

也是 $H$ 的元，由于 $a^k$ 是最小正幂，故 $r=0$，即 $a^s=\left(a^k\right)^p$。所以 $H$ 中的任意元素都可以表示为 $a^k$ 的幂的形式，即 $H=\langle a^k\rangle$，是循环群。

(2) 当 $G$ 是无限循环群时，设 $a^k(k\neq0)$ 是 $H$ 的一个生成元，且 $a^k$ 是 $n$ 阶元，则 $\left(a^k\right)^n=e$，即 $a^{kn}=e$。这与 $a$ 是无限阶元矛盾，所以 $a^k$ 是无限阶元，亦即 $H$ 是无限阶循环群。

当 $G$ 是有限阶循环群时，设 $|G|=n$，所以 $O\langle a\rangle=n$，即 $a^n=e$。因为 $a^k$ 是循环群 $H$ 中 $a$ 的最小正幂，所以一定存在一个最小正整数 $m$，使得 $\left(a^k\right)^m=e=a^n$，即 $km=n$。所以 $a^k$ 的阶 $m=\dfrac{n}{k}$，亦即 $|H|=n/k$。

**定理 8.3.3**　设 $G$ 是 $n$ 阶循环群，则对于 $n$ 的每一个正因子 $d$，$G$ 有且只有一个 $d$ 阶子群。

**证明**：设 $H=\langle a^m\rangle$ 是 $G$ 的一个子群，由定理 8.3.2，$O\langle a^m\rangle=n/m$，即对 $n$ 的每一个正因子 $n/m=d$，$G$ 都有 $d$ 阶子群 $\langle a^m\rangle$。

以下证其唯一性。

因为 $d$ 是 $n$ 的任一正因子，令 $H=\langle a^{\frac{n}{d}}\rangle$，因为 $\left(a^{\frac{n}{d}}\right)^d=a^n=e$，所以 $H$ 是 $G$ 的一个 $d$ 阶子群。

设 $H_1$ 是 $\langle a\rangle$ 的任一 $d$ 阶子群，即 $H_1=\langle a^k\rangle$，$k$ 为某一正整数，则由于 $\left(a^k\right)^d=a^{kd}=e$，所以 $kd$ 是 $n$ 的整倍。设 $kd=ln$，于是 $k=l\cdot\dfrac{n}{d}$。由于

$$a^k=a^{l\cdot\frac{n}{d}}=\left(a^{\frac{n}{d}}\right)^l$$

可以表示为 $H$ 中的生成元 $a^{\frac{n}{d}}$ 的幂的形式，所以 $H_1$ 中的任何元素都是 $H$ 中的元素，即 $H_1\subseteq H$。

又由于 $H_1$ 和 $H$ 都是 $d$ 阶子群，所以 $H_1=H$，即 $d$ 阶子群是唯一的。

在群中由于指数定律成立，因此循环群一定是交换群，因为 $a^ma^n=a^{m+n}=a^{n+m}=a^na^m$。反之，如果有限群 $G$ 是交换群，它必须满足什么条件才是循环群呢？下面将对这一问题逐渐展开研究。

**例 8.3.6** 令 $a$、$b$ 是阿贝尔群中阶互素的两个元素，$O\langle a\rangle=m$，$O\langle b\rangle=n$，则

(1) $\langle a\rangle\cap\langle b\rangle=\{e\}$。

(2) $ab$ 的阶为 $mn$。

(3) $\langle a，b\rangle=\langle ab\rangle$。

**证明**：

(1) 令 $d\in\langle a\rangle\cap\langle b\rangle$，则 $d=a^p=b^q$，由于

$$d^m=(a^p)^m=(a^m)^p=e^p=e$$
$$d^n=b^{qn}=e$$

所以 $O\langle d\rangle$ 是 $m$ 和 $n$ 的因子。但 $m$ 和 $n$ 互素，即 $(m，n)=1$，故 $O\langle d\rangle=1$，所以 $d=e$，因此 $\langle a\rangle\cap\langle b\rangle=\{e\}$。

(2) 令 $O\langle ab\rangle=r$，则 $(ab)^r=a^rb^r=e$，即在 $G$ 中有 $a^r=b^{-r}$，由于 $a^r\in\langle a\rangle$，$b^{-r}\in\langle b\rangle$，因此 $a^r\in\langle a\rangle\cap\langle b\rangle$，所以 $a^r=e$，$b^r=e$。

由于 $O\langle a\rangle=m$，$O\langle b\rangle=n$，所以 $m\mid r$，$n\mid r$，亦即 $m$ 和 $n$ 的最小公倍数 $[m，n]$ 可以整除 $r$，因为 $(m，n)=1$，所以 $[m，n]=mn$，即 $mn\mid r$。

另一方面，$(ab)^{mn}=a^{mn}b^{mn}=(a^m)^n(b^n)^m=e$，所以 $r\mid mn$。综上，$ab$ 的阶是 $mn$。

(3) 因为 $\langle a，b\rangle$ 是以 $\{a，b\}$ 为生成元的 $G$ 的子群，所以 $\langle a，b\rangle$ 包含 $e$ 以及 $ab$ 的任何乘积形式，即 $\langle a，b\rangle$ 的元素一定是 $a^pb^q$ 形式，其中 $p=1，2，\cdots，m$，$q=1，2，\cdots，n$。所以 $O\langle a，b\rangle\leqslant mn$。

另一方面，由于 $ab$ 是 $\langle a, b\rangle$ 中的一个元素，所以 $\langle ab\rangle \subseteq \langle a, b\rangle$，但因 $O\langle ab\rangle = mn$，故又 $O\langle a, b\rangle \geqslant mn$，因此 $O\langle a, b\rangle = mn$，亦即 $\langle a, b\rangle = \langle ab\rangle$。

**例 8.3.7**　设 $G$ 是有限阿贝尔群，则 $G$ 中一定有一个元素 $g$，它的阶是 $G$ 中每个元素阶的整数倍。

**证明：**设 $a, b \in G$，且 $O\langle a\rangle = m$，$O\langle b\rangle = n$，那么一定会存在一个元素 $c \in G$，满足 $O\langle c\rangle = [m, n]$，为此设 $m = p_1^{i_1}p_2^{i_2}\cdots p_k^{i_k}$，$n = p_1^{j_1}p_2^{j_2}\cdots p_k^{j_k}$，其中 $p_l$ 为不同素数，$i, j \geqslant 0$，对 $p_l$ 适当排序后有

$$i_1 \leqslant j_1, \ \cdots, \ i_t \leqslant j_t,$$

$$i_{t+1} \geqslant j_{t+1}, \ \cdots, \ i_k \geqslant j_k, \quad (1 \leqslant t \leqslant k)$$

并设 $u = p_1^{i_1}\cdots p_t^{i_t}$，$v = p_{t+1}^{j_{t+1}}\cdots p_k^{j_k}$，由于 $m/u = p_{t+1}^{i_{t+1}}\cdots p_k^{i_k}$，$n/v = p_1^{j_1}\cdots p_t^{j_t}$，因此，$[m, n] = m/u \cdot n/v$，其中 $(m/u, n/v) = 1$。

因为 $a$ 和 $b$ 的阶分别为 $m$ 和 $n$，所以 $G$ 中一定有两个元素 $a^u$ 和 $b^v$ 的阶分别为 $m/u$ 和 $n/v$。由例 8.3.6，一定有元素 $c = a^u b^v$，它的阶是 $[m, n]$，即为元素 $a$ 和 $b$ 的阶的倍数。

同理，如果 $G$ 中还有另一元素 $a'$，它的阶是 $m'$，则一定有一个元素，它的阶是 $[[m, n], m']$。如此递归进行，由于 $G$ 是有限群，所以最终一定有一个元素 $g$，它的阶是 $G$ 中每个元素阶的整数倍。

**例 8.3.8**　令 $G$ 是有限阿贝尔群，则 $G$ 是循环群的充要条件是 $G$ 的阶为 $n$，其中 $n$ 是对于 $G$ 中的任何元素 $a$，满足 $a^n = e$ 的最小正整数。

**证明：**必要性无须再述。设 $G$ 是满足条件的有限阿贝尔群，如例 8.3.7 的方法选取 $G$ 的元素 $g$，这样对于 $G$ 中的任何元素 $a$，都有 $a^{O\langle g\rangle} = e$。因为已知 $n$ 是对任意 $a$ 满足 $a^n = e$ 的最小正整数，所以 $n \leqslant O\langle g\rangle$，但又由于 $|G| = n$，所以 $O\langle g\rangle \leqslant n$，故此 $O\langle g\rangle = n$，即 $G = \langle g\rangle$ 是一个循环群。

下面引入群的同构概念。

**定义 8.3.2**　设 $(G, \cdot)$ 和 $(G', *)$ 是两个群，$f: G \to G'$ 是双射，如果对任意的 $a, b \in G$，都有

$$f(ab) = f(a) * f(b)$$

则称 $f$ 是 $G$ 到 $G'$ 的一个 **同构**，记作 $G \cong G'$。

**例 8.3.9**　设 $G = (\mathbf{R}^+, \times)$，$G' = (\mathbf{R}, +)$，令 $f: x \to \ln x$，则 $f$ 是 $G$ 到 $G'$ 的双射，而且对任意的 $x, y \in G$，

$$f(xy) = \ln(xy) = \ln x + \ln y = f(x) + f(y)$$

因此，$G \cong G'$。

如果把同构的群看成一类，那么循环群只有无限循环群和有限循环群两类。

**定理 8.3.4** 设 $G$ 是循环群，$a$ 为生成元。

(1) 若 $O\langle a\rangle=\infty$，则 $G$ 与 $(\mathbf{Z},+)$ 同构。

(2) 若 $O\langle a\rangle=n$，则 $G$ 与 $(\mathbf{Z}_n,+)$ 同构。

**证明：**

(1) 设 $O\langle a\rangle=\infty$，即对任意正整数 $m\neq n$，有 $a^m\neq a^n$，否则若 $a^m=a^n$，就有 $a^{m-n}=e$，即 $m-n=0$，$m=n$。

令 $f:a^k\to k$，可以证明 $f$ 是 $G$ 到 $\mathbf{Z}$ 的双射。对任意的 $x\in G$，$x=a^k$，则 $f(x)=f\left(a^k\right)=k\in\mathbf{Z}$，即 $f(x)$ 由 $x$ 唯一确定，所以 $f$ 是一个映射。

任取 $a^m$，$a^n\in G$，若 $a^m\neq a^n$，则 $m\neq n$，所以 $f$ 是单射。另外任取 $k\in\mathbf{Z}$，一定有 $a^k\in G$，使得 $f\left(a^k\right)=k$，即 $f$ 是满射，因此 $f:G\to\mathbf{Z}$ 是双射。

再设 $x$，$y\in G$，$x=a^m$，$y=a^n$，有

$$f(xy)=f\left(a^m a^n\right)=f\left(a^{m+n}\right)=m+n=f(x)+f(y)$$

因此，$f$ 是 $G$ 到 $\mathbf{Z}$ 的一个同构，$G\cong\mathbf{Z}$。

(2) 设 $a$ 的周期是 $n$，则 $a^0=e$，$a$，$\cdots$，$a^{n-1}$ 是 $G=\langle a\rangle$ 中的 $n$ 个不同元，同时 $G$ 中也只有 $n$ 个元，因为对任意 $m\in\mathbf{Z}$，令 $m=pn+r(0\leqslant r<n)$，有

$$a^m=a^{pn+r}=\left(a^n\right)^p a^r=ea^r=a^r$$

令 $f:a^k\to\bar{k}$，$k=0$，1，$\cdots$，$n-1$，与前类似可证 $f$ 是 $G$ 到 $\mathbf{Z}_n$ 的双射，并且对任意 $x$，$y\in G$，设 $x=a^{m_1}$，$y=a^{m_2}\,(0\leqslant m_1$，$m_2<n)$，有

$$\begin{aligned}f(xy)&=f\left(a^{m_1}a^{m_2}\right)=f\left(a^{m_1+m_2}\right)=\overline{(m_1+m_2)\bmod n}\\&=f(x)+f(y)\end{aligned}$$

因此，$f$ 是 $G$ 到 $\mathbf{Z}_n$ 的一个同构，即 $G\cong\mathbf{Z}_n$。

该定理说明了**任两个阶相同的循环群都同构**。

**例 8.3.10** $n$ 次单位根群 $(U_n,\cdot)$ 与剩余类加群 $(\mathbf{Z}_n,+)$ 同构。由例 8.3.3 知 $(U_n,\cdot)$ 是以 $a=e^{\frac{2\pi}{n}i}$ 为生成元的 $n$ 阶循环群，因此 $U_n\cong\mathbf{Z}_n$。

关于群的同构，还有一个有用的定理。

**定理 8.3.5** 设 $G$ 是一个群，$(G',\cdot)$ 是一个代数系统，若存在 $G$ 到 $G'$ 的双射 $f$，且保持运算，即对任意的 $a$，$b\in G$，有 $f(ab)=f(a)\cdot f(b)$，则 $G'$ 也是一个群。

**证明：** 按照群的定义来验证 $G'$ 是群。

(1) 证 $\cdot$ 适合结合律，对任何 $a$，$b$，$c\in G$，由于 $f$ 是双射，故必唯一存在 $a'$，$b'$，$c'\in G'$，

满足 $f(a)=a'$，$f(b)=b'$，$f(c)=c'$，因此

$$f((ab)c)=f(ab)\cdot f(c)=(f(a)\cdot f(b))\cdot f(c)=(a'\cdot b')\cdot c'$$

$$f(a(bc))=f(a)\cdot f(bc)=f(a)\cdot(f(b)\cdot f(c))=a'\cdot(b'\cdot c')$$

由于 $G$ 中结合律成立，故 $(a'\cdot b')\cdot c'=a'\cdot(b'\cdot c')$，即 $G'$ 是半群。

(2) 设 $e$ 是 $G$ 的单位元，$f(e)=e'$，可证 $e'$ 是 $G'$ 的单位元。对任意 $a'\in G'$，都存在唯一 $a\in G$，使 $f(a)=a'$，由 $ae=ea=a$ 得 $f(ae)=f(a)\cdot f(e)=a'\cdot e'=a'$，$f(ea)=f(e)\cdot f(a)=e'\cdot a'=a'$，因此，$e'$ 是 $G$ 的单位元。

(3) 任取 $a'\in G'$，令 $f(a)=a'$，则有 $f\left(a^{-1}\right)=x\in G'$，所以 $f\left(aa^{-1}\right)=f(a)\cdot f\left(a^{-1}\right)=a'\cdot x=e'$，$f\left(a^{-1}a\right)=f\left(a^{-1}\right)\cdot f(a)=x\cdot a'=e'$，所以 $a'$ 在 $G'$ 中有逆元 $x$，因此，$(G',\ \cdot)$ 是群。

## 8.4　变换群和置换群 Cayley 定理

设 $A=\{a_1,\ a_2,\ \cdots\}$ 是一个非空集合，$A$ 到 $A$ 的一个映射 $f$ 称为 $A$ 的一个变换，记作

$$f:\begin{bmatrix} a_1 & a_2 & \cdots \\ f\left(a_1\right) & f\left(a_2\right) & \cdots \end{bmatrix}$$

对于 $A$ 中的两个变换 $f$、$g$，可以复合出 $A$ 的另一个变换 $gf$：

$$gf(a)=g(f(a)),\ \text{对任意}\ a\in A$$

$gf$ 称为变换 $f$ 与 $g$ 的乘积。容易验证，变换乘法适合结合律。设 $f$ 是 $A$ 中任意变换，都满足

$$fI=If=f$$

其中 $I$ 是 $A$ 中的恒等变换。因此，$A$ 上的全部变换的集合 $M(A)$ 对于变换的乘法运算构成幺群。

设 $|A|=n$，则 $A$ 到自身的不同映射一共有 $n^n$ 个。如果变换 $f$ 是双射，称其为一一变换。对于 $A$ 上任意个一一变换 $f$，也一定存在一个一一变换 $f^{-1}$，满足 $ff^{-1}=f^{-1}f=I$，称 $f^{-1}$ 是 $f$ 的逆变换。这样幺群 $(M(A),\ \cdot)$ 中的全部一一变换构成的集合 $E(A)$，对于变换的乘法运算构成群，称它为 $A$ 的一一变换群。

**定义 8.4.1**　非空集合 $A$ 的所有一一变换关于变换的乘法所作成的群叫作 $A$ 的 **一一变换群**，用 $E(A)$ 表示，$E(A)$ 的子群叫作 **变换群** 。

**例 8.4.1**　设 $A$ 是平面上所有点构成的集合，则平面上绕某定点的一个旋转是 $A$ 的一个一一变换。设 $G$ 是所有绕该定点旋转的集合，则

(1) $\varphi_{\theta_1}\cdot\varphi_{\theta_2}=\varphi_{\theta_1+\theta_2}$ 仍然是一个旋转，所以 $G$ 对于运算 $\cdot$ 是封闭的。

(2) $\varphi_{\theta_1}\cdot(\varphi_{\theta_2}\cdot\varphi_{\theta_3})=\varphi_{\theta_1+\theta_2+\theta_3}=(\varphi_{\theta_1}\cdot\varphi_{\theta_2})\cdot\varphi_{\theta_3}$。

(3) $e=\varphi_0$。

(4) 对任意 $\varphi_\theta\in G$，都有逆旋转 $\varphi_{-\theta}\in G$，满足

$$\varphi_\theta\cdot\varphi_{-\theta}=\varphi_{-\theta}\cdot\varphi_\theta=\varphi_0=e$$

所以 $(G,\ \cdot)$ 是一个变换群。

当 $A$ 是一个有限集合时，例如 $A=\{1,\ 2,\ \cdots,\ n\}$，$A$ 中的一个一一变换称为一个 $n$ 元置换，由置换构成的群叫 置换群。因此，置换群是变换群的一个特殊类型。为了便于讨论置换群，我们首先回顾一下置换与置换乘法。

对于 $A$ 中的一个 $n$ 元置换 $\sigma: i\to\sigma(i)$，$i=1,\ 2,\ \cdots,\ n$，我们记作

$$\sigma=\begin{bmatrix}1 & 2 & \cdots & n\\ \sigma(1) & \sigma(2) & \cdots & \sigma(n)\end{bmatrix}$$

例如对 3 元置换 $\sigma: 1\to 3,\ 2\to 1,\ 3\to 2$，可表示为

$$\sigma=\begin{bmatrix}1 & 2 & 3\\ 3 & 1 & 2\end{bmatrix}$$

由于置换是一一变换 (双射)，所以 $\sigma(1)$，$\sigma(2)$，$\cdots$，$\sigma(n)$ 是 1 到 $n$ 的一个排列，反之对 1 到 $n$ 的任一个排列 $\sigma(1)$，$\sigma(2)$，$\cdots$，$\sigma(n)$，都唯一地对应有一个 $n$ 元置换，因此 $A$ 中一共有 $n!$ 个 $n$ 元置换 (注意变换幺群 $M(A)$ 中有 $n^n$ 个变换)，我们用 $S_n$ 表示这 $n!$ 个 $n$ 元置换的集合。

**例 8.4.2** 设 $A=\{1,\ 2,\ 3\}$，则 $S_3=\{\sigma_1,\ \sigma_2,\ \cdots,\ \sigma_6\}$，其中

$$\sigma_1=\begin{bmatrix}1 & 2 & 3\\ 1 & 2 & 3\end{bmatrix},\quad \sigma_2=\begin{bmatrix}1 & 2 & 3\\ 1 & 3 & 2\end{bmatrix},\quad \sigma_3=\begin{bmatrix}1 & 2 & 3\\ 2 & 1 & 3\end{bmatrix},$$

$$\sigma_4=\begin{bmatrix}1 & 2 & 3\\ 2 & 3 & 1\end{bmatrix},\quad \sigma_5=\begin{bmatrix}1 & 2 & 3\\ 3 & 1 & 2\end{bmatrix},\quad \sigma_6=\begin{bmatrix}1 & 2 & 3\\ 3 & 2 & 1\end{bmatrix}$$

在该例中可以计算置换的乘法，例如 $\sigma_2\sigma_4$，因为 $\sigma_2\sigma_4: i\to\sigma_2(\sigma_4(i))$，所以 $\sigma_2(\sigma_4(1))=\sigma_2(2)=3$，$\sigma_2(\sigma_4(2))=\sigma_3(3)=2$，$\sigma_2(\sigma_4(3))=\sigma_2(1)=1$，因此

$$\sigma_2\sigma_4=\begin{bmatrix}1 & 2 & 3\\ 1 & 3 & 2\end{bmatrix}\begin{bmatrix}1 & 2 & 3\\ 2 & 3 & 1\end{bmatrix}=\begin{bmatrix}1 & 2 & 3\\ 3 & 2 & 1\end{bmatrix}=\sigma_6$$

对于 $S_n$ 中的任意两个置换 $\sigma$、$\tau$，它们的乘积

$$\sigma\tau = \begin{bmatrix} 1 & 2 & \cdots & n \\ \sigma(1) & \sigma(2) & \cdots & \sigma(n) \end{bmatrix} \begin{bmatrix} 1 & 2 & \cdots & n \\ \tau(1) & \tau(2) & \cdots & \tau(n) \end{bmatrix}$$

其中，$\sigma \in S_n$ 也可以表示为

$$\sigma = \begin{bmatrix} k_1 & k_2 & \cdots & k_n \\ \sigma(k_1) & \sigma(k_2) & \cdots & \sigma(k_n) \end{bmatrix}$$

其中，$k_1$，$k_2$，$\cdots$，$k_n$ 是 1 到 $n$ 的一个排列，所以

$$\begin{aligned} \sigma\tau &= \begin{bmatrix} \tau(1) & \tau(2) & \cdots & \tau(n) \\ \sigma(\tau(1)) & \sigma(\tau(2)) & \cdots & \sigma(\tau(n)) \end{bmatrix} \begin{bmatrix} 1 & 2 & \cdots & n \\ \tau(1) & \tau(2) & \cdots & \tau(n) \end{bmatrix} \\ &= \begin{bmatrix} 1 & 2 & \cdots & n \\ \sigma(\tau(1)) & \sigma(\tau(2)) & \cdots & \sigma(\tau(n)) \end{bmatrix} \end{aligned}$$

仍然是 $S_n$ 中的置换。

在 $S_n$ 中，恒等置换是

$$e = \begin{bmatrix} 1 & 2 & \cdots & n \\ 1 & 2 & \cdots & n \end{bmatrix}$$

对于任意 $\sigma \in S_n$，都有 $\sigma e = e\sigma = \sigma$，同时由于

$$\begin{bmatrix} \sigma(1) & \sigma(2) & \cdots & \sigma(n) \\ 1 & 2 & \cdots & n \end{bmatrix} \begin{bmatrix} 1 & 2 & \cdots & n \\ \sigma(1) & \sigma(2) & \cdots & \sigma(n) \end{bmatrix} = e$$

$$\begin{bmatrix} 1 & 2 & \cdots & n \\ \sigma(1) & \sigma(2) & \cdots & \sigma(n) \end{bmatrix} \begin{bmatrix} \sigma(1) & \sigma(2) & \cdots & \sigma(n) \\ 1 & 2 & \cdots & n \end{bmatrix} = e$$

所以 $\sigma$ 有逆置换

$$\sigma^{-1} = \begin{bmatrix} \sigma(1) & \sigma(2) & \cdots & \sigma(n) \\ 1 & 2 & \cdots & n \end{bmatrix}$$

由上可以得到定义 8.4.2 和定义 8.4.3。

**定义 8.4.2** $S_n$ 对于置换乘法构成群，称为 **$n$ 次对称群** 。$S_n$ 的子群称为 **$n$ 元置换群** 。

下面我们分析置换的性质。

设置换 $\sigma$ 满足 $\sigma(i_1)=i_2$，$\sigma(i_2)=i_3$，$\cdots$，$\sigma(i_l)=i_1$,其中 $\sigma(i_j)=i_{j+1}$，$1\leqslant j<l$，则称 $(i_1，i_2，\cdots，i_l)$ 是一个长度为 $l$ 的轮换。当 $l=1$ 时称为恒等置换，当 $l=2$ 时称为对换。一般情况下我们可以记 $\gamma=(i_1i_2\cdots i_l)$，当然也可以把 $\gamma$ 表示为

$$\gamma=(i_2i_3\cdots i_li_1)=(i_3i_4\cdots i_li_1i_2)=\cdots=(i_li_1i_2\cdots i_{l-2}i_{l-1})$$

这时 $\gamma^2$ 也是一个映射：$\gamma^2(i_1)=i_3$，$\gamma^2(i_2)=i_4$，$\cdots$，一般设 $1\leqslant k\leqslant l$ 时，有

$$\gamma^k(i_j)=i_{j+k}，\ j+k\leqslant l$$

$$\gamma^k(i_j)=i_{j+k-l}，\ j+k>l$$

显然，$\gamma^l=e$，而 $\gamma^k\neq e(1\leqslant k<l)$，所以 $\gamma$ 的阶是 $l$。例如设置换

$$\gamma=\begin{bmatrix}1&2&3&4\\3&4&2&1\end{bmatrix}$$

可以把它写成轮换的形式：$\gamma=(1\ 3\ 2\ 4)$，并且此时 $\gamma^4=e$。

**定义 8.4.3** 设 $\alpha$、$\beta$ 是 $S_n$ 中的两个轮换，如果 $\alpha$ 和 $\beta$ 中的元素都不相同，则称 $\alpha$ 和 $\beta$ 是不相交的。

例如设 $\alpha=(1\ 3\ 6)$，$\beta=(2\ 5)$，它们是不相交的。因此如果设 $\alpha(i)\neq i$，那么 $\alpha\beta(i)=\alpha(i)$，$\beta\alpha(i)=\alpha(i)$。类似地，如果设 $\beta(i)\neq i$，那么 $\alpha\beta(i)=\beta(i)=\beta\alpha(i)$。因此对任意 $i$，都有 $\alpha\beta(i)=\beta\alpha(i)$，故 $\alpha\beta=\beta\alpha$。

**定理 8.4.1** 设 $\alpha$、$\beta$ 是两个不相交的轮换，则 $\alpha\beta=\beta\alpha$。

也就是说，不相交轮换的乘法满足交换律。

设 $\alpha$ 是若干个不相交轮换的乘积，例如

$$\alpha=(i_1i_2\cdots i_p)(j_1j_2\cdots j_q)\cdots(k_1k_2\cdots k_r)$$

令 $p$，$q$，$\cdots$，$r$ 的最小公倍数是 $m$，那么 $m$ 就是置换 $\alpha$ 的阶。因为设 $\alpha_1=(i_1i_2\cdots i_p)$，$\alpha_2=(j_1j_2\cdots j_q)$，$\cdots$，$\alpha_t=(k_1k_2\cdots k_r)$，那么 $\alpha=\alpha_1\alpha_2\cdots\alpha_t$，而 $\alpha^m=\alpha_1^m\alpha_2^m\cdots\alpha_t^m$，由于 $a_i^m=e$，因此 $\alpha^m=e$。反之，设 $\alpha^n=e$，由于 $\alpha_i$，$\alpha_j$ 是不相交轮换，所以一定有 $\alpha_i^n=e$，因此 $n$ 是 $p$，$q$，$\cdots$，$r$ 的整数倍。当然 $n$ 也一定是它们的最小公倍数 $m$ 的整数倍。因此，$\alpha$ 的阶是 $m$。

如果 $\sigma$ 是 $S_n$ 中的一个 $n$ 元置换，那么它一定能表示成轮换的乘积。

**例 8.4.3** 设 $n$ 元置换

$$\sigma = \begin{bmatrix} 1 & 2 & 3 & 4 & 5 & 6 & 7 \\ 3 & 5 & 1 & 4 & 6 & 7 & 2 \end{bmatrix}$$

则 $\sigma(1) = 3$，$\sigma(3) = 1$，$\sigma(2) = 5$，$\sigma(5) = 6$，$\sigma(6) = 7$，$\sigma(7) = 2$，$\sigma(4) = 4$，所以 $\sigma = (1\ 3)(2\ 5\ 6\ 7)(4)$。其中 $(4)$ 是长度为 1 的轮换，亦即恒等置换，它可以省略，故此 $\sigma = (1\ 3)(2\ 5\ 6\ 7)$。

**定理 8.4.2** 任何置换都可表示为不相交轮换的乘积。

**例 8.4.4** $S_4$ 的全部置换可表示为

(1) $e = (i)$。

(2) $(1\ 2)$，$(3\ 4)$，$(1\ 3)$，$(2\ 4)$，$(1\ 4)$，$(2\ 3)$。

(3) $(1\ 2\ 3)$，$(1\ 3\ 2)$，$(1\ 3\ 4)$，$(1\ 4\ 3)$，$(1\ 2\ 4)$，$(1\ 4\ 2)$，$(2\ 3\ 4)$，$(2\ 4\ 3)$。

(4) $(1\ 2\ 3\ 4)$，$(1\ 2\ 4\ 3)$，$(1\ 3\ 2\ 4)$，$(1\ 3\ 4\ 2)$，$(1\ 4\ 2\ 3)$，$(1\ 4\ 3\ 2)$。

(5) $(1\ 2)\ (3\ 4)$，$(1\ 3)\ (2\ 4)$，$(1\ 4)\ (2\ 3)$。

因为轮换实质上也是置换，所以轮换的乘法运算直接用置换乘法进行。

**例 8.4.5** 设 $f_1 = (1\ 3\ 4)(2\ 5)$，$f_2 = (1\ 5\ 3)(2\ 4)$，则

$$\begin{aligned} f_1 f_2 &= (1\ 3\ 4)(2\ 5)(1\ 5\ 3)(2\ 4) \\ &= (1\ 2)(3)(4\ 5) \\ &= (1\ 2)(4\ 5) \end{aligned}$$

同时，任何一个轮换 $\sigma$ 都可以表示为对换的乘积。例如

$$(i_1 i_2 \cdots i_l) = (i_2 i_3)(i_3 i_4)\cdots(i_{l-1} i_l)(i_1 i_l)$$

或者

$$(i_1 i_2 \cdots i_l) = (i_1 i_l)(i_1 i_{l-1})\cdots(i_1 i_3)(i_1 i_2)$$

虽然它们的表示形式不一样，但是它们所含对换的个数都是一样的，即含 $(l-1)$ 个对换。因此，设置换 $\sigma = \sigma_1 \sigma_2 \cdots \sigma_k$，其中 $\sigma_i$ 是一长度为 $l_i$ 的轮换，且 $\sigma_i$ 与 $\sigma_j$ 是不相交的轮换，那么 $\sigma$ 用上述方法表成对换乘积的形式后，它所含的对换数为

$$N(\sigma) = \sum_{i=1}^{k} (l_i - 1)$$

可以证明，不管用什么方法把置换表成对换之积，所得对换的个数与 $N(\sigma)$ 的奇偶性相同。如果 $N(\sigma)$ 是奇数，称 $\sigma$ 是奇置换，否则称为偶置换。

由奇、偶置换的定义可知，奇置换乘奇置换得偶置换，偶置换乘偶置换也是偶置换，奇、

偶置换间相乘是奇置换，即

$$N(\sigma_1\sigma_2) \equiv (N(\sigma_1) + N(\sigma_2)) (\bmod 2)$$

**例 8.4.6** 在例 8.4.4 中，(1 3 2)(1 3)(2 4) = (1 2 4)，偶置换的乘积为偶置换。(1 2 4 3)(1 3 2 4) = (2 3 4)，奇置换的乘积为偶置换，(1 3 2)(1 2 4 3) = (2 4)，奇偶置换间相乘为奇置换。

由此可以得出如下定理。

**定理 8.4.3** $n$ 次对称群 $S_n$ 中所有偶置换的集合，对于 $S_n$ 中的置换乘法构成子群，记为 $A_n$，称为 **交错群**。若 $n \geqslant 2$，则 $|A_n| = \dfrac{1}{2}n!$。

例如例 8.4.4 的 $S_4$ 中，(1)、(3)、(5) 类是偶置换，它们构成交错群 $A_4$，且 $|A_4| = 12$。

**证明**：因为 $S_n$ 是有限群，而且任意两个偶置换的乘积仍然是偶置换，由定理 8.2.7 可知 $S_n$ 中所有偶置换构成 $S_n$ 的一个子群。假定 $S_n$ 中偶置换数为 $n_1$，奇置换数为 $n_2$。由某个奇置换去乘所有不同的偶置换，就会得到群 $S_n$ 中互异的奇置换，故 $n_1 \leqslant n_2$。同理 $n_2 \leqslant n_1$，因此 $|A_n| = \dfrac{1}{2}|S_n| = \dfrac{1}{2}n!$。

**定理 8.4.4**（Cayley 定理） 任意群 $G$ 与一个变换群同构。

**证明**：首先需要构造一个变换群。任取 $a \in G$，定义 $G$ 上的一个变换 $f_a : x \mapsto ax$，对任意的 $x \in G$。以下要证明 $f_a$ 是一一变换，而且 $\{f_a \mid a \in G\}$ 对变换乘法构成群。

由于群 $G$ 中方程 $ax = b$ 有唯一解，所以对任意的 $b \in G$，都存在有元素 $x \in G$，使 $f_a(x) = b$，因此，$f_a$ 是满射。同时对 $x_1$，$x_2 \in G$，$x_1 \neq x_2$ 时，有 $ax_1 \neq ax_2$，即 $f_a(x_1) \neq f_a(x_2)$，因此，$f_a$ 又是单射，故 $f_a$ 是一一变换。

其次证 $\overline{G} = \{f_a \mid a \in G\}$ 关于变换乘法构成群。对任意的 $f_a$，$f_b \in \overline{G}$，

$$(f_a f_b)(x) = f_a(f_b(x)) = f_a(bx) = abx = f_{ab}(x)$$

由于 $a$，$b \in G$，所以 $ab \in G$，即 $f_{ab} \in \overline{G}$，因此 $\overline{G}$ 对于变换乘法运算是封闭的。同时它存在单位元 $f_e : x \to ex$，而且对任意 $a \in G$，因为 $f_{a^{-1}} f_a = f_a f_{a^{-1}} = e$，所以 $f_a$ 都有其逆元 $f_a^{-1} = f_{a^{-1}}$。因此，$(\overline{G}, \cdot)$ 是变换群。

以下证明 $G$ 和变换群 $\overline{G}$ 同构。

令 $\varphi : a \to f_a$。对任意 $a$，$b$，$x \in G$，若 $a \neq b$，则 $ax \neq bx$，因此 $f_a \neq f_b$，亦即 $\varphi(a) \neq \varphi(b)$，故 $\varphi$ 是 $G$ 到 $\overline{G}$ 的单射。同时，对任意的 $f_a \in \overline{G}$，都存在 $a \in G$，使 $\varphi(a) = f_a$，因此 $\varphi$ 是满射，所以 $\varphi$ 是 $G$ 到 $\overline{G}$ 的双射。又由于

$$\varphi(ab) = f_{ab} = f_a f_b = \varphi(a)\varphi(b)$$

即 $\varphi$ 保持运算，故 $G \cong \overline{G}$。

☞启发与思考

Cayley 定理在群论中的地位十分重要。Cayley 定理的意义何在呢？从下面的推论与分析中可以看到，Cayley 定理的核心在于将所有的抽象群都对应到了变换群上，归于同一系统，从而帮助我们进行归类、分析。

变换群在群论中占有特殊的地位。根据 Cayley 定理，就同构的意义上来讲，任何一个抽象群都与一个变换群同构。

**推论**　设 $G$ 是 $n$ 阶有限群，则 $G$ 与 $S_n$ 的一个子群同构。

**例 8.4.7**　设 $G=\langle a\rangle$ 是 $n$ 阶循环群，则 $G$ 与 $S_n$ 的一个子群 $\overline{G}$ 同构。由于 $G$ 是循环群，所以 $\overline{G}$ 也是循环群。因此，只要找到 $\overline{G}$ 的生成元就可以确定 $\overline{G}$。由于 $G\cong\overline{G}$，所以 $G$ 中生成元 $a$ 的象就是 $\overline{G}$ 中的生成元。设 $a$ 的象是 $\boldsymbol{f}_a: x\to ax$，有

$$\boldsymbol{f}_a=\begin{bmatrix} e & a & a^2 & \cdots & a^{n-1} \\ a & a^2 & a^3 & \cdots & e \end{bmatrix}=\begin{pmatrix} e & a & a^2 & \cdots & a^{n-1} \end{pmatrix}$$

因此

$$\overline{G}=\langle(e\ a\ a^2\ \cdots\ a^{n-1})\rangle$$

## 8.5　陪集和群的陪集分解 Lagrange 定理

设 $G$ 是一个群，$H$ 是 $G$ 的子群，利用 $H$ 可以在 $G$ 的元素之间确定一个二元关系 $R$:

$$aRb \quad \text{当且仅当}\ ab^{-1}\in H$$

这样对任意 $a$，$b\in G$，可以确定 $ab^{-1}$ 是否属于 $H$，因此 $R$ 是 $G$ 中的一个二元关系，而且也是等价关系，因为:

(1) $aa^{-1}=e\in H$，所以 $aRa$。

(2) 由 $ab^{-1}\in H$，可知 $\left(ab^{-1}\right)^{-1}\in H$，即 $ba^{-1}\in H$；也就是说，若 $aRb$，则 $bRa$。

(3) 若 $ab^{-1}\in H$，$bc^{-1}\in H$，则

$$\left(ab^{-1}\right)\left(bc^{-1}\right)=a\left(b^{-1}b\right)c^{-1}=ac^{-1}\in H$$

即 $aRb\wedge bRc\to aRc$。因此，由等价关系 $R$ 可以唯一确定 $G$ 的一个划分。

☞启发与思考

上面定义的关系确定了 $G$ 上的一个划分，并且与本节接下来的内容存在联系。实际上，该划分中每一个等价类都是 $H$ 在 $G$ 中的一个右陪集，该划分对应于 $G$ 关于 $H$

的一个陪集分解。

**定义 8.5.1** 设 $H$ 是群 $G$ 的一个子群，对任意的 $a \in G$，集合

$$aH = \{ah \mid h \in H\}$$

称为子群 $H$ 在 $G$ 中的一个 **左陪集** 。同理，$H$ 在 $G$ 中的一个 **右陪集** 是

$$Ha = \{ha \mid h \in H\}$$

**例 8.5.1** 设 $G=S_3$，$H=\{e, (1\ 2)\}$，$a$ 取 $e$，$(1\ 3)$ 和 $(2\ 3)$ 时，其左、右陪集分别是

$$eH = H = \{e,\ (1\ 2)\} \qquad He = H$$

$$(1\ 3)H = \{(1\ 3),\ (1\ 2\ 3)\} \qquad H(1\ 3) = \{(1\ 3),\ (1\ 3\ 2)\}$$

$$(2\ 3)H = \{(2\ 3),\ (1\ 3\ 2)\} \qquad H(2\ 3) = \{(2\ 3),\ (1\ 2\ 3)\}$$

在此例中，可看出除了 $He = eH$ 以外，$Ha \neq aH$。

**例 8.5.2** 设 $G = S_3$，$H = \{e, (1\ 2\ 3), (1\ 3\ 2)\}$ 是交错群 $A_3$，对 $a$ 分别取 $(1\ 2\ 3)$ 和 $(1\ 2)$ 时，可以得到 $H$ 的左陪集。

$$\begin{aligned}(1\ 2\ 3)H &= \{(1\ 2\ 3),\ (1\ 2\ 3)^2,\ (1\ 2\ 3)(1\ 3\ 2)\} \\ &= \{(1\ 2\ 3),\ (1\ 3\ 2),\ e\} = H \\ (1\ 2)H &= \{(1\ 2),\ (1\ 2)(1\ 2\ 3),\ (1\ 2)(1\ 3\ 2)\} \\ &= \{(1\ 2),\ (2\ 3),\ (1\ 3)\}\end{aligned}$$

同理可得右陪集。

$$H(1\ 2\ 3) = \{(1\ 2\ 3),\ (1\ 3\ 2),\ e\} = H$$

$$H(1\ 2) = \{(1\ 2),\ (2\ 3),\ (1\ 3)\}$$

在此例中，我们可以看出 $A_3$ 的部分左陪集和右陪集相等。事实上，对任意的对称群 $S_n$，当 $H = A_n$ 时总有 $aH = Ha$，其中 $a \in S_n$。

下面我们先以左陪集为例介绍陪集的性质。

**定理 8.5.1** 设 $H$ 是 $G$ 的子群，则 $H$ 的左陪集具有下述性质。

(1) $H = eH$，$a \in aH$。

(2) $|aH|=|H|$。

(3) $a\in H\Leftrightarrow aH=H$。

(4) 对任意的 $x\in aH$，都有 $xH=aH$，并称 $a$ 是 $aH$ 的一个 陪集代表。

(5) $aH=bH\Leftrightarrow a\in bH$ 或 $b\in aH\Leftrightarrow a^{-1}b\in H$ 或 $b^{-1}a\in H$。

(6) 对任意的 $a$，$b\in G$，若非 $aH=bH$，则 $aH\cap bH=\varnothing$。

**证明：**

(1) 因为 $e\in H$，所以 $eH=\{eh\mid h\in H\}=\{h\mid h\in H\}=H$，同时 $a=ae\in\{ah\mid h\in H\}=aH$。

(2) 因为 $H\leqslant G$，对任意 $h_1$，$h_2\in H$，若 $h_1\neq h_2$，则 $ah_1\neq ah_2$，$a\in G$，所以 $aH$ 中没有共同元素且 $|aH|=|H|$。

(3) 因为 $a\in H$，所以 $aH=\{ah\mid h\in H\}=\{h'\mid h'\in H\}\subseteq H$，又由于 $|aH|=|H|$，故 $aH=H$。

(4) 对任意的 $x\in aH$，设 $x=ah_1$，$h_1\in H$，则对任意 $xh\in xH$，有 $xh=(ah_1)h=a(h_1h)=ah'$，其中 $h'\in H$。因此，$ah'\in aH$，亦即 $xH\subseteq aH$。

反之，若 $x=ah_1$，就有 $a=xh_1^{-1}$，其中 $h_1^{-1}\in H$，故此对任意 $ah\in aH$，都有 $ah=\left(xh_1^{-1}\right)h=x\left(h_1^{-1}h\right)\in xH$，亦即 $aH\subseteq xH$，因此性质 (4) 得证。

(5) 先证必要性：因为 $aH=bH$，由性质 (1)，$a\in aH=bH$，故 $a\in bH$；由此存在元素 $h\in H$，满足 $a=bh$，因而 $b^{-1}a=h\in H$。

再证充分性：因为 $a^{-1}b\in H$，所以存在 $h_1\in H$，满足 $a^{-1}b=h_1$，因而在群 $G$ 中有 $b=ah_1$，亦即 $b\in aH$；又由性质 (4)，$bH=aH$。

至于性质的另一半，由于 $a$ 与 $b$ 是对称存在的，所以不证自明。

(6) 若 $aH\cap bH\neq\varnothing$，则存在一个元素 $x$，$x\in aH\cap bH$，这时 $x\in aH$，$x\in bH$。由性质 (4)，$xH=aH=bH$，故得证。

类似地，$H$ 的右陪集也具有相应的性质。

> ☞启发与思考
>
> 陪集之间不相交的性质使得我们产生了使用若干个陪集确定有限群 $G$ 上一个划分的想法。我们用 $G$ 中每一个元素 $a$ 各导出一个左陪集 $aH$，根据性质 (6)，有的集合彼此相等，去掉重复的部分，剩下的集合互不相交，且能覆盖 $G$ 中所有元素，所以这样的划分是可以确定的。

**定理 8.5.2**　设 $G$ 是有限群，$H$ 是 $G$ 的子群，则存在一个正整数 $k$，满足

$$G=a_1H\cup a_2H\cup\cdots\cup a_kH$$

其中，$a_iH\cap a_jH=\varnothing$，$i\neq j$，$i$，$j=1$，2，$\cdots$，$k$。

例如例 8.5.1 中，$G=H\cup(1\ 3)H\cup(2\ 3)H$，例 8.5.2 中，$G=H\cup(1\ 2)H$。如果 $G$ 是无限群，它的陪集分解可能是无限的，也可能是有限的。

**例 8.5.3** 设 $G=(\mathbf{R}^*,\ \cdot)$，$H=\{1,\ -1\}$ 是 $G$ 的子群，于是

$$G=\bigcup_{a\in\mathbf{R}^+} aH$$

其中 $\mathbf{R}^+$ 是正实数集，$\mathbf{R}^*$ 是非零实数集。因 $\mathbf{R}^+$ 是无限集，由上知 $G$ 可以分解为无限个陪集。

**例 8.5.4** 设 $G=\langle a\rangle$ 是无限循环群，$H=\{\cdots,\ a^{-2},\ e,\ a^2,\ \cdots\}$ 是 $G$ 的子群，则 $G=H\cup aH$，它只分解为两个陪集。

群的右陪集分解的性质与左陪集完全类似，虽然在许多情况下 $H$ 的左、右陪集不一定相等 $(aH\neq Ha)$，但是它的左右陪集的个数是相等的，即它们或者就是无限大或者都是有限而且数目相等。下面的定理给出了这个结论。

**定理 8.5.3** $H$ 是 $G$ 的一个子群，设 $H$ 的左右陪集的集合分别是 $S_L$、$R_L$。

$$S_L=\{aH\mid a\in G\},\ R_L=\{Ha\mid a\in G\}$$

则存在 $S_L$ 到 $R_L$ 的一个双射 $\sigma$。

证明：令 $\sigma: aH\mapsto Ha^{-1}$，我们将证明 $\sigma$ 是双射。

首先证明相同的左陪集在 $R_L$ 中的象也相同，亦即 $aH=bH\Leftrightarrow Ha^{-1}=Hb^{-1}$。

因为 $aH=bH\Leftrightarrow a^{-1}b\in H\Leftrightarrow \left(a^{-1}\right)\left(b^{-1}\right)^{-1}\in H$，且由定理 8.5.1 的性质 (4)，对右陪集而言可表示为 $Ha=Hb\Leftrightarrow ab^{-1}\in H$，因此，$\left(a^{-1}\right)\left(b^{-1}\right)^{-1}\in H\Leftrightarrow Ha^{-1}=Hb^{-1}$。

该结论一方面说明一个左陪集在 $R_L$ 中的象与该陪集的代表元选择无关，另一方面也说明若 $aH\neq bH$，则 $Ha^{-1}\neq Hb^{-1}$，即 $\sigma(aH)\neq\sigma(bH)$，故 $\sigma$ 是单射。

反之，对任意的 $Ha\in R_L$，都有 $\sigma\left(a^{-1}H\right)=H\left(a^{-1}\right)^{-1}=Ha$，即存在原象 $a^{-1}H\in S_L$，因此 $\sigma$ 是满射，故 $\sigma$ 是双射，即 $S_L$ 与 $R_L$ 之间存在一一对应关系。

这样我们得到定义 8.5.2。

**定义 8.5.2** 群 $G$ 关于其子群 $H$ 的左（右）陪集的个数，称为 $H$ 在 $G$ 中的 **指数**，记作 $[G:H]$。

**例 8.5.5** 若 $H=\{e\}$，则 $S_L=\{\{a\}\mid a\in G\}$，因此 $[G:\{e\}]=|G|$，或记作 $[G:1]$。

在例 8.5.1 中，$[G:H]=3$，而且每一个左陪集都与 $H$ 含有相同数目的元素。在有限群 $G$ 中，由于每一个左陪集 $aH$，都有 $|aH|=|H|$，而且 $G$ 中共有 $[G:H]$ 个不同的左陪集，加之这些左陪集构成了 $G$ 的一个分解，因此 $|G|=[G:H]\cdot|H|$，于是我们得到了一个重要定理。

**Lagrange 定理** 设 $G$ 是有限群，$H$ 是 $G$ 的子群，则 $[G:1]=[G:H][H:1]$。

该定理说明一个有限群 $G$ 的子群 $H$ 的阶只可能是 $G$ 的阶的因子，例如 $G$ 是 10 阶的群，那么它最多只有 1 阶、2 阶、5 阶和 10 阶的子群，而不可能有 3 阶、4 阶等子群。从 Lagrange 定理可以得到以下几个重要推论。

**推论 1** 设有限群 $G$ 的阶为 $n$，则 $G$ 中任意元素的阶都是 $n$ 的因子，且适合 $x^n=e$。

**证明**：设 $a$ 是 $G$ 中的任一元素，由 $a$ 生成的 $G$ 的一个循环子群 $H=\langle a\rangle$。

由 Lagrange 定理知 $H$ 的阶是 $n$ 的因子，而 $|H|=O\langle a\rangle$，因此 $O\langle a\rangle \mid [G:1]$。

设 $O\langle a\rangle=m$，则一定存在正整数 $k$，满足 $n=km$，所以 $a^n=a^{km}=(a^m)^k=e^k=e$，即 $G$ 中任意元素 $a$ 都适合方程 $x^n=e$。

**推论 2** 阶为素数 $p$ 的群 $G$ 是循环群。

**证明**：任取 $G$ 中一非单位元 $a$，由 $a$ 生成的循环群 $\langle a\rangle$ 是 $G$ 的子群，且 $\langle a\rangle$ 不是单位元群，即 $O\langle a\rangle>1$，由于 $p$ 是素数，故 $p>1$，又由于 $O\langle a\rangle \mid p$，所以 $O\langle a\rangle=p$，即 $G=\langle a\rangle$。

**推论 3** 设 $A$、$B$ 是群 $G$ 的两个有限子群，则

$$|AB|=\frac{|A||B|}{|A\cap B|}$$

其中，$AB=\{ab \mid a\in A,\ b\in B\}=\bigcup\limits_{a\in A} aB$。

**证明**：因为 $B$ 是 $G$ 的子群，所以 $aB$ 是 $B$ 的一个左陪集。设

$$S_1=\{aB \mid a\in A\}=\{a_1B,\ a_2B,\ \cdots,\ a_mB\}$$

再令 $D=A\cap B$，可知 $D$ 是 $G$ 的子群，同时也是 $A$ 的子群，因此 $A=\bigcup aD$。设

$$S_2=\{aD \mid a\in A\}=\{a_1D,\ a_2D,\ \cdots,\ a_mD\}$$

我们在 $S_1$ 和 $S_2$ 之间建立一种关系，$\sigma: a_iB\to a_iD$。由于陪集的性质，对任意 $a_i$，$a_j\in A$，若 $a_iB=a_jB$，则有 $a_i^{-1}a_j\in B$；同时因为 $a_i$，$a_j\in A$ 且 $A$ 是群，故 $a_i^{-1}a_j\in A$。因此 $a_i^{-1}a_j\in A\cap B$，即 $a_i^{-1}a_j\in D$，它等价于 $a_iD=a_jD$。所以 $\sigma$ 是映射且是单射。

同时对于任意的 $a_iD\in S_2$，都存在 $a_i\in A$，亦即有 $a_iB\in S_1$，满足 $\sigma(a_iB)=a_iD$，故 $\sigma$ 是满射，因此 $\sigma$ 是双射，亦即 $|S_1|=|S_2|=k$。因此

$$|AB|=\left|\bigcup_{a\in A} aB\right|=k|B|,\qquad |A|=k|D|$$

用 $k=|A|/|D|$ 代入前式就有

$$|AB|=\frac{|A||B|}{|A\cap B|}$$

**例 8.5.6** 设 $G$ 是阶为 4 的群，则 $G$ 或是循环群，或是 Klein 四元群。

**证明**：若有 $a \in G$，且 $a$ 的周期是 4，则 $\langle a \rangle$ 是 $G$ 的循环子群，且 $\langle a \rangle = G$，所以 $G$ 就是循环群。

否则 $G$ 中不含周期为 4 的元，这样除单位元外，由 Lagrange 定理，其余元素的周期只能都是 2。

设 $G = \{e，a，b，c\}$，应有 $a^2 = b^2 = c^2 = e$。又因为 $a，b \in G$，且消去律成立，所以 $ab \neq a$，$ab \neq b$，且 $ab \neq e$，故此 $ab = c$。同理 $ac = b$，$bc = a$，$\cdots$，因此 $G$ 的乘法表如下：

| $\cdot$ | $e$ | $a$ | $b$ | $c$ |
|---|---|---|---|---|
| $e$ | $e$ | $a$ | $b$ | $c$ |
| $a$ | $a$ | $e$ | $c$ | $b$ |
| $b$ | $b$ | $c$ | $e$ | $a$ |
| $c$ | $c$ | $b$ | $a$ | $e$ |

它就是 Klein 四元群。

**例 8.5.7** 设 $a$、$b$ 是群 $G$ 中的两个元素，$O\langle a \rangle = m$，$O\langle b \rangle = n$，且 $m$ 和 $n$ 互素，又设在 $G$ 中 $ab = ba$，证明 $O\langle ab \rangle = mn$。

**证明**：设 $ab$ 的周期为 $k$，因为 $(ab)^{mn} = a^{mn}b^{mn} = e$，故 $k \mid mn$。

由于 $(ab)^k = a^k b^k = e$，所以 $a^k = b^{-k} \in \langle b \rangle$，即 $\langle a^k \rangle$ 是 $\langle b \rangle$ 的子群，由 Lagrange 定理知 $\langle a^k \rangle$ 的阶是 $\langle b \rangle$ 的阶的因子，即 $O\left\langle a^k \right\rangle \mid O\left\langle b \right\rangle$。

同时因为 $a^k \in \langle a \rangle$，故 $\langle a^k \rangle$ 也是 $\langle a \rangle$ 的子群，同样 $O\left\langle a^k \right\rangle \mid O\langle a \rangle$，也就是说 $\langle a^k \rangle$ 的阶是 $m$ 和 $n$ 的公因子。

由于 $(m，n) = 1$，所以 $O\left\langle a^k \right\rangle = 1$，即 $a^k = e$，同时 $b^k = e$，亦即 $m|k$、$n|k$，因此，$k$ 是 $m$、$n$ 的倍数。又因为 $k \mid mn$，故 $k = mn$。

## 8.6 正规子群与商群

从 8.5 节中可看到，在许多情况下群 $G$ 的子群的左右陪集并不相等。但是有些子群 $H$，能够对 $G$ 中的任意元 $a$，满足 $aH = Ha$，例如例 8.5.2 就属于这种情况。这样的子群叫作正规子群。

**定义 8.6.1** 设 $H$ 是 $G$ 的一个子群，如果对任意的 $a \in G$，都有 $aH = Ha$，则称 $H$ 是 $G$ 的一个 **正规子群** （亦称 **不变子群**），用符号 $H \lhd G$ 表示。

因此，对正规子群 $H$ 就不必区分其左右陪集，而简称为 $H$ 的 **陪集**。

**例 8.6.1** 阿贝尔群的任一个子群都是正规子群。因为设 $H = \{h_1，h_2，\cdots，h_m\}$，对任意的 $a \in G$，有

$$aH = \{ah_1，ah_2，\cdots，ah_m\} = \{h_1 a，h_2 a，\cdots，h_m a\} = Ha$$

**例 8.6.2** $G$ 的平凡子群 $\{e\}$ 和 $G$ 都是 $G$ 的正规子群。

**例 8.6.3** $A_n$ 是 $S_n$ 的正规子群。$A_n$ 是 $S_n$ 中全部偶置换的集合。由于偶置换之积是偶置换，奇置换与偶置换之积是奇置换，所以对 $S_n$ 中的任一置换 $\sigma$，都有 $\sigma A_n = A_n\sigma$，故 $A_n$ 是 $S_n$ 的正规子群。

**例 8.6.4** 设 $H$ 是 $G$ 的一个子群，且 $[G:H]=2$，则 $H$ 是 $G$ 的正规子群。

**证明:** 任取 $G$ 中的一个元素 $a$，若 $a\in H$，则 $aH=H=Ha$。若 $a\notin H$，则 $aH\neq H$，由于 $[G:H]=2$，所以 $G=aH\cup H$，同样，$H$ 的右陪集 $Ha\neq H$，亦有 $G=Ha\cup H$，因此，$aH\cup H=Ha\cup H$，比较两端得到 $aH=Ha$，结论正确。

给定 $G$ 的一个子群 $H$，怎样判断 $H$ 是否为 $G$ 的正规子群呢?

**定理 8.6.1** 设 $H$ 是 $G$ 的子群，则以下 4 个条件等价。

(1) $H\lhd G$。

(2) 对任意 $g\in G$，$gHg^{-1}=H$。

(3) 对任意 $g\in G$，$gHg^{-1}\subseteq H$。

(4) 对任意 $g\in G$，$h\in H$，$ghg^{-1}\in H$。

证明的思路是 (1) $\Rightarrow$ (2) $\Rightarrow$ (3) $\Rightarrow$ (4) $\Rightarrow$ (1)。

(1) $\Rightarrow$ (2): 因为对任意的 $g\in G$，都有 $gH=Hg$，因此 $gHg^{-1}=(gH)g^{-1}=(Hg)g^{-1}=H\left(gg^{-1}\right)=He=H$。

(2) $\Rightarrow$ (3): 因为对任意的 $g\in G$，$gHg^{-1}=H$。显然包含关系也成立，即 $gHg^{-1}\subseteq H$。

(3) $\Rightarrow$ (4): 由于 $gHg^{-1}\subseteq H$，因此对任意 $g\in G$，$h\in H$，都有 $ghg^{-1}\in H$。

(4) $\Rightarrow$ (1): 由于 $ghg^{-1}\in H$，因此对任意 $h\in H$，都存在 $h_1\in H$，满足 $ghg^{-1}=h_1$，亦即 $gh=h_1g\in Hg$。由于 $h$ 的任意性，故 $gH\subseteq Hg$。反之，任取 $g^{-1}\in G$，有 $g^{-1}h\left(g^{-1}\right)^{-1}\in H$，即 $g^{-1}hg\in H$。故存在 $h_2\in H$，满足 $g^{-1}hg=h_2$，亦即 $hg=gh_2\in gH$，因此 $Hg\subseteq gH$。综上对任意的 $g\in G$，有 $gH=Hg$。

在以上几个判别正规子群的方法中，一般性质 (4) 使用更经常些，因为它只需要判别 $ghg^{-1}$ 是否在 $H$ 中，而无须考虑两个子集是否相等。

**例 8.6.5** 设 $G$ 是全体 $n\times n$ 阶实可逆矩阵关于矩阵乘法做成的群，$H$ 是 $G$ 中全体行列式值为 1 的矩阵集合，则 $H$ 是 $G$ 的子群，而且是正规子群。因为对任意的 $\boldsymbol{A}\in G$，$\boldsymbol{B}\in H$，有

$$\left|\boldsymbol{ABA}^{-1}\right|=|\boldsymbol{A}||\boldsymbol{B}|\left|\boldsymbol{A}^{-1}\right|=|\boldsymbol{A}||\boldsymbol{B}|\frac{1}{|\boldsymbol{A}|}=|\boldsymbol{B}|=1$$

所以 $\boldsymbol{ABA}^{-1}\in H$，从而 $H\lhd G$。

**例 8.6.6** 若 $G$ 的一个子群 $H$ 的任意两个左陪集的乘积仍然是 $H$ 的一个左陪集，则 $H$ 是 $G$ 的一个正规子群。

**证明:** 设 $aH$、$bH$ 是 $H$ 的任意两个左陪集，令 $aH\cdot bH=cH$，由于 $ab=(ae)(be)\in aHbH=cH$，因此 $ab\in cH$，亦即 $abH=cH$，所以 $aH\cdot bH=abH$。

任取 $h \in H$，且对任意 $g \in G$，$ghg^{-1}h \in gHg^{-1}H = (gg^{-1})H = H$，所以 $ghg^{-1} \in H$，亦即 $H \lhd G$。

在 Lagrange 定理的推论 3 中曾经定义了群 $G$ 的两个子群的乘积，即：设 $A$，$B \leqslant G$，则 $AB = \{ab \mid a \in A, b \in B\}$。

一般说来 $AB$ 不一定是 $G$ 的子群，但是如果 $A$、$B$ 之中至少有一个是正规子群的话，可以得到定理 8.6.2。

**定理 8.6.2** 设 $A$、$B$ 是 $G$ 的两个子群，

(1) 若 $A \lhd G$，$B \lhd G$，则 $A \cap B \lhd G$，$AB \lhd G$。

(2) 若 $A \lhd G$，$B \leqslant G$，则 $A \cap B \lhd B$，$AB \leqslant G$。

**证明**：(1) 任取 $h \in A \cap B$，于是 $h \in A$，$h \in B$，对任意的 $g \in G$，由于 $A$、$B$ 都是正规子群，因此 $ghg^{-1} \in A$，$ghg^{-1} \in B$，故 $ghg^{-1} \in A \cap B$，即 $A \cap B \lhd G$。

对任意 $a \in A$，$b \in B$，有 $ab \in AB$。任取 $g \in G$，有 $gag^{-1} \in A$，$gbg^{-1} \in B$，于是 $(gag^{-1})(gbg^{-1}) = ga(g^{-1}g)bg^{-1} = g(ab)g^{-1} \in AB$，因此 $AB \lhd G$。

(2) 因为 $A \lhd G$，$B \leqslant G$，所以 $e \in A \cap B \neq \varnothing$。且对任意 $h \in A \cap B$ 以及 $b \in B$，有 $bhb^{-1} \in B$。同时因为 $b \in G$，$h \in A \lhd G$，所以 $bhb^{-1} \in A$，故 $bhb^{-1} \in A \cap B$，因此 $A \cap B \lhd B$。

由 $A \lhd G$ 知，对任意 $g \in G$，有 $gA = Ag$。亦即任取 $a \in A$，一定有 $a' \in A$，满足 $ga = a'g$。这样任取 $ab$，$a_1b_1 \in AB$，

$$(ab)(a_1b_1) = a(ba_1)b_1 = a(a_1'b)b_1 = (aa_1')(bb_1) \in AB$$

即 $AB$ 关于乘法运算是封闭的，又由于 $e \in AB$，以及 $(ab)^{-1} = b^{-1}a^{-1} = (a^{-1})'b^{-1} \in AB$，因此，$AB \leqslant G$。

**定理 8.6.3** 设 $H$ 是 $G$ 的一个正规子群，$G/H$ 表示 $H$ 的所有陪集构成的集合，则 $G/H$ 关于陪集乘法作成群，称为 $G$ 关于 $H$ 的 商群 。

**证明**：首先证陪集乘法是 $G/H$ 中的一个二元运算。对任意的 $aH$，$bH \in G/H$，$aHbH = \{ah_1bh_2 \mid h_1, h_2 \in H\}$，由于 $bH = Hb$，因此

$$ah_1bh_2 = a(h_1b)h_2 = a(bh_1')h_2 = (ab)(h_1'h_2) = abh' \in abH$$

其中，$h_1'$，$h' \in H$。因为 $h_1$、$h_2$ 的任意性，所以 $aHbH \subseteq abH$；同时对任意的 $h \in H$，$(ab)h \in abH$，由于 $(ab)h = (ae)(bh) \in aHbH$，所以 $abH \subseteq aHbH$，因此，$aHbH = abH$，而 $abH \in G/H$，所以 $G/H$ 对乘法是封闭的。

对任意的 $aH$，$bH$，$cH \in G/H$，

$$(aHbH)cH = (abH)cH = (ab)cH = a(bc)H = aH(bcH) = aH(bHcH)$$

所以 $G/H$ 对该运算适合结合律。又由于 $eHaH = eaH = aH$，$aHeH = aeH = aH$，所

以有单位元 $eH = H$。而且 $aH$ 的逆元是 $a^{-1}H$，因此，$G/H$ 关于陪集乘法构成群。

**例 8.6.7**　设 $G = S_3$，$H = \{(1), (123), (132)\}$，$G/H$ 含有两个元素，即 $G/H = \{H, (12)H\}$，其乘法表是

| · | $H$ | $(12)H$ |
|---|---|---|
| $H$ | $H$ | $(12)H$ |
| $(12)H$ | $(12)H$ | $H$ |

显见 $G/H$ 是群。

**例 8.6.8**　设 $(\mathbf{Z}, +, 0)$ 是整数加群，$n\mathbf{Z} = \{nk \mid k \in \mathbf{Z}\}$ 是 $\mathbf{Z}$ 的一个子群，其中 $n$ 是正整数。因为 $\mathbf{Z}$ 是交换群，所以 $n\mathbf{Z}$ 是正规子群。商群 $\mathbf{Z}/n\mathbf{Z}$ 是由 $n\mathbf{Z}$ 的全部陪集构成的。$n\mathbf{Z}$ 在 $\mathbf{Z}$ 中的全部陪集是

$$n\mathbf{Z},\ 1 + n\mathbf{Z},\ \cdots,\ (n-1) + n\mathbf{Z}$$

在商群 $\mathbf{Z}/n\mathbf{Z}$ 中的运算是

$$(i + n\mathbf{Z}) + (j + n\mathbf{Z}) = (i + j) + n\mathbf{Z} = r + n\mathbf{Z}$$

其中，$r \equiv (i + j)(\bmod\ n)$。由此可见，$\mathbf{Z}/n\mathbf{Z}$ 与剩余类加群 $\mathbf{Z}_n = \{\overline{0}, \overline{1}, \cdots, \overline{n-1}\}$ 完全是一致的，亦即整数加群对 $n\mathbf{Z}$ 的商群就是整数模 $n$ 的剩余类加群。

由于商群 $G/H$ 是 $H$ 在 $G$ 中全部陪集的集合，而且其陪集个数（指数）是 $[G : H]$，所以该商群的阶就是 $[G : H]$。当 $G$ 是有限群时，$G/H$ 也是有限群，且 $[G : H] = |G|/|H|$；若 $G$ 是无限群，但 $H$ 在 $G$ 中的指数有限时，$G/H$ 也是有限群。

## 8.7　群的同态和同态基本定理

如同一般代数系统的同态与同构的关系一样，群的同态是同构的引申和推广。

**定义 8.7.1**　设 $G_1$、$G_2$ 是两个群，$f$ 是 $G_1$ 到 $G_2$ 的一个映射。如果对任意的 $a$，$b \in G_1$，都有

$$f(ab) = f(a)f(b)$$

则称 $f$ 是 $G_1$ 到 $G_2$ 的一个**同态映射**，或简称**同态**。

若 $f$ 分别是单射、满射和双射时，分别称为**单一同态**、**满同态**和**同构**。用 $G_1 \sim G_2$ 表示**满同态**，并称 $G_2$ 是 $f$ 作用下 $G_1$ 的**同态象**。

由定义可知，群的同构既是单一同态又是满同态，因此它是一种特殊的同态映射。

**例 8.7.1**　设 $G$、$G'$ 是两个群，令 $f : x \to e'$，对任意 $x \in G$。此处 $e'$ 是 $G'$ 的单位元。则 $f$ 是 $G \to G'$ 的映射，而且对任意 $x$，$y \in G$，$f(xy) = e' = e'e' = f(x)f(y)$。所以 $f$ 是 $G$ 到 $G'$ 的一个同态，这个同态在任何两个群之间都存在，一般称为零同态。

**例 8.7.2** 设 $G_1=(\mathbf{Z},\ +,\ 0)$，$G_2=(\mathbf{Z}_n,\ +,\ 0)$，定义 $f:a\to\bar{r}$，其中 $a=pn+r$。$0\leqslant r<n$，$a\in G_1$，则 $f$ 是 $G_1$ 到 $G_2$ 的一个满同态。

**证明**：对任意 $a\in\mathbf{Z}$，都有唯一余数 $r$，使 $\bar{r}\in\mathbf{Z}_n$，即 $f(a)\in\mathbf{Z}_n$，因此 $f$ 是 $G_1$ 到 $G_2$ 的一个映射。同时对任意 $\bar{r}\in\mathbf{Z}_n(0\leqslant r<n)$，都存在 $a\in G_1$，满足 $a=pn+r(p$ 是整数)，使 $f(a)=\bar{r}$，所以 $f$ 是满射。又由于对任意的 $a$，$b\in G_1$，

$$f(a+b)=\overline{a+b}=\bar{a}+\bar{b}=f(a)+f(b)$$

因此，$f$ 是 $G_1$ 到 $G_2$ 的满同态，即 $G_1\sim G_2$。

**例 8.7.3** 设 $H$ 是 $G$ 的正规子群，对任意 $a\in G$，令 $f:a\to aH$，则 $f$ 是 $G$ 到 $G/H$ 的满同态。

**证明**：显然 $f$ 是 $G$ 到 $G/H$ 的一个映射，因为对任意 $a\in G$，都有 $f(a)=aH\in G/H$；同时对任意 $aH\in G/H$，都存在有 $a\in G$，满足 $f(a)=aH$，因此，$f$ 是 $G$ 到 $G/H$ 的一个满射。又由于

$$f(ab)=abH=aHbH=f(a)f(b)$$

所以 $f$ 是 $G$ 到 $G/H$ 的满同态。

这个同态也称为 $G$ 到其商群 $G/H$ 的 **自然同态** ，因此，$G$ 的商群是 $G$ 的同态象。

**定理 8.7.1** 若 $f$ 是 $G_1$ 到 $G_2$ 的同态，$g$ 是 $G_2$ 到 $G_3$ 的同态，则 $gf$ 是 $G_1$ 到 $G_3$ 的同态。

**证明**：显然 $gf$ 是 $G_1$ 到 $G_3$ 的映射，以下只证明它保持运算，对任意 $a$，$b\in G_1$，

$$\begin{aligned}gf(ab)&=g(f(ab))=g(f(a)f(b))=g(f(a))g(f(b))\\&=gf(a)gf(b)\end{aligned}$$

因此，$gf$ 是 $G_1$ 到 $G_3$ 的同态。

群的同态还具有下述性质。

**定理 8.7.2** 设 $G$ 是一个群，$(G',\ \cdot)$ 是一个有二元运算的代数系统，若 $f:G\to G'$ 是满射，且保持运算，则 $G'$ 也是群，而且 $G\sim G'$。

证明留给读者作为练习。

**定理 8.7.3** 设 $f$ 是 $G$ 到 $G'$ 的同态，则

(1) 若 $e$ 和 $e'$ 分别是 $G$ 和 $G'$ 的单位元，则 $f(e)=e'$。

(2) 对任意 $a\in G$，$f$ 将 $a$ 的逆元映射到 $G'$ 中 $f(a)$ 的逆元，即 $f\left(a^{-1}\right)=f^{-1}(a)$。

(3) 如果 $H$ 是 $G$ 的子群，则 $H$ 在 $f$ 下的象 $f(H)=\{f(a)\mid a\in H\}$ 是 $G'$ 的子群，而且 $H\sim f(H)$。

**证明**：

(1) $f: G \to G'$ 是同态，即取 $a$，$b \in G$，$f(ab) = f(a)f(b)$，所以 $f(ea) = f(e)f(a) = f(ae)$，即 $f(e)$ 是 $G'$ 中的单位元，$f(e) = e'$。

(2) 任取 $a \in G$，有 $a^{-1} \in G$，$f\left(aa^{-1}\right) = f(e) = e' = f(a)f\left(a^{-1}\right)$，$f\left(a^{-1}a\right) = f(e) = e' = f\left(a^{-1}\right)f(a)$，故 $f^{-1}(a) = f\left(a^{-1}\right)$。

(3) 证明 $f(H)$ 是 $G'$ 的子群。

① 任取 $a$，$b \in H$，则 $f(a)$，$f(b) \in f(H)$，由于 $H \leqslant G$，故 $ab \in H$，亦即 $f(ab) \in f(H)$。因为 $f$ 是同态，所以 $f(ab) = f(a)f(b)$，即 $f(a)f(b) \in f(H)$，也就是说，$f(H)$ 是封闭的。

② 又因 $e \in H$，故 $f(e) \in f(H)$，由于 $ea = ae = a$，所以 $f(ea) = f(e)f(a) = f(a)f(e) = f(a)$，即 $f(e)$ 是 $f(H)$ 的单位元。

③ 再者，对任意 $a \in H$，都有 $a^{-1} \in H$，所以 $f\left(a^{-1}\right) \in f(H)$，由于 $f(a)f\left(a^{-1}\right) = f\left(aa^{-1}\right) = f(e)$，$f\left(a^{-1}\right)f(a) = f\left(a^{-1}a\right) = f(e)$，故 $f\left(a^{-1}\right)$ 是 $f(a)$ 的逆元。

因此，$f(H)$ 是一个群，且 $f(H) \leqslant G'$。

接着证明 $H \sim f(H)$：对任意 $a \in H$，都有唯一的 $f(a) \in f(H)$，对任意 $f(x) \in f(H)$，都存在有 $x' \in H$，满足 $f(x') = f(x)$，因此，$f$ 是 $H$ 到 $f(H)$ 的满射，故 $H \sim f(H)$。

设 $f$ 和 $g$ 都是 $G$ 到 $G'$ 的同态，怎样确定 $f$ 和 $g$ 是相等的呢？除了一一判断 $G$ 中的每个元素 $x$，都有 $f(x) = g(x)$ 以外，再介绍一个定理。

**定理 8.7.4** 设 $f$ 和 $g$ 都是 $G$ 到 $G'$ 的同态，$S$ 是 $G$ 的生成元集，假定对任意的 $s \in S$，都有 $f(s) = g(s)$，则 $f = g$。

证明：令 $G_1 = \{a \in G \mid f(a) = g(a)\}$，因为 $f(e) = e' = g(e)$，所以 $e \in G_1$。因此，$G_1$ 非空且 $G_1 \supseteq S$。同时若 $a$，$b \in G_1$，则 $f(ab) = f(a)f(b) = g(a)g(b) = g(ab)$，因此，$ab \in G_1$；且若 $a \in G_1$，有 $f\left(a^{-1}\right) = f^{-1}(a) = g^{-1}(a) = g\left(a^{-1}\right)$，即 $a^{-1} \in G_1$。因此，$G_1$ 是 $G$ 的子群。

由于 $G_1 \supseteq S$，并根据生成元集合 $S$ 的定义，有 $G_1 = G$，于是对所有 $a \in G$，都满足 $f(a) = g(a)$，即 $f = g$。

下面介绍同态核的概念及性质。

**定理 8.7.5** 设 $f$ 是 $G$ 到 $G'$ 的同态，$e$ 是 $G$ 的单位元，令 $K = \{a \in G \mid f(a) = f(e)\}$，则 $K$ 是 $G$ 的 正规子群 ，$K$ 称为同态 $f$ 的 核 ，记作 $\operatorname{Ker} f$。

证明：由于 $f$ 是同态，所以 $f(e) = e'$ 是 $G'$ 的单位元。设 $k$，$k_1 \in K$，有 $f(kk_1) = f(k)f(k_1) = f(e)f(e) = e' = f(e)$，且 $f\left(k^{-1}\right) = f^{-1}(k) = f^{-1}(e) = e' = f(e)$，所以 $k^{-1} \in K$，因此，$K$ 是 $G$ 的子群。对任意 $g \in G$，$k \in K$，因为

$$
\begin{aligned}
f\left(g^{-1}kg\right) &= f\left(g^{-1}\right)f(k)f(g) = f^{-1}(g)f(k)f(g) \\
&= f^{-1}(g)f(g) = e' = f(e)
\end{aligned}
$$

因此，$g^{-1}kg \in K$，故 $K$ 是 $G$ 的正规子群。

**定理 8.7.6** 设 $f$ 是 $G$ 到 $G'$ 的同态，$K$ 是同态的核，那么对任意的 $a$，$b \in$

$G$，$f(a)=f(b)$ 的充要条件是 $b \in aK$。

证明: 充分性: 由于 $b \in aK$，所以存在一个 $k \in K$，满足 $b=ak$，因此，$f(b)=f(ak)=f(a)f(k)=f(a)f(e)=f(a)$。

必要性: 因为 $f(a)=f(b)$，所以 $f^{-1}(a)f(a)=f^{-1}(a)f(b)=f\left(a^{-1}\right)f(b)=f\left(a^{-1}b\right)=e'=f(e)$，亦即 $a^{-1}b \in K$ 或 $b \in aK$。

对于 $G$ 到 $G'$ 的任何同态 $f$，都可以得到 $G$ 的一个正规子群——同态核 $\operatorname{Ker} f$，$\operatorname{Ker} f$ 中至少包含 $G$ 中的单位元 $e$。利用同态核能够判断一个同态是否为单同态。

**定理 8.7.7** 设 $f$ 是 $G$ 到 $G'$ 的一个同态,则 $f$ 是单同态的充要条件是 $\operatorname{Ker} f=\{e\}$。

证明: 设 $f$ 是单同态，则 $f$ 是 $G$ 到 $G'$ 的一个单射，所以 $G'$ 中的单位元 $e'$ 在 $G$ 中只有一个原象 $e$，因此，$\operatorname{Ker} f=\{e\}$。再证充分性，对任意 $a$，$b \in G$，且 $f(a)=f(b)$，则 $f(a)f^{-1}(b)=f(a)f\left(b^{-1}\right)=f\left(ab^{-1}\right)$。而 $f(a)f^{-1}(b)=f(b)f^{-1}(b)=f(b)f\left(b^{-1}\right)=f\left(bb^{-1}\right)=f(e)$，故 $ab^{-1}=e$，亦即 $a=b$。因此，$f$ 是单同态。

从该定理可以得到如下推论。

推论　设 $f$ 是从 $G$ 到 $G'$ 的满同态，则 $f$ 为同构的充要条件是 $\operatorname{Ker} f=\{e\}$。

根据例 8.7.3 我们已知存在 $G$ 到其商群 $G/H$ 的自然同态，假如 $H$ 是同态核，该同态会变为特殊的同构映射。

同态基本定理　设 $G$ 是一个群，则 $G$ 的任一商群都是 $G$ 的同态象；反之，若 $G'$ 是 $G$ 的同态象，$f$ 是 $G$ 到 $G'$ 的满同态，则 $G' \cong G/K$，其中，$K=\operatorname{Ker} f$。

证明: 设 $G/H$ 是 $G$ 的任一商群，显然 $H \lhd G$，对任意的 $a \in G$，令 $g: a \rightarrow aH$，由例 8.7.3 可知 $g$ 是 $G$ 到 $G/H$ 的满同态，即 $G/H$ 是 $G$ 的一个同态象。

下面再证第二部分。设 $f$ 是 $G$ 到 $G'$ 的满同态，$\operatorname{Ker} f=K$。令 $\varphi: aK \rightarrow f(a)$，对任意的 $aK \in G/K$，我们要证明 $\varphi$ 是 $G/K$ 到 $G'$ 的同构映射。

首先，对任意 $aK=bK$，都有 $a^{-1}b \in K$，所以 $f\left(a^{-1}b\right)=f(e)$，亦即 $f(a)=f(b)$，也就是说，$\varphi(aK)=\varphi(bK)$。因此，$\varphi$ 是 $G/K$ 到 $G'$ 的映射。

其次，对任意 $x \in G'$，由于 $f$ 是满同态，可知存在有 $a \in G$，使 $f(a)=x$，因此，$\varphi(aK)=f(a)=x$，即 $\varphi$ 是 $G/K$ 到 $G'$ 的满射。同时由于

$$\begin{aligned}\varphi(aKbK)&=\varphi(abK)=f(ab)=f(a)f(b)\\&=\varphi(aK)\varphi(bK)\end{aligned}$$

因此，$\varphi$ 是 $G/K$ 到 $G'$ 的满同态。

最后，由于 $K$ 是 $f$ 的同态核，根据定义 $f(a)=f(e) \Leftrightarrow a \in K$，有

$$\begin{aligned}\operatorname{Ker} \varphi&=\{aK \in G/K \mid \varphi(aK)=\varphi(K)\}\\&=\{aK \mid f(a)=f(e)\}=\{K\}\end{aligned}$$

根据定理 8.7.7 知 $\varphi$ 是单同态，所以 $\varphi$ 是 $G/K$ 到 $G'$ 的同构，即 $G/K \cong G'$。

同态基本定理表明，$G$ 的任一商群都是 $G$ 的一个同态象，同时 $G$ 的任一同态象都与 $G$ 的某个商群同构。因此，在同构的意义下，$G$ 的任一同态象不过是 $G$ 的某个商群而已，所以若把 $G$ 的每个商群决定以后，它的所有同态象都随之而定。

**例 8.7.4**　设 $H$ 是 $G$ 的正规子群，$f: G \to G/H$ 是自然同态，求 $\operatorname{Ker} f$。

因为 $f$ 是自然同态，所以对任意 $a \in G$，有 $f(a) = aH$，根据定义 $\operatorname{Ker} f = \{a \in G \mid f(a) = f(e)\} = \{a \in G \mid aH = H\}$，显然 $\operatorname{Ker} f = H$。

**例 8.7.5**　设 $G$ 和 $G'$ 分别是阶数为 $m$ 和 $n$ 的循环群 $(m \geqslant n)$，则 $G \sim G'$ 的充要条件是 $n \mid m$。

**证明**：若 $G \sim G'$，由同态基本定理得知 $G'$ 同构于某一个商群 $G/K$，其中 $K = \operatorname{Ker} f$。$f$ 是 $G$ 到 $G'$ 的满同态，因此，$|G'| = n = |G/K|$，由于商群 $G/K$ 的阶是 $[G:K] = |G|/|K|$，所以 $n = m/|K|$，$|K|$ 是正整数，故 $n \mid m$。

反之，设 $n \mid m$，令 $G = \langle a \rangle$，$G' = \langle b \rangle$，规定 $G$ 到 $G'$ 的映射 $f: a^k \to b^k$，对 $\langle a \rangle$ 中的任意 $a^k$、$a^l$，有

$$a^k = a^l \Rightarrow a^{k-l} = e \Rightarrow m \mid k-l \Rightarrow n \mid k-l \Rightarrow b^{k-l} = e \Rightarrow b^k = b^l$$

这就是说，对于 $G$ 中的任一元，无论其表示方法如何，在 $f$ 下有唯一的象，所以 $f$ 是映射。而且对任意 $b^r \in G'$，都有 $a^r \in G$，使 $f(a^r) = b^r$，故 $f$ 是满射。再者，对任意 $a^i$，$a^j \in G$，$f\left(a^i a^j\right) = f\left(a^{i+j}\right) = b^{i+j} = b^i b^j = f\left(a^i\right) f\left(a^j\right)$，所以 $f$ 是满同态，即 $G \sim G'$。

假定 $G'$ 是 $G$ 的同态象，则同态核 $\operatorname{Ker} f$ 是 $G$ 的正规子群，$G$ 中也一定存在包含 $\operatorname{Ker} f$ 的子群。我们现在分析这些子群与 $G'$ 的诸子群之间的关系。

**定理 8.7.8**　设 $K$ 是 $G$ 的正规子群，$H$ 是 $G$ 中包含 $K$ 的子群，则

(1) $H' = H/K$ 是 $G' = G/K$ 的子群。

(2) $\varphi: H \to H'$ 是 $G$ 中包含 $K$ 的子群的集合到 $G'$ 的子群的集合之间的双射。

(3) $H$ 是 $G$ 的正规子群的充要条件是 $H'$ 是 $G'$ 的正规子群，而且此时

$$G/H \cong G'/H' = \frac{G/K}{H/K}$$

**证明**：(1) 由于 $H$ 是 $G$ 的子群，且包含 $K$，因此，$K$ 亦是 $H$ 的正规子群。由商群的定义，$H/K$ 自然是 $G/K$ 的子群。

(2) 下面证明 $\varphi: H \to H'$ 是双射。令 $H_1$、$H_2$ 是两个包含 $K$ 的 $G$ 的子群，假定 $H_1/K = H_2/K$，则对任意的 $h_1 \in H_1$，有 $h_1 K \in H_1/K$，亦即 $h_1 K \in H_2/K$。这样，存在某个 $h_2 \in H_2$ 满足 $h_1 K = h_2 K$。由陪集性质，$h_2^{-1} h_1 \in K$，因此，存在 $k \in K$ 满足 $h_1 = h_2 k$。由于 $K \lhd H_2$，所以 $k \in H_2$，亦即 $h_1 \in H_2$，故 $H_1 \subseteq H_2$。同理 $H_2 \subseteq H_1$，因

此，$H_1 = H_2$，这说明 $\varphi: H \to H'$ 是单射。

再证 $\varphi$ 是满射：令 $H'$ 是 $G' = G/K$ 的任一子群，由于 $G'$ 实际上是 $G$ 中关于子群 $K$ 的全部陪集的集合。因此，$H'$ 是其中某些陪集的集合。令 $H$ 是 $G$ 中这些陪集的并，下面证明 $H$ 是 $G$ 的一个子群。

假定任意的 $h_1$，$h_2 \in H$，则 $h_1K$，$h_2K \in H'$。这样有 $h_1h_2K = (h_1K)(h_2K) \in H'$，因此，$h_1h_2 \in H$，故 $H$ 是封闭的。同时 $H$ 中有单位元 $e$，另外由于 $H'$ 是子群，所以任一 $h_1K \in H'$ 都有逆元 $(h_1K)^{-1} \in H'$。由于 $(h_1K)\left(h_1^{-1}K\right) = h_1h_1^{-1}K = K$，故 $h_1^{-1}K = (h_1K)^{-1} \in H'$，所以 $h_1^{-1} \in H$，因此，$h_1$ 在 $H$ 中有逆元 $h_1^{-1}$，从而 $H$ 是 $G$ 的子群。因此，$\varphi$ 是满射，第二部分得证。

(3) 由于 $H' = H/K = \{hK \mid h \in H\}$，所以对任意 $gK \in G'$，$hK \in H'$，有 $(gK)(hK)(gK)^{-1} = \left(ghg^{-1}\right)K$，由于 $H \lhd G$，所以 $ghg^{-1} = h' \in H$，故 $\left(ghg^{-1}\right)K = h'K \in H'$，即 $H'$ 是 $G'$ 的正规子群。

反之，若 $H' \lhd G'$，则对任意 $g \in G$，$h \in H$，

$$\left(ghg^{-1}\right)K = (gK)(hK)\left(g^{-1}K\right) = (gK)(hK)(gK)^{-1} \in H'$$

因此，$ghg^{-1} \in H$，即 $H \lhd G$。

这时我们可以构造一个商群 $G'/H'$，且存在一个自然同态 $f': G' \to G'/H'$，使得对 $G'$ 中的任意元素 $\bar{g}$，有 $f'(\bar{g}) = \bar{g}H$；同时 $G$ 到 $G'$ 也有一个自然同态 $f: g \to \bar{g}$。于是可以得到从 $G$ 到 $G'/H'$ 的一个满同态 $\varphi$，该同态的核是满足 $\bar{g} \in H'$ 的所有 $g \in G$ 的集合，由于 $H' = \{hK \mid h \in H\}$，且 $K \lhd H$，所以该集合就是 $H$ 本身，亦即 $\mathrm{Ker}\,\varphi = H$。由同态基本定理，$G/H \cong G'/H'$。

**定理 8.7.9** 令 $H$ 和 $K$ 是 $G$ 的子群，且 $K$ 是正规子群，则映射 $f: hK \to h(K \cap H)$，$h \in H$，是 $HK/K$ 到 $H/(K \cap H)$ 的一个同构。

**证明**：由定理 8.6.2 知 $K \cap H$ 是 $H$ 的正规子群，$HK$ 是 $G$ 的子群，且因 $K \subseteq HK$，所以 $K$ 是 $HK$ 的正规子群，因此存在商群 $HK/K$ 和 $H/(K \cap H)$。

下面证明它们之间存在同构。设 $f: g \to gK$，$g \in H$，则 $f$ 的象是所有 $h \in H$ 的陪集 $hK$ 的集合。由于任何陪集 $hkK$，其中 $h \in H$，$K \in K$，都与 $hK$ 是一致的，所以 $f$ 的象就是 $HK/K$，该同态的核就是满足 $hK = K$ 的 $h(\in H)$ 的集合，亦即它是 $HK/K$ 中的单位元。因为 $hK = K$ 的充要条件是 $h \in K$，所以 $\mathrm{Ker}\,f = H \cap K$，由同态基本定理，$H/(H \cap K)$ 与 $HK/K$ 同构。

**例 8.7.6** 设 $H$ 是 $G$ 的正规子群，$|G| = mn$，$|H| = n$，且 $m$ 与 $n$ 互素，则 $H$ 是 $G$ 的唯一一个阶为 $n$ 的子群。

**证明**：设 $H'$ 是 $G$ 的另一个 $n$ 阶子群，则 $H'H$ 是 $G$ 的含有 $H$ 的子群，因此 $H'H/H$ 是 $G/H$ 的子群，由于 $|G/H| = m$，设 $H'H/H$ 的阶为 $k$，则 $k \mid m$。由定理 8.7.9 有 $H'H/H \cong H'/(H' \cap H)$，因此，$H'/(H' \cap H)$ 的阶也是 $k$，但 $H'$ 的阶是 $n$，故 $k \mid n$。

由于 $k$ 是 $m$ 和 $n$ 的因子，且 $m$ 与 $n$ 互素，故 $k=1$，因此 $H'H=H$，即 $H'=H$，所以 $H$ 是唯一的 $n$ 阶子群。

## 8.8 群的直积

**定义 8.8.1** 设 $G_1$、$G_2$ 是两个群，它们的积代数 $G_1\times G_2$ 关于乘法 $(a_1,\ b_1)(a_2,\ b_2)=(a_1a_2,\ b_1b_2)$ 作成的群叫作 $G_1$、$G_2$ 的 **直积**，用 $G_1\times G_2$ 表示。

如果 $G_1$、$G_2$ 是有限群，那么 $G_1\times G_2$ 也是有限群，而且 $|G_1\times G_2|=|G_1||G_2|$。如果 $G_1$、$G_2$ 都是可交换群，则 $(a_1,\ b_1)(a_2,\ b_2)=(a_1a_2,\ b_1b_2)=(a_2a_1,\ b_2b_1)=(a_2,\ b_2)(a_1,\ b_1)$，亦即 $G_1\times G_2$ 也是可交换群。

**例 8.8.1** 设 $G=\{e,\ a\}$ 是二阶循环群，则 $G\times G$ 有 4 个元素，即 $G\times G=\{(e,\ e),\ (e,\ a),\ (a,\ e),\ (a,\ a)\}$，由于除单位元 $(e,\ e)$ 外其余元素的阶都是 2，所以它与 Klein 四元群同构。

**例 8.8.2** 设 $G_1=\langle a\rangle$ 是 $r$ 阶循环群。$G_2=\langle b\rangle$ 是 $s$ 阶循环群，若 $r$ 与 $s$ 互素，则 $G_1\times G_2$ 是 $rs$ 阶循环群。

**证明:** $(a,\ b)$ 是 $G_1\times G_2$ 的一个元，由 $\langle(a,\ b)\rangle$ 可以构成 $G_1\times G_2$ 的一个子群，设它的阶为 $d$，因为 $(a,\ b)^{rs}=(a^{rs},\ b^{rs})=(e_1,\ e_2)$，故 $d\mid rs$。同时由于 $(a,\ b)^d=(a^d,\ b^d)=(e_1,\ e_2)$，所以 $r|d$，$s|d$，亦即 $[r,\ s]\mid d$，而 $r$ 与 $s$ 互素，故 $rs\mid d$。因此，$rs=d$。

由于 $G_1\times G_2$ 是 $rs$ 阶的群，而 $\langle(a,\ b)\rangle$ 的阶也是 $rs$，所以 $(a,\ b)$ 是 $G_1\times G_2$ 的一个生成元，$G_1\times G_2$ 是循环群。

**例 8.8.3** 设 $H_1$、$H_2$ 分别是 $G_1$、$G_2$ 的正规子群，则 $H_1\times H_2$ 是 $G_1\times G_2$ 的正规子群。

**证明:** 易见 $H_1\times H_2$ 是 $G_1\times G_2$ 的子群。设 $(a,\ b)\in H_1\times H_2$，对任意的 $x\in G_1$，$y\in G_2$，$(x,\ y)\in G_1\times G_2$，有 $(x,\ y)(a,\ b)(x,\ y)^{-1}=(x,\ y)(a,\ b)\left(x^{-1},\ y^{-1}\right)=\left(xax^{-1},\ yby^{-1}\right)$，因为 $H_1$、$H_2$ 是正规子群，所以 $xax^{-1}\in H_1$，$yby^{-1}\in H_2$，故 $(xax^{-1},\ yby^{-1})\in H_1\times H_2$，$H_1\times H_2\lhd G_1\times G_2$。

**定理 8.8.1** 设 $G_1$、$G_2$ 是 $G$ 的两个正规子群，若 $G$ 中的每个元可以唯一地用 $G_1$、$G_2$ 的元的积来表示，则 $G\cong G_1\times G_2$。

**证明:** 由定理 8.6 .2，$G_1G_2$ 是 $G$ 的正规子群，由题意可知对任意 $g\in G$，都有 $g=g_1g_2$，其中，$g_1\in G_1$，$g_2\in G_2$，而且该表示是唯一的。

设 $f:g_1g_2\to(g_1,\ g_2)$，易证 $f$ 是 $G_1G_2$ 到 $G_1\times G_2$ 的双射。

要证明 $f$ 保持运算，需要先证对任意的 $g_1\in G_1$，$g_2\in G_2$，均有 $g_1g_2=g_2g_1$。由于 $G$ 的元可以唯一地用 $G_1G_2$ 中的元素表示，故 $G_1\cap G_2=e$，否则若 $g\in G_1\cap G_2$，则

$g = ge = eg$，$g$ 的表示法不唯一，产生矛盾。由于

$$(g_1g_2)(g_2g_1)^{-1} = g_1g_2g_1^{-1}g_2^{-1} = (g_1g_2g_1^{-1})g_2^{-1} \in G_2$$
$$(g_1g_2)(g_2g_1)^{-1} = g_1g_2g_1^{-1}g_2^{-1} = g_1(g_2g_1^{-1}g_2^{-1}) \in G_1$$

所以 $(g_1g_2)(g_2g_1)^{-1} \in G_1 \cap G_2$，即 $g_1g_2(g_2g_1)^{-1} = e$，$g_1g_2 = g_2g_1$，这样

$$\begin{aligned} f((g_1g_2)(g_1'g_2')) &= f(g_1(g_2g_1')g_2') \\ &= f(g_1g_1'g_2g_2') = f((g_1g_1')(g_2g_2')) \\ &= (g_1g_1', g_2g_2') = (g_1, g_2)(g_1', g_2') \\ &= f(g_1g_2)f(g_1'g_2') \end{aligned}$$

因此，$f$ 是 $G$ 到 $G_1 \times G_2$ 的同构。

这个定理说明，如果 $G_1$、$G_2$ 是 $G$ 的正规子群，且 $G$ 的每个元都可以唯一地用 $G_1$、$G_2$ 中的元的乘积表示，则 $G$ 可以用 $G_1$ 和 $G_2$ 的直积表示。这时也称 $G$ 是其子群 $G_1$、$G_2$ 的 **内部直积**。

直积的概念也可以推广到 $n$ 个群的情形。

**定义 8.8.2** 设 $G_1$，$G_2$，$\cdots$，$G_n$ 是 $n$ 个群，在 $G = G_1 \times G_2 \times \cdots \times G_n$ 中定义，对任意的 $a$，$b \in G$，$a = (g_1, g_2, \cdots, g_n)$，$b = (g_1', g_2', \cdots, g_n')$ 有

$$\begin{aligned} ab &= (g_1, g_2, \cdots, g_n)(g_1', g_2', \cdots, g_n') \\ &= (g_1g_1', g_2g_2', \cdots, g_ng_n') \end{aligned}$$

则 $G$ 关于上述运算构成群，称为 $G_1$，$G_2$，$\cdots$，$G_n$ 的 **直积**。

显然群 $G$ 中的单位元是 $(e_1, e_2, \cdots, e_n)$，对其中的任意元 $(g_1, g_2, \cdots, g_n)$，都有其逆元 $(g_1, g_2, \cdots, g_n)^{-1} = (g_1^{-1}, g_2^{-1}, \cdots, g_n^{-1})$。如果 $G_1$，$G_2$，$\cdots$，$G_n$ 都是有限群，设 $G_i(i = 1, 2, \cdots, n)$ 的阶是 $|G_i|$，则直积 $G$ 也是有限群，且它的阶是 $|G| = \prod_{i=1} |G_i|$。而且如果 $G_i$ 都是可交换群，则 $G$ 也是可交换群。

**定理 8.8.2** 设 $G$ 有 $n$ 个正规子群 $G_i$，$i = 1, 2, \cdots, n$，若 $G$ 中的每个元都可以唯一地用 $G_1$，$G_2$，$\cdots$，$G_n$ 中的元的积来表示，则 $G \cong G_1 \times G_2 \times \cdots \times G_n$。

该定理的证明思路与定理 8.8.1 类似，留给读者作为练习。

## 8.9 * 环和域

本章已经讨论了具有一个二元运算的代数系统，本节将简要介绍具有两个二元运算的代数系统：环和域。环是群的一种特定情况，在对环加某些限制之后就会得到域。

**定义 8.9.1** 给定一个代数系统 $(\mathbf{R}, +, \cdot)$，如果

(1) $(\mathbf{R}, +)$ 是交换群；

(2) $(\mathbf{R}, \cdot)$ 是半群；

(3) 对于运算 $+$，运算 $\cdot$ 左、右分配律成立，即对任意的 $a$，$b$，$c \in \mathbf{R}$，

$$a \cdot (b + c) = a \cdot b + a \cdot c$$

$$(b + c) \cdot a = b \cdot a + c \cdot a$$

则称代数系统 $\mathbf{R}$ 是一个 环，其中 $+$ 称为加法运算，$\cdot$ 称为乘法运算。

通常称交换群 $(\mathbf{R}, +)$ 为 加法群，其单位元为 零元，用 0 表示，加法群中元素 $a$ 的逆元记作 $-a$，称为 负元；同时称 $(\mathbf{R}, \cdot)$ 为 乘法半群，如果它有单位元，则用 1 表示。应该注意 $+$ 和 $\cdot$ 不一定是通常意义的加法与乘法运算。

**例 8.9.1** 整数集 $\mathbf{Z}$ 对于数的加法和乘法做成一个环，称为整数环。

因为 $(\mathbf{Z}, +)$ 是个加法群，且是交换群，整数乘法适合结合律，故 $(\mathbf{Z}, \cdot)$ 是半群，再者乘法对加法满足分配律，所以 $(\mathbf{Z}, +, \cdot)$ 是一个环。

同理，有理数集 $\mathbf{Q}$、实数集 $\mathbf{R}$ 和复数集 $\mathbf{C}$ 关于加法和乘法运算也做成环 $(\mathbf{Q}, +, \cdot)$、$(\mathbf{R}, +, \cdot)$ 和 $(\mathbf{C}, +, \cdot)$，它们都称为数环。

**例 8.9.2** $n$ 阶的整数方阵的集合 $(\mathbf{Z})_n$ 关于矩阵加法、乘法构成环。

显然 $((\mathbf{Z})_n, +)$ 是交换群，$((\mathbf{Z})_n, \cdot)$ 是半群，而且对任意 $\boldsymbol{A}$，$\boldsymbol{B}$，$\boldsymbol{C} \in (\mathbf{Z})_n$，

$$\boldsymbol{A}(\boldsymbol{B} + \boldsymbol{C}) = \boldsymbol{AB} + \boldsymbol{AC}，(\boldsymbol{B} + \boldsymbol{C})\boldsymbol{A} = \boldsymbol{BA} + \boldsymbol{CA}$$

因此，$(\mathbf{Z})_n$ 是环。

下面讨论环的基本性质。以下 $a$、$b$、$c$ 均为环 $\mathbf{R}$ 中的元素。

由于 $(\mathbf{R}, +)$ 是加法群，因此加法运算

(1) 适合 结合律，即 $(a + b) + c = a + (b + c)$。

(2) 适合 交换律，即 $a + b = b + a$。

(3) $\mathbf{R}$ 中存在一个 零元 0，满足 $a + 0 = a = 0 + a$。

(4) 对任意 $a \in \mathbf{R}$，$a$ 有 唯一负元 $-a \in \mathbf{R}$，满足 $a + (-a) = 0 = (-a) + a$，人们通常把 $a + (-b)$ 记为 $a - b$。

(5) 满足 消去律，即若 $a + b = a + c$，则 $b = c$。

根据环的定义，我们知道乘法半群 $(\mathbf{R}, \cdot)$

(6) 适合 **结合律**，即 $a(bc)=(ab)c$。

(7) 对加法运算满足 **分配律**，即 $a(b+c)=ab+ac$，$(b+c)a=ba+ca$。

其中性质 (7) 是重要的，因为它把两个不同的二元运算联系在一起了，否则它们将孤立地构成群与半群，我们也就不必去讨论具有两个二元运算的代数系统了。正是由于乘法对加法分配律的存在，我们可以推出以下性质。

(8) 对任意 $a\in \mathbf{R}$，$a\cdot 0=0=0\cdot a$。

因为 $a\cdot 0=a\cdot(0+0)=a\cdot 0+a\cdot 0$，由性质 (3)，得到 $a\cdot 0=0$，同理 $0\cdot a=0$。

(9) 对任意 $a$，$b\in \mathbf{R}$，$(-a)b=a(-b)=-ab$。

因为 $ab+a(-b)=a(b+(-b))=a\cdot 0=0$，由性质 (4) 得到 $a(-b)=-ab$，同理可得 $(-a)b=-ab$。

(10) 对任意 $a$，$b\in \mathbf{R}$，$(-a)(-b)=ab$。

因为 $a(-b)+(-a)(-b)=(a+(-a))(-b)=0\cdot(-b)=0$，而 $a(-b)=-ab$，因此，$(-a)(-b)=ab$。

(11) 乘法 **对减法的分配律** 成立，即对任意 $a$，$b$，$c\in \mathbf{R}$，

$$a(b-c)=ab-ac，(b-c)a=ba-ca$$

应该注意，因为 $(\mathbf{R},\cdot)$ 是半群，它不一定有单位元，每个元也不一定是可逆元，故乘法消去律在环中并不一定成立，因此，若 $ab=0$，并不能推出 $a=0$ 或 $b=0$，从而在环中需要给出零因子的概念。

**定义 8.9.2** 设 $\mathbf{R}$ 是一个环，$a$、$b$ 是 $\mathbf{R}$ 中两个非零元素，若 $ab=0$，则说 $a$ 是 $\mathbf{R}$ 的一个 **左零因子**，$b$ 是 $\mathbf{R}$ 的一个 **右零因子**，若 $a$ 既是左零因子又是右零因子，则称为 $\mathbf{R}$ 的一个 **零因子**。

注意：零元不算是零因子。

**例 8.9.3** $(\mathbf{Z}_6,+,\cdot)$ 中，$\overline{2}\cdot\overline{3}=\overline{0}$，因此，$\overline{2}$ 和 $\overline{3}$ 分别是 $\mathbf{Z}_6$ 的左、右零因子。

可见，如果环中存在左 (右) 零因子，则乘法消去律不成立。

**定理 8.9.1** 环 $\mathbf{R}$ 中乘法消去律成立的充要条件是 $\mathbf{R}$ 中没有左 (右) 零因子。

当对环 $\mathbf{R}$ 增加若干限制后，可以得到不同类型的环。

**定义 8.9.3** 设 $\mathbf{R}$ 是环，$(\mathbf{R},\cdot)$ 是 $\mathbf{R}$ 的乘法半群。

(1) 若 $(\mathbf{R},\cdot)$ 中有单位元 1，称 $\mathbf{R}$ 是 **有单位环**。

(2) 若 $(\mathbf{R},\cdot)$ 是交换半群，称 $\mathbf{R}$ 是 **交换环**。

(3) 若 $(\mathbf{R},\cdot)$ 是交换环，且没有零因子，称 $\mathbf{R}$ 是一个 **整环**。

(4) 若 $(\mathbf{R},\cdot)$ 中至少有两个元素，用 $\mathbf{R}^*$ 表示 $\mathbf{R}$ 中一切非零元的集合，如果 $(\mathbf{R}^*,\cdot)$ 是群，则称 $\mathbf{R}$ 是一个 **除环**。

例如整数环 $(\mathbf{Z},+,\cdot)$ 是有单位环，1 是其单位元；由于乘法适合交换律，所以它也是交换环，$\mathbf{Z}$ 中没有零因子，所以也是整环。但由于 $(\mathbf{Z}^*,\cdot)$ 中只有 1 和 $-1$ 有逆元，即

它不是群，故 $\mathbf{Z}$ 不是除环。但是数环 $\mathbf{Q}$、$\mathbf{R}$ 和 $\mathbf{C}$ 都是整环，同时也是除环。

环中存在一类特殊的子集，叫作理想。

**定义 8.9.4**　设 $\mathbf{R}$ 是一个环，$(D，+)$ 是 $(\mathbf{R}，+)$ 的一个子加法群。

(1) 若对任意的 $a \in \mathbf{R}$，都有

$$aD = \{ad \mid d \in D\} \subseteq D$$

则称 $D$ 是 $\mathbf{R}$ 的一个 **左理想**。

(2) 若 $a$ 满足

$$Da = \{da \mid d \in D\} \subseteq D$$

称 $D$ 是 $\mathbf{R}$ 的一个 **右理想**。

(3) 若 $D$ 既是 $\mathbf{R}$ 的左理想，又是 $\mathbf{R}$ 的右理想，则称 $D$ 是 $\mathbf{R}$ 的一个 **理想**。

如果 $D = \mathbf{R}$ 或 $D = \{0\}$，则 $D$ 也是 $\mathbf{R}$ 的理想，并称它们是 **平凡理想**。如果 $D \subset \mathbf{R}$，称它是 $\mathbf{R}$ 的 **真理想**。如果 $\mathbf{R}$ 除平凡理想外没有别的理想，则称 $\mathbf{R}$ 是 **单环**。

**例 8.9.4**　设 $D_m = \{mk \mid k \in \mathbf{Z}\}$，则 $D_m$ 是整数环 $\mathbf{Z}$ 的一个理想，其中 $m$ 是正整数。

**证明：** 显然 $D_m$ 是 $\mathbf{Z}$ 的一个子加群，对任意 $a \in \mathbf{Z}$，$aD_m = \{a(mk) \mid mk \in D_m\} \subseteq \{m(ak) \mid ak \in \mathbf{Z}\} = D_m$，同时 $D_m a = \{(mk)a \mid mk \in D_m\} \subseteq \{m(ak) \mid ak \in \mathbf{Z}\} = D_m$，因此，$D_m$ 是 $\mathbf{Z}$ 的一个理想。

若 $\mathbf{R}$ 是可交换环，由元素 $a$ 生成一个理想 $(a)$ 为

$$(a) = \{xa \mid x \in \mathbf{R}\} = \mathbf{R}_a$$

称其为由 $a$ 生成的 **主理想**，并且 $\mathbf{R}a = a\mathbf{R}$。

例如在例 8.9.4 中，因为 $D_m = \{mk \mid k \in \mathbf{Z}\}$，所以 $D_m$ 是由 $m$ 生成的主理想，记作 $(m)$。事实上，整数环 $\mathbf{Z}$ 的每一个理想都是主理想。

理想在环的理论中所起的作用类似于正规子群在群论中的作用。理想可以用来构造商环，类似于正规子群用于在引入商群的概念。

设 $D$ 是环 $\mathbf{R}$ 的一个理想，由于 $(\mathbf{R}，+)$ 是交换群，$(D，+)$ 是 $(\mathbf{R}，+)$ 的子群，故 $(D，+)$ 是正规子群，因此，可以得到 $(\mathbf{R}，+)$ 对于 $(D，+)$ 的 **商群** $\mathbf{R}/D$。

上述的商群 $\mathbf{R}/D$ 关于环 $\mathbf{R}$ 的二元运算也可以作成环。下面我们来构造这个环。

对任意 $a \in \mathbf{R}$，$a$ 所在的剩余类

$$\bar{a} = \{a + x \mid x \in D\} = a + D$$

或者

$$\mathbf{R}/D = \{a + D \mid a \in \mathbf{R}\} = \{\bar{a} \mid a \in \mathbf{R}\}$$

这样，对任意 $\bar{a}$，$\bar{b}\in \mathbf{R}/D$，有 $\bar{a}+\bar{b}=\overline{a+b}$，显见 $(\mathbf{R}/D, +)$ 是交换群。在 $\mathbf{R}/D$ 中用 $\mathbf{R}$ 的乘法来规定

$$\bar{a}\cdot\bar{b}=\overline{a\cdot b},\ a,\ b\in\mathbf{R}$$

$(\mathbf{R}/D, \cdot)$ 是一个半群。可以证明 $\mathbf{R}/D$ 作成环,即乘法对加法适合分配律。综上可知,$(\mathbf{R}/D, +, \cdot)$ 是一个环。这个环称为 $\mathbf{R}$ 关于理想 $D$ 的 **商环**。

**定义 8.9.5** 设 $\mathbf{R}$ 是一个环，$D$ 是 $\mathbf{R}$ 的一个理想，则商群 $\mathbf{R}/D$ 关于乘法 $\bar{a}\bar{b}=\overline{ab}$ 所作成的环叫作 $\mathbf{R}$ 关于 $D$ 的商环，记作 $\mathbf{R}/D$。

**例 8.9.5** $D_m=(4)$ 是整数环 $\mathbf{Z}$ 的一个理想，$\mathbf{Z}/(4)$ 是一个商环，由于 $\bar{a}=a+(4)$，故它含 4 个元素：$\bar{0}$、$\bar{1}$、$\bar{2}$、$\bar{3}$。其加法表和乘法表如下：

| + | 0 | 1 | 2 | 3 |
|---|---|---|---|---|
| 0 | 0 | 1 | 2 | 3 |
| 1 | 1 | 2 | 3 | 0 |
| 2 | 2 | 3 | 0 | 1 |
| 3 | 3 | 0 | 1 | 2 |

| · | 0 | 1 | 2 | 3 |
|---|---|---|---|---|
| 0 | 0 | 0 | 0 | 0 |
| 1 | 0 | 1 | 2 | 3 |
| 2 | 0 | 2 | 0 | 2 |
| 3 | 0 | 3 | 2 | 1 |

可见 $\mathbf{Z}/(4)=\mathbf{Z}_4$，一般说来，有 $\mathbf{Z}/(m)=\mathbf{Z}_m$。

**定义 8.9.6** 设 $\mathbf{R}$ 和 $\mathbf{R}'$ 是环，$f$ 是 $\mathbf{R}$ 到 $R'$ 的一个映射。如果对任意的 $a$，$b\in\mathbf{R}$，都有

$$f(a+b)=f(a)+f(b)$$

$$f(ab)=f(a)f(b)$$

则称 $f$ 是 $\mathbf{R}$ 到 $\mathbf{R}'$ 的一个同态映射，或称为同态。当 $f$ 分别是单射、满射和双射时，分别称为单一同态、满同态和同构。我们仍用 $\mathbf{R}\sim\mathbf{R}'$ 表示满同态，$\mathbf{R}\cong\mathbf{R}'$ 表示同构。

同构是单一同态，也是满同态。

**例 8.9.6** 设 $D$ 是环 $\mathbf{R}$ 的一个理想，对任意 $a\in\mathbf{R}$，令 $f: a\to\bar{a}$，$\bar{a}$ 是商环 $\mathbf{R}/D$ 中 $a$ 所在的剩余类，则 $f$ 是 $\mathbf{R}$ 到 $\mathbf{R}/D$ 的一个 **满同态**，这个同态称为环 $\mathbf{R}$ 到其商环 $\mathbf{R}/D$ 的 **自然同态**，$\mathbf{R}/D$ 是 $\mathbf{R}$ 的 **同态象**。

**定理 8.9.2** 设 $\mathbf{R}$ 和 $\mathbf{R}'$ 都是环，其零元分别是 0 和 $0'$，$f$ 是 $\mathbf{R}$ 到 $\mathbf{R}'$ 的同态，则 $K=\{x\in\mathbf{R}\mid f(x)=0'\}$ 是 $\mathbf{R}$ 的 **理想**。

$K$ 称为同态 $f$ 的 **核**，记作 $K=\operatorname{Ker} f$。

下面介绍同态基本定理。

**同态基本定理**：设 $\mathbf{R}$ 是一个环，则 $\mathbf{R}$ 的任一商环都是 $\mathbf{R}$ 的同态象，而且若 $\mathbf{R}'$ 是 $\mathbf{R}$ 在 $f$ 作用下的同态象，则 $\mathbf{R}'\cong\mathbf{R}/\operatorname{Ker} f$。

根据同态基本定理，我们可以得到

推论：设 $f$ 是 $\mathbf{R}$ 到 $\mathbf{R}'$ 的满同态，$D$ 是 $\mathbf{R}$ 的一个理想，$f_*$ 是 $\mathbf{R}$ 到其商环 $\mathbf{R}/\mathrm{Ker}f$ 的自然同态，则一定存在 $\mathbf{R}/D$ 到 $\mathbf{R}'$ 的满同态 $\varphi$，使

$$f = \varphi f_*$$

此前我们曾给出除环的定义，即如果环 $\mathbf{R}$ 中至少有两个元素，令 $\mathbf{R}^*$ 表示 $\mathbf{R}$ 中一切非零元的集合，若 ($\mathbf{R}^*$，$\cdot$) 是群，则称 $\mathbf{R}$ 是一个除环。如果对除环再增加一点限制，又可以得到称为域的另一代数系统。

**定义 8.9.7**　若一个除环 $\mathbf{R}$ 是可交换的，就称它是一个 **域**，记作 $F$。

根据定义，若 $\mathbf{R}$ 是域，则 ($\mathbf{R}^*$，$\cdot$) 一定是交换群，亦即

(1) ($\mathbf{R}^*$，$\cdot$) 中有 **单位元**，对所有 $a \in \mathbf{R}$，

$$1 \cdot a = a \cdot 1 = a$$

(2) 对 $\mathbf{R}$ 中每个非零元 $a$，都存在其 **逆元** $a^{-1}$。满足

$$aa^{-1} = a^{-1}a = 1$$

由于域 $F$ 也是除环，所以域中至少存在两个元素。

**例 8.9.7**　($\mathbf{R}$，$+$，$\cdot$)、($\mathbf{Q}$，$+$，$\cdot$) 和 ($\mathbf{C}$，$+$，$\cdot$) 都是域，而 ($\mathbf{Z}$，$+$，$\cdot$) 不是域，因为 ($\mathbf{Z}^*$，$\cdot$) 不是群。

**例 8.9.8**　($\mathbf{Z}_3$，$+$，$\cdot$) 的运算表如下：

| + | 0 | 1 | 2 |
|---|---|---|---|
| 0 | 0 | 1 | 2 |
| 1 | 1 | 2 | 0 |
| 2 | 2 | 0 | 1 |

| · | 0 | 1 | 2 |
|---|---|---|---|
| 0 | 0 | 0 | 0 |
| 1 | 0 | 1 | 2 |
| 2 | 0 | 2 | 1 |

显见它是一个除环，同时 ($\mathbf{Z}_3^*$，$+$，$\cdot$) 适合交换律，故 ($\mathbf{Z}_3$，$+$，$\cdot$) 是一个域。

观察环和域之间的关系，我们也有定理 8.9.3。

**定理 8.9.3**　$F$ 是域的充要条件为：$F$ 是有 1 元的交换的单环。

关于域还有许多重要的概念与定理；特别是有限域。在编码理论中有很重要的应用，这里就不再介绍了。

## 习　题　8

1. 【★★☆☆】在实数集 $\mathbf{R}$ 中定义运算 $\cdot$ 如下：$a \cdot b = a + b + ab$，对任意 $a$，$b \in \mathbf{R}$，证明：

(1) $(\mathbf{R},\ \cdot)$ 是半群。

(2) $(\mathbf{R},\ \cdot)$ 是幺群。

(3) 找出 $(\mathbf{R},\ \cdot)$ 中全部可逆元。

2. 【★☆☆☆】设 $(S,\ \cdot)$ 是半群，证明 $S \times S$ 对于下面规定的结合法 · 作成一个半群

$$(a_1,\ a_2) \cdot (b_1,\ b_2) = (a_1 \cdot b_1,\ a_2 \cdot b_2)$$

当 $S$ 有单位元时，$S \times S$ 也有单位元。

3. 【★☆☆☆】设 $(S,\ \cdot)$ 是半群，且左、右消去律都成立，证明 $S$ 是交换半群的充要条件是对任意 $a,\ b \in S$，

$$(ab)^2 = a^2b^2$$

4. 【★☆☆☆】设 $\mathbf{Z}$ 是整数集，$\times$ 表示乘法运算，试证明 $(\mathbf{Z},\ \times)$ 是幺群，且 $(\{O\},\ \times)$ 是子半群而不是子幺群。

5. 【★★☆☆】证明定理 8.1.3 的推论。

6. 【★☆☆☆】设 $\sigma$ 是幺群 $(S,\ \cdot)$ 到 $(T,\ *)$ 的同构，证明如果 $e$ 是 $S$ 的单位元，则 $\sigma(e)$ 是 $(T,\ *)$ 的单位元。

7. 【★★☆☆】设 $G$ 是群，证明如果 $G$ 中任意元的逆元都是它自身，则 $G$ 是交换群。

8. 【★☆☆☆】令 $G = \{km \mid k \in \mathbf{Z}\}$，$m$ 是取定的自然数，证明 $(G,\ +)$ 是群。

9. 【★☆☆☆】设 $G = (\mathbf{Z},\ \cdot)$，对任意的 $a,\ b \in \mathbf{Z}$，规定

$$a \cdot b = a + b - 2$$

证明 $G$ 是群。

10. 【★☆☆☆】设 $G$ 是群，$a,\ b,\ c \in G$，证明

$$xaxba = xbc$$

在 $G$ 中有且仅有一个解。

11. 【★☆☆☆】令 $G$ 是实数对 $(a,\ b)$ 的集合，$a \neq 0$，定义

$$(a,\ b)(c,\ d) = (ac,\ ad + b)$$

以及单位元 $e = (1,\ 0)$，证明 $G$ 是群。

12. 【★★☆☆】设 $G$ 是幺群，$a,\ b \in G$，证明 $a$ 有可逆元 $b$ 的充要条件是 $aba = a$ 和 $ab^2a = e$。

13. 【★☆☆☆】设 $H$ 是 $G$ 的子群，$x \in G$，令

$$H_1 = x^{-1}Hx = \left\{x^{-1}hx \mid h \in H\right\}$$

证明：$H_1$ 是 $G$ 的子群。

14. 【★☆☆☆】证明：$G$ 中多个子群的交仍然是 $G$ 的子群。

15. 【★☆☆☆】说明 Klein 四元群是否为循环群。

16. 【★★☆☆】求剩余类加群 $(z_{100}, +)$ 的所有子群。

17. 【★☆☆☆】设 $G$ 是阶为素数 $p$ 的循环群，则 $G$ 的任意元 $a(a \neq e)$ 都是 $G$ 的生成元。

18. 【★☆☆☆】证明：整数加群 $(z, +)$ 与偶数加群同构。

19. 【★★☆☆】证明：若群 $G$ 除单位元以外，其余每个元的阶都是 2，则 $G$ 是交换群。

20. 【★★☆☆】设 $G = \langle a \rangle$，$G_1 = \langle a^r \rangle$，$G_2 = \langle a^s \rangle$ 分别是 $G$ 的子群，其中 $r$、$s$ 是非负整数，证明 $G_1 \cap G_2 = \left\langle a^d \right\rangle$，其中 $d = [r, s]$。

21. 【★☆☆☆】在 $S_6$ 中设

$$\boldsymbol{\sigma} = \begin{bmatrix} 1 & 2 & 3 & 4 & 5 & 6 \\ 4 & 3 & 5 & 6 & 1 & 2 \end{bmatrix}, \quad \boldsymbol{\tau} = \begin{bmatrix} 1 & 2 & 3 & 4 & 5 & 6 \\ 2 & 1 & 5 & 6 & 3 & 4 \end{bmatrix}$$

试计算 $\boldsymbol{\sigma}\tau$、$\boldsymbol{\tau}\sigma$、$\boldsymbol{\sigma}^{-1}$、$\boldsymbol{\sigma}\tau\sigma^{-1}$，同时将它们表成对换之积。

22. 【★☆☆☆】求交错群 $A_4$。

23. 【★★☆☆】设 $\alpha$ 是 $S_n$ 中的任一置换，证明

$$\alpha (i_1, i_2, \cdots, i_r) \alpha^{-1} = (\alpha (i_1) \alpha (i_2) \cdots \alpha (i_r))$$

24. 【★★☆☆】试证明 $S_n$ 中的每个元都可以表成 $(1\,2)$，$(1\,3)$，$\cdots$，$(1\,n)$ 这 $n-1$ 个对换中若干个的乘积形式。

25. 【★★☆☆】证明：任何一个偶数阶的有限群包含有元素 $a \neq e$，满足 $a^2 = e$。

26. 【★★☆☆】证明：任何一个群都不会是其两个真子群的并。

27. 【★☆☆☆】设 $\alpha = (1\,3\,2\,4)$，试确定 $S_4$ 中 $\langle \alpha \rangle$ 的陪集。

28. 【★☆☆☆】证明：$S_3$ 的非平凡子群都是循环群，找出 $S_3$ 的全部子群。

29. 【★★★☆】设 $G$ 是阶为 6 的群，证明 $G$ 中一定有且只有一个 3 阶子群。

30. 【★☆☆☆】令 $G$ 是有限群，$A$、$B$ 是 $G$ 的子群，并且 $B \subseteq A$。证明

$$[G : B] = [G : A][A : B]$$

31. 【★★☆☆】设 $A$、$B$ 是 $G$ 的子群，证明 $AB$ 是 $G$ 的子群的充要条件是 $AB = BA$。

32. 【★☆☆☆】证明：$e$，$(1\,2)(3\,4)$，$(1\,3)(2\,4)$，$(1\,4)(2\,3)$ 四个置换群可构成群，而且是 $S_4$ 的正规子群。

33. 【★★☆☆】设 $H_1$、$H_2$、$H$ 是 $G$ 的正规子群，且 $H_1 \subset H_2$，证明 $H_1H$ 是 $H_2H$

的正规子群。

34. 【★☆☆☆】设 $G$ 是全体 $n\times n$ 阶实可逆矩阵乘法构成的群，$H$ 是 $G$ 中全体行列式值大于零的矩阵集合，证明 $H$ 是 $G$ 的正规子群。

35. 【★☆☆☆】群的中心 $C(G)$ 是在群 $G$ 中和 $G$ 所有元素可交换的元素集合，$C(G)=\{x\in G \mid xg=gx,\ \forall g\in G\}$，容易证明 $C(G)$ 也是 $G$ 的一个子群。证明：$C(G)$ 的任何子群都是 $G$ 的正规子群。

36. 【★☆☆☆】设 $G$ 是由实数对 $(a,\ b)$ 构成的群，$a\neq 0, (a,\ b)(c,\ d)=(ac,\ ad+b)$，证明：$K=\{(1,\ b)\mid b\in \mathbf{R}\}$ 是 $G$ 的正规子群，且 $G/K\cong \mathbf{R}^*$，$\mathbf{R}^*$ 是非零实数乘法群。

37. 【★★☆☆】设 $H$ 是仅有两个右陪集的群 $G$ 的一个子群，证明 $H$ 是正规的。

38. 【★☆☆☆】设 $G=(\mathbf{R}^*,\ \times)$ 是非零实数乘法群，判断以下哪些规则是 $G$ 到 $G$ 的同态映射。

$$f_1: x\to x$$

$$f_2: x\to x^2$$

$$f_3: x\to \frac{1}{x}$$

对于同态映射，找出 $f(G)$ 及 $\operatorname{Ker} f$。

39. 【★★☆☆】设 $G$ 是循环群，$H$ 是 $G$ 的子群，证明 $G/H$ 是循环群。

40. 【★☆☆☆】设 $f$ 是 $G_1$ 到 $G_2$ 的同态，$g$ 是 $G_2$ 到 $G_3$ 的同态，证明 $gf$ 是 $G_1$ 到 $G_3$ 的同态，且 $gf$ 的核是 $f^{-1}g^{-1}(e'')$，其中 $e''$ 是 $G_3$ 的单位元。

41. 【★★★☆】证明：对称群 $S_4$ 对 Klein 四元群的商群与 $S_3$ 同构，即 $S_4/K_4\cong S_3$。

42. 【★☆☆☆】设 $G_1$、$G_2$ 是两个群，证明 $G_1\times G_2$ 是交换群的充要条件是 $G_1$、$G_2$ 都是交换群。

43. 【★★☆☆】设 $G_1$、$G_2$ 是两个群，证明：

$$G_1\times G_2\cong G_2\times G_1$$

# 第 9 章 图论编程实验

在本书的正文部分，我们学习了许多经典而有趣的基础图论算法。为了让读者深入理解算法、熟练掌握算法的程序实现、锻炼使用解决问题的实践能力，特此设计实验环节。

针对本书内容，设计了 10 个实验组，共包含 18 个实验。每个实验属于某一个实验组，每个实验组下有一个或多个实验。这 10 个实验组中，有 7 组是专门针对正文部分介绍的某一具体问题设计的，意在让读者亲自动手实现解决该问题的相关经典算法，以加深对具体算法的理解。每个实验组中可能有多个实验，它们难度各异，这体现在对实现算法的时空复杂性要求不同，或是对算法的普适性要求不同。

另外 3 个实验组，每个实验组中仅有一个实验。这些实验不针对正文部分介绍的某一具体问题，而是具有一定的综合性和挑战性。虽然完成这些实验所需要的知识点（工具）均已在本书中呈现，但是为了完成它们，读者需要具有较强的思考、分析、设计算法、编写程序和测试的能力。这意味着这些实验的思维难度和编码难度比较大，可以达到出现在中学生的全国青少年信息学奥林匹克竞赛（NOI）或是大学生的 ACM/ICPC 系列竞赛中部分试题的难度，我们把这些实验标注为【挑战实验】。

本课程还为教材提供了在线编程实验平台，平台网址链接为 oj.cuiyong.net，读者可进行注册登录并完成练习。

## 9.1 图的代数表示

**1. 实验目的**

熟悉图在计算机中的各种代数表示方法，并使用代码正确实现它们，代码编写过程中需要关注各种表示方法可能涉及的细节。

**2. 实验内容**

通过读取一张图所有边信息的方式得到一张图，给出它的各种代数表示（邻接矩阵/权矩阵、关联矩阵、邻接表、正向表、逆向表），这些代数表示方法均在【1.2 图的代数表示】中出现。需要正确处理无权图和赋权图两种情形下的情况。

该实验对算法的时空复杂性没有比较严格的要求，一般而言算法正确无误即可完成实验。

## 9.2 最短路径问题

**1. 实验目的**

正确实现在单个起点、正权图情况下的最短路径的经典算法（Dijkstra 算法）；尝试使用数据结构对相关算法进行优化。

**2. 实验内容**

本实验组的实验针对的问题均为顺利解决【2.6 最短路径】中介绍的最短路径问题。对一张给定的赋权有向图，求出从 1 号点出发到每个点的最短路径长度。

实验 1：最短路径问题（削弱版）Shortest_Path(easy)

本实验需要正确实现【2.6 最短路径】中介绍的 Dijkstra 算法。时间复杂性为 $O(n^2)$ 的算法即可完成实验。

实验 2：最短路径问题 Shortest_Path

本实验需要在完成实验 1 的基础上，使用数据结构优化相关算法。可以使用优先队列（一般用堆[1] 实现）优化 Dijkstra 算法。一般而言，最后完成实验的算法复杂性为$O(m\log m)$或更低。

## 9.3 欧拉回路

**1. 实验目的**

正确完成对无向图上和有向图上欧拉回路存在性的判定，同时正确实现寻找任意一个欧拉回路的算法；尝试优化蛮力寻找的算法。

**2. 实验内容**

本实验组的实验针对的问题均为顺利解决【2.3 欧拉道路与回路】中介绍的欧拉回路问题。需要在给定一张图（提前标明是有向图或无向图）的情况下，求出其是否存在欧拉回路；若存在，还需要给出某一条具体的欧拉回路。

实验 1：欧拉回路（无向图削弱版）Euler (easy)

本实验需要在无向图上完成，使用【2.3 欧拉道路与回路】中介绍的欧拉回路判定定理完成存在性判定，使用判定定理中的构造性证明思路设计算法寻找一条具体的欧拉回路。时间复杂性为 $O(n^2)$、$O(m^2)$ 或 $O(nm)$ 等的算法均可完成实验。

实验 2：欧拉回路（无向图版）Euler (undirected)

本实验需要在实验 1 的基础上，通过观察性质和优化代码，降低寻找欧拉回路的时间复杂性。一般而言，最后完成实验的算法复杂性为 $O(n+m)$。

实验 3：欧拉回路（有向图版）Euler(directed)

本实验需要在有向图上完成。一般而言，最后完成实验的算法复杂性为 $O(n+m)$。

实验 4：欧拉回路 Euler

本实验完成当且仅当同时完成实验 2 和实验 3，仅仅只要根据读取信息判断调用哪个算法即可。

[1]对于图论编程中用到的堆、栈、队列、并查集等数据结构知识，读者需要自学和参考“数据结构”课程的相关内容。

## 9.4　最优二叉树

**1. 实验目的**

正确理解最优二叉树问题；正确实现 Huffman 算法以构造 Huffman 树。

**2. 实验内容**

本实验组的实验针对的问题均为顺利解决【3.5 Huffman 树】中介绍的最优二叉树问题。给定所有树叶的权值，求出最优二叉树的带权路径总长 WPL。

实验 1：最优二叉树（削弱版）Huffman(easy)

本实验需要正确实现【3.5 Huffman 树】中的 Huffman 算法。对于删除和重新插入权值的操作，可以使用蛮力实现。时间复杂性为 $O(n^2)$ 或 $O(n^2 \log n)$ 的算法均可完成实验。

实验 2：最优二叉树 Huffman

本实验需要在实验 1 的基础上，使用优先队列（一般用堆实现）优化删除和重新插入权值的操作。一般而言，最后完成实验的算法复杂性为 $O(n \log n)$。

## 9.5　最　短　树

**1. 实验目的**

正确实现最短树的经典算法（Kruskal 算法或 Prim 算法）；尝试使用数据结构对相关算法进行优化。

**2. 实验内容**

本实验组的实验针对的问题均为顺利解决【3.6 最短树】中介绍的最短树问题。对一张给定的赋权无向图，求出其最短树边权之和。

实验 1：最短树问题（削弱版）MST(easy)

本实验需要正确实现【3.7 最短树】中介绍的 Prim 算法或 Kruskal 算法。时间复杂性为 $O(n^2)$、$O(m^2)$ 或 $O(nm)$ 等的算法均可完成实验。

实验 2：最短树问题 MST

本实验需要在完成实验 1 的基础上，使用数据结构优化相关算法。可以使用优先队列（一般用堆实现）优化 Prim 算法，或是使用并查集优化 Kruskal 算法。一般而言，最后完成实验的算法复杂性为 $O(m \log m)$ 或更低。

## 9.6　二分图匹配

**1. 实验目的**

理解图匹配和最大匹配的概念；正确实现匈牙利算法。

**2. 实验内容**

读取一张二分图，使用【5.1 二分图的最大匹配】中介绍的匈牙利算法求出该二分图的最大匹配数，并且给出任意一个可行的最大匹配方案。时间复杂性为 $O(nm)$ 的算法即可完成实验。

## 9.7 网 络 流

**1. 实验目的**

理解网络流的概念；正确实现 Ford-Fulkerson 算法求解最大流；正确实现 Edmonds-Karp 算法求解最大流；正确实现最小费用流求解算法。

**2. 实验内容**

本实验组针对的实验为【6.1 网络流图】中介绍的最大流问题和【6.5 最小费用流】中介绍的最小费用（最大）流问题，仅需要对一张网络流图求解出最大流量或最小费用、不需要给出具体流的方案。

实验 1：最大流（削弱版）Flow(easy)

本实验需要正确实现【6.2 Ford-Fulkerson 最大流标号算法】中介绍的 Ford-Fulkerson 算法求解最大流。

实验 2：最大流 Flow

本实验需要正确实现【6.3 最大流的 Edmonds-Karp 算法】中介绍的 Edmonds-Karp 算法求解最大流。

实验 3：最小费用流 Cost-Flow

本实验需要正确实现【6.5 最小费用流算法】中介绍的类似最大流的求解算法，并且优化涉及的 Bellman-Ford 算法（在特定时刻停止算法迭代）。

## 9.8 挑战实验：俄罗斯方块

**1. 实验目的**

考查对问题性质的挖掘、差分约束模型和最短路径模型的应用，以及一种特殊图（0、1 边权图）的最短路径求法。

**2. 实验内容**

对问题进行一定的转化，把下落的限制转化为下落距离的不等式约束，建立差分约束模型，进而变为最短路径问题。同时考虑将每一个格子（而非每一整块）看作一个方块，建立边权为 0 或 1 的图，进而使用借助双端队列的广度优先算法进行处理。

一般而言，最后完成实验的算法复杂性为 $O(nm)$ 。

## 9.9 挑战实验：欧拉回路加强版

**1. 实验目的**

考查对欧拉回路性质的了解，以及进而转化为供给需求问题，进而使用网络流解决问题。同时本题有很多细节，考查了代码实现能力。

**2. 实验内容**

考虑把无限边用大量的有向边替代，使得每个点总度数都为偶数（只需保留一个无限边的生成森林即可，具体参考树的性质）。之后转化成若干条无限边反转的问题，每次反转一个边会导致两侧度数 $+2$、$-2$，进而转化为供给需求问题，用网络流求解。

完成实验的算法复杂性取决于选用的网络流算法。一般而言，算法正确性无误即可完成实验。

## 9.10　挑战实验：游走问题

**1. 实验目的**

体会无向图支撑树在具体问题中的应用，加深对相关知识点的理解；正确实现一个逻辑略微复杂的处理支撑树的算法。

**2. 实验内容**

实验的要求是，在一张给定的无向图上，找出尽量多组边。每组需要满足有恰好两条边，且这两条边相邻，同时要求每条边最多在一组中出现。

首先需要证明出答案是每个连通块点数被 2 整除结果之和。对于方案构造，需要对于无向图的每个连通块求出支撑树，并对支撑树边和非支撑树边分情况讨论。在支撑树上，需要在划定一个根之后按照逐层自底向上的顺序求解具体方案。一般而言，最后完成实验的算法复杂性为 $O(n+m)$。

# 参 考 文 献


[1] 王桂平，王衍，任嘉辰. 图论算法理论实现及应用 [M]. 北京：北京大学出版社，2011.

[2] 道格拉斯 • B. 韦斯特. 图论导引（原书第 2 版）[M]. 李建中，骆吉洲，译. 北京：机械工业出版社，2020.

[3] S. 利普舒尔茨，M. 利普森. 离散数学 [M]. 周兴和，孙志人，张学斌，译. 北京：科学出版社，2002.

# 图书资源支持

感谢您一直以来对清华版图书的支持和爱护。为了配合本书的使用，本书提供配套的资源，有需求的读者请扫描下方的"书圈"微信公众号二维码，在图书专区下载，也可以拨打电话或发送电子邮件咨询。

如果您在使用本书的过程中遇到了什么问题，或者有相关图书出版计划，也请您发邮件告诉我们，以便我们更好地为您服务。


**我们的联系方式：**

地　　址：北京市海淀区双清路学研大厦 A 座 714

邮　　编：100084

电　　话：010-83470236　010-83470237

客服邮箱：2301891038@qq.com

QQ：2301891038（请写明您的单位和姓名）


资源下载：关注公众号"书圈"下载配套资源。

资源下载、样书申请

书圈

图书案例

清华计算机学堂

观看课程直播